2013
中国科技统计年鉴
CHINA STATISTICAL YEARBOOK ON SCIENCE AND TECHNOLOGY

国 家 统 计 局
科 学 技 术 部 编

Compiled By
National Bureau of Statistics
Ministry of Science and Technology

中国统计出版社
China Statistics Press

图书在版编目（CIP）数据

中国科技统计年鉴. 2013：汉英对照 / 国家统计局，科学技术部编. -- 北京：中国统计出版社，2013.10
ISBN 978-7-5037-6983-2

Ⅰ. ①中… Ⅱ. ①国… ②科… Ⅲ. ①科技统计－中国－2013－年鉴－汉、英 Ⅳ. ①G322-66

中国版本图书馆 CIP 数据核字(2013)第 226912 号

中国科技统计年鉴. 2013

作　　者/国家统计局　科学技术部
责任编辑/徐　涛　赵利婧
封面设计/李雪燕
出版发行/中国统计出版社
通信地址/北京市丰台区西三环南路甲 6 号　邮政编码/100073
电　　话/邮购（010）63376909　书店（010）68783171
网　　址/http://csp.stats.gov.cn
印　　刷/河北天普润印刷厂
经　　销/新华书店
开　　本/880mm×1230mm　1/16
字　　数/544 千字
印　　张/17
版　　别/2013 年 10 月第 1 版
版　　次/2013 年 10 月第 1 次印刷
定　　价/260.00 元

本书附同版本 CD-ROM 一张，光盘内容以书面文字为准。
如有印装差错，由本社发行部调换。

《中国科技统计年鉴-2013》
编辑委员会和编辑部

CHINA STATISTICAL YEARBOOK ON SCIENCE AND TECHNOLOGY—2013

Editorial Board and Editorial Staff

编者说明

《中国科技统计年鉴－2013》是国家统计局和科技部共同编辑的反映我国科技活动情况的统计资料书，收录了全国31个省、自治区、直辖市以及国务院有关部门2012年度科技统计数据。

全书内容分为九个部分。第一部分为反映全社会科技活动的综合统计资料。第二、三、四部分分别为工业企业、研究与开发机构和高等学校科技活动统计资料，其中工业企业的口径为规模以上工业企业，指年主营业务收入为2000万元及以上的法人工业企业；研究与开发机构的口径为地级及以上独立核算的政府属科学研究与技术开发机构、科学技术信息和文献机构；高等学校包括全日制高校及其附属医院。第五部分为高技术产业发展统计资料。第六部分为国家科技计划统计资料。第七部分为科技活动成果统计资料。第八部分为综合技术服务部门和科协活动有关资料。第九部分为国际科技统计资料。最后附有主要统计指标解释。

本书有关符号说明："空格"表示该项统计指标数据不足本表最小单位数、不详或无该项数据；"#"表示是其中的主要项；"*"或"①"表示本表下有注解。

本书中因小数取舍而产生的误差均未做配平处理。

参与本书编辑的单位还有教育部、国防科技工业局、财政部、人力资源和社会保障部、国土资源部、商务部、国家质量监督检验检疫总局、国家知识产权局、中国科学院、中国工程院、中国地震局、中国气象局、国家海洋局、国家测绘地理信息局、中国科协。我们对上述单位有关人员在本书的编辑过程中给予的大力支持与合作，表示衷心感谢。

FOREWORD

China Statistical Yearbook on Science and Technology-2013 is prepared jointly by the National Bureau of Statistics and the Ministry of Science and Technology. The Yearbook, which covers data series at the national, provincial and local levels, and autonomous regions, as well as departments directly under the State Council, reports on the development of China's science and technology activities.

The yearbook contains the following nine parts. The first part reflects general science and technology(S&T) information on whole society; The second part, the third part and the forth part reflect respectively S&T information about Industrial Enterprises, Independent Research Institutions and Institutions of Higher Education. Industrial Enterprises cover Industrial Enterprises above Designated Size, with the sales revenue above 20 million RMB; Independent Research Institutions cover the municipal and above and independent accounting scientific research and technological development institutions which belong to government; Institutions of Higher Education cover Institutions of Higher Education and affiliated hospitals. The fifth part contains information on High Technology Industry. The sixth part contains information on National Program for Science and Technology. The seventh part contains information on results of S&T activities. The eighth part covers Scientific and Technologic Service and S&T activities of China Associations for S&T. The ninth part contains information on the international comparisons.

Notations used in this book:"(blank space)"indicates that the figure is not large enough to be measured with the smallest unit in the table or data are unknown or are not available;"#"indicates a major breakdown of the total; and "*" or "①" indicates footnotes at the end of the table.

Statistical discrepancies due to rounding are not adjusted in the yearbook.

The institutions participating editing this volume include: Ministry of Education, Sate Administration of Science, Technology and Industry for National Defense, Ministry of Finance, Ministry of Human Resources and Social Security,Ministry of Land and Resources, Ministry of Commerce, General Administration of Quality Supervision, Inspection and Quarantine, State Intellectual Property Office, Chinese Academy of Sciences, Chinese Academy of Engineering, China Earthquake Administration, China Meteorological Administration, State Oceanic Administration,National Administration of Surveying, Mapping and Geoinformation, China Association for Science and Technology. We would like to express our gratitude to these institutions of the State Council for their cooperation and support in sparing no effort to provide all the required data.

目 录 Contents

一、综合
General

二、工业企业
Industrial Enterprises

三、研究与开发机构
R&D Institutions

四、高等学校

Higher Education

五、高技术产业
High-tech Industry

六、国家科技计划
National Program for Science and Technology Development

七、科技活动成果
Results of Science and Technology Activities

八、科技服务
Scientific and Technologic Services

九、国际比较
International Comparison

一、综合
General

1-1 研究与试验发展(R&D)人员(2012年)
R&D Personnel (2012)

单位：人 (person)

项 目	Item	R&D人员 Total	#女性 Female	#全时人员 Full-time Equivalent	#博士毕业 Doctor	#硕士毕业 Master	#本科毕业 Under-graduate
全 国	**National Total**	**4617120**	**1154027**	**2904019**	**264168**	**638748**	**1417992**
按执行部门分	**by Performer**						
企 业	Enterprises	3366426	698318	2254171	36032	246670	1028928
#规上工业企业	Industrial Enterprises above Designated Size	3051455	632310	2043380	29432	207461	933685
研究与开发机构	R&D Institutions	388303	127776	308785	56519	114388	143483
高等学校	Higher Education	677787	254407	284707	163800	249893	214540
其 他	Others	184604	73526	56356	7817	27797	31041
按地区分	**by Region**						
东部地区	Eastern Region	2888727	707804	1896567	161573	371288	873623
中部地区	Middle Region	802184	181204	477162	37655	106121	235290
西部地区	Western Region	617732	172443	350542	38608	104097	212943
东北地区	Northeast Region	308477	92576	179748	26332	57242	96136
北 京	Beijing	322417	109075	230589	57048	77370	83885
天 津	Tianjin	126436	33927	70816	7469	17405	35492
河 北	Hebei	124892	36217	70748	3975	15772	40140
山 西	Shanxi	71884	18767	38431	3408	9816	19057
内蒙古	Inner Mongolia	41974	12063	24293	1815	5593	13434
辽 宁	Liaoning	141756	40240	84263	10672	23391	43661
吉 林	Jilin	76335	26379	38596	8817	18595	26390
黑龙江	Heilongjiang	90386	25957	56889	6843	15256	26085
上 海	Shanghai	208817	55311	138186	20534	37063	59717
江 苏	Jiangsu	549159	123919	354913	22427	58197	188675
浙 江	Zhejiang	377315	87912	230179	12414	29287	104154
安 徽	Anhui	156257	30621	94622	6936	20015	50739
福 建	Fujian	158089	38733	101313	5122	11077	41966
江 西	Jiangxi	58245	14499	35587	2387	7326	19588
山 东	Shandong	382057	94851	253493	13342	41509	132781
河 南	Henan	185116	41391	105529	5111	19906	54734
湖 北	Hubei	185703	43025	118801	12263	26331	50573
湖 南	Hunan	144979	32901	84192	7550	22727	40599
广 东	Guangdong	629055	124631	439875	18384	81907	183978
广 西	Guangxi	64935	17418	33369	4097	11659	21086
海 南	Hainan	10490	3228	6455	858	1701	2835
重 庆	Chongqing	72609	19046	43025	4922	11346	24419
四 川	Sichuan	155335	40315	89766	9633	25635	57335
贵 州	Guizhou	29967	9629	14905	1733	4873	11008
云 南	Yunnan	47038	15211	21493	3334	8729	16166
西 藏	Tibet	2135	651	971	145	636	833
陕 西	Shaanxi	118350	34479	79242	7320	19683	37650
甘 肃	Gansu	36762	9007	19590	2880	6605	14448
青 海	Qinghai	7848	1926	3921	373	835	2359
宁 夏	Ningxia	14039	3699	7278	539	1940	5701
新 疆	Xinjiang	26740	8999	12689	1817	6563	8504

1-2 全国研究与试验发展(R&D)人员全时当量
Full-time Equivalent of R&D Personnel

单位：万人年 (10 000 man-year)

年 份 Year	R&D人员全时当量 Total	基础研究 Basic Research	应用研究 Applied Research	试验发展 Experimental Development
1992	67.43	5.84	20.90	40.70
1993	69.78	6.33	21.49	41.96
1994	78.32	7.64	24.20	46.48
1995	75.17	6.66	22.79	45.71
1996	80.40	6.96	23.65	49.79
1997	83.12	7.17	25.27	50.68
1998	75.52	7.87	24.97	42.68
1999	82.17	7.60	24.15	50.42
2000	92.21	7.96	21.96	62.28
2001	95.65	7.88	22.60	65.17
2002	103.51	8.40	24.73	70.39
2003	109.48	8.97	26.03	74.49
2004	115.26	11.07	27.86	76.33
2005	136.48	11.54	29.71	95.23
2006	150.25	13.13	29.97	107.14
2007	173.62	13.81	28.60	131.21
2008	196.54	15.40	28.94	152.20
2009	229.13	16.46	31.53	181.14
2010	255.38	17.37	33.56	204.46
2011	288.29	19.32	35.28	233.73
2012	324.68	21.22	38.38	265.09

1-3 按执行部门分研究与试验发展(R&D)人员全时当量(2012年)
Full-time Equivalent of R&D Personnel by Performer(2012)

单位：万人年 (10 000 man-year)

项 目	Item	R&D人员全时当量 Total	#研究人员 Researchers	基础研究 Basic Research	应用研究 Applied Research	试验发展 Experimental Development
全 国	**National Total**	**324.68**	**140.40**	**21.22**	**38.38**	**265.09**
企 业	Enterprises	248.64	87.24	0.23	5.80	242.61
#规上工业企业	Industrial Enterprises above Designated Size	224.62	76.65	0.12	4.35	220.14
研究与开发机构	R&D Institutions	34.35	21.78	5.66	12.14	16.55
高等学校	Higher Education	31.35	26.21	14.01	15.43	1.92
其 他	Others	10.34	5.18	1.32	5.01	4.02

1-4 各地区研究与试验发展(R&D)人员全时当量(2012年)
Full-time Equivalent of R&D Personnel by Region (2012)

单位：人年 (man-year)

地 区	Region	R&D人员全时当量 Total	#研究人员 Researchers	基础研究 Basic Research	应用研究 Applied Research	试验发展 Experimental Development
全 国	**National Total**	**3246840**	**1404017**	**212168**	**383767**	**2650944**
东部地区	Eastern Region	2104644	815527	107372	206144	1791150
中部地区	Middle Region	539330	251271	31439	62761	445143
西部地区	Western Region	400610	218500	45707	78545	276358
东北地区	Northeast Region	202259	118720	27650	36319	138291
北 京	Beijing	235493	132246	34603	57825	143067
天 津	Tianjin	89609	38626	5127	11169	73314
河 北	Hebei	78533	43603	4930	11964	61639
山 西	Shanxi	47029	25895	3399	8622	35011
内蒙古	Inner Mongolia	31819	17607	2304	5032	24483
辽 宁	Liaoning	87180	48674	8119	15939	63124
吉 林	Jilin	49961	28851	9363	11663	28934
黑龙江	Heilongjiang	65118	41196	10168	8717	46233
上 海	Shanghai	153361	68938	16054	24373	112941
江 苏	Jiangsu	401920	130118	10474	21040	370411
浙 江	Zhejiang	278110	77709	6448	11900	259766
安 徽	Anhui	103047	43245	7936	12059	83050
福 建	Fujian	114492	33800	3801	8433	102258
江 西	Jiangxi	38152	19171	2315	4783	31054
山 东	Shandong	254013	105588	12104	21908	220002
河 南	Henan	128323	56483	3495	5676	119156
湖 北	Hubei	122748	62106	8084	18120	96545
湖 南	Hunan	100032	44371	6209	13501	80328
广 东	Guangdong	492327	182417	12935	36652	442743
广 西	Guangxi	41268	21123	5748	10833	24685
海 南	Hainan	6787	2482	897	880	5010
重 庆	Chongqing	46122	22241	4021	7216	34886
四 川	Sichuan	98010	52059	10825	17627	69559
贵 州	Guizhou	18732	9687	2713	2241	13778
云 南	Yunnan	27817	14735	4870	6780	16168
西 藏	Tibet	1199	773	340	444	416
陕 西	Shaanxi	82428	49217	7061	15298	60072
甘 肃	Gansu	24290	14471	3004	6110	15174
青 海	Qinghai	5181	2897	804	1332	3045
宁 夏	Ningxia	8073	3775	1345	1315	5414
新 疆	Xinjiang	15671	9915	2673	4319	8678

1-5 全国研究与试验发展(R&D)经费内部支出
Intramural Expenditure on R&D

单位：亿元,% (100 million yuan,%)

年 份 Year	R&D经费内部支出 Total	基础研究 Basic Research	应用研究 Applied Research	试验发展 Experimental Development	占国内生产总值比重 of GDP	R&D经费内部支出现价增长 Growth at Current Price	R&D经费内部支出可比价增长 Growth at Constant Price
1995	348.69	18.06	92.02	238.60	0.57		38.10
1996	404.48	20.24	99.12	285.12	0.57	16.00	8.99
1997	509.16	27.44	132.46	349.26	0.64	25.88	24.00
1998	551.12	28.95	124.62	397.54	0.65	8.24	9.18
1999	678.91	33.90	151.55	493.46	0.76	23.19	24.75
2000	895.66	46.73	151.90	697.03	0.90	31.93	29.26
2001	1042.49	55.60	184.85	802.03	0.95	16.39	14.05
2002	1287.64	73.77	246.68	967.20	1.07	23.52	22.80
2003	1539.63	87.65	311.45	1140.52	1.13	19.57	16.53
2004	1966.33	117.18	400.49	1448.67	1.23	27.71	19.46
2005	2449.97	131.21	433.53	1885.24	1.32	24.60	19.88
2006	3003.10	155.76	488.97	2358.37	1.39	22.58	18.11
2007	3710.24	174.52	492.94	3042.78	1.40	23.55	14.82
2008	4616.02	220.82	575.16	3820.04	1.47	24.41	15.41
2009	5802.11	270.29	730.79	4801.03	1.70	25.70	26.45
2010	7062.58	324.49	893.79	5844.30	1.76	21.72	14.10
2011	8687.01	411.81	1028.39	7246.81	1.84	23.00	14.10
2012	10298.41	498.81	1161.97	8637.63	1.98	18.55	16.40

1-6 按执行部门分组的研究与试验发展(R&D)经费内部支出(2012年)
Intramural Expenditure on R&D by Performer(2012)

单位：亿元 (100 million yuan)

项 目	Item	R&D经费内部支出 Total	基础研究 Basic Research	应用研究 Applied Research	试验发展 Experimental Development
全 国	**National Total**	**10298.41**	**498.81**	**1161.97**	**8637.63**
企 业	Enterprises	7842.24	7.09	238.86	7596.29
#规上工业企业	Industrial Enterprises above Designated Size	7200.65	3.88	189.07	7007.69
研究与开发机构	R&D Institutions	1548.93	197.93	469.30	881.70
高等学校	Higher Education	780.56	275.65	402.70	102.20
其 他	Others	126.68	18.13	51.11	57.44

1-7 各地区研究与试验发展(R&D)经费内部支出(2012年)
Intramural Expenditure on R&D by Region (2012)

单位：万元 (10 000 yuan)

地 区	Region	R&D经费内部支出 Total	基础研究 Basic Research	应用研究 Applied Research	试验发展 Experimental Development
全 国	**National Total**	**102984090**	**4988066**	**11619720**	**86376303**
东部地区	Eastern Region	69007195	3084757	6906737	59015700
中部地区	Middle Region	15107783	627312	1570776	12909695
西部地区	Western Region	12402834	835367	2001642	9565825
东北地区	Northeast Region	6466278	440628	1140565	4885085
北 京	Beijing	10633640	1258199	2418132	6957307
天 津	Tianjin	3604866	142180	438901	3023786
河 北	Hebei	2457670	65070	323253	2069346
山 西	Shanxi	1323458	42373	171249	1109836
内蒙古	Inner Mongolia	1014468	24501	73884	916083
辽 宁	Liaoning	3908680	147825	609154	3151701
吉 林	Jilin	1098010	120418	291316	686276
黑龙江	Heilongjiang	1459588	172385	240096	1047108
上 海	Shanghai	6794636	491614	915835	5387187
江 苏	Jiangsu	12878616	332025	746113	11800480
浙 江	Zhejiang	7225867	174598	389036	6662233
安 徽	Anhui	2817953	183131	269147	2365675
福 建	Fujian	2709891	48487	122436	2538969
江 西	Jiangxi	1136552	29372	79709	1027471
山 东	Shandong	10203266	224023	644022	9335221
河 南	Henan	3107802	75662	116551	2915591
湖 北	Hubei	3845239	203953	561485	3079800
湖 南	Hunan	2876780	92821	372635	2411323
广 东	Guangdong	12361501	324512	887831	11149158
广 西	Guangxi	971539	61845	118297	791396
海 南	Hainan	137244	24050	21179	92014
重 庆	Chongqing	1597973	87535	243230	1267209
四 川	Sichuan	3508589	250340	714029	2544220
贵 州	Guizhou	417261	38298	35624	343338
云 南	Yunnan	687548	82092	125294	480162
西 藏	Tibet	17839	2798	4197	10844
陕 西	Shaanxi	2872035	147868	450586	2273582
甘 肃	Gansu	604762	82947	119750	402065
青 海	Qinghai	131228	13108	25992	92128
宁 夏	Ningxia	182304	12239	15962	154103
新 疆	Xinjiang	397289	31797	74796	290696

1-8 各地区研究与试验发展(R&D)经费投入强度
The R&D Expenditure Input Intensity by Region

单位：% (%)

地区	Region	2006	2007	2008	2009	2010	2011	2012
全 国	**National Total**	**1.39**	**1.40**	**1.47**	**1.70**	**1.76**	**1.84**	**1.98**
北 京	Beijing	5.33	5.13	4.95	5.50	5.82	5.76	5.95
天 津	Tianjin	2.13	2.18	2.32	2.37	2.49	2.63	2.80
河 北	Hebei	0.67	0.66	0.68	0.78	0.76	0.82	0.92
山 西	Shanxi	0.74	0.82	0.86	1.10	0.98	1.01	1.09
内蒙古	Inner Mongolia	0.33	0.38	0.40	0.53	0.55	0.59	0.64
辽 宁	Liaoning	1.46	1.48	1.39	1.53	1.56	1.64	1.57
吉 林	Jilin	0.96	0.96	0.82	1.12	0.87	0.84	0.92
黑龙江	Heilongjiang	0.92	0.93	1.04	1.27	1.19	1.02	1.07
上 海	Shanghai	2.45	2.46	2.53	2.81	2.81	3.11	3.37
江 苏	Jiangsu	1.59	1.65	1.88	2.04	2.07	2.17	2.38
浙 江	Zhejiang	1.43	1.50	1.61	1.73	1.78	1.85	2.08
安 徽	Anhui	0.97	0.98	1.11	1.35	1.32	1.40	1.64
福 建	Fujian	0.89	0.89	0.94	1.11	1.16	1.26	1.38
江 西	Jiangxi	0.78	0.84	0.91	0.99	0.92	0.83	0.88
山 东	Shandong	1.07	1.21	1.40	1.53	1.72	1.86	2.04
河 南	Henan	0.65	0.67	0.68	0.90	0.91	0.98	1.05
湖 北	Hubei	1.24	1.19	1.32	1.65	1.65	1.65	1.73
湖 南	Hunan	0.70	0.78	0.98	1.18	1.16	1.19	1.30
广 东	Guangdong	1.18	1.27	1.37	1.65	1.76	1.96	2.17
广 西	Guangxi	0.38	0.38	0.47	0.61	0.66	0.69	0.75
海 南	Hainan	0.20	0.21	0.22	0.35	0.34	0.41	0.48
重 庆	Chongqing	0.94	1.00	1.04	1.22	1.27	1.28	1.40
四 川	Sichuan	1.24	1.32	1.27	1.52	1.54	1.40	1.47
贵 州	Guizhou	0.62	0.48	0.53	0.68	0.65	0.64	0.61
云 南	Yunnan	0.52	0.54	0.54	0.60	0.61	0.63	0.67
西 藏	Tibet	0.17	0.20	0.31	0.33	0.29	0.19	0.25
陕 西	Shaanxi	2.14	2.11	1.96	2.32	2.15	1.99	1.99
甘 肃	Gansu	1.05	0.95	1.00	1.10	1.02	0.97	1.07
青 海	Qinghai	0.52	0.48	0.38	0.70	0.74	0.75	0.69
宁 夏	Ningxia	0.69	0.81	0.63	0.77	0.68	0.73	0.78
新 疆	Xinjiang	0.28	0.28	0.38	0.51	0.49	0.50	0.53

1-9 按执行部门分组的研究与试验发展(R&D)经费内部支出
Intramural Expenditure on R&D by Performer

单位：亿元 (100 million yuan)

年 份 Year	R&D经费内部支出 Total	企 业 Enterprises	#规上工业企业 Industrial Enterprises above Designated Size	#大中型工业企业 Large & Medium-sized Industrial Enterprises	研究与开发机构 R&D Institutions	高等学校 Higher Education	其 他 Others
1995	348.7			141.7	146.4	42.3	
1996	404.5			160.5	172.9	47.8	
1997	509.2			188.3	206.4	57.7	
1998	551.1			197.1	234.3	57.3	
1999	678.9			249.9	260.5	63.5	
2000	895.7	537.0		353.4	258.0	76.7	24.0
2001	1042.5	630.0		442.3	288.5	102.4	21.6
2002	1287.6	787.8		560.2	351.3	130.5	18.0
2003	1539.6	960.2		720.8	399.0	162.3	18.1
2004	1966.3	1314.0	1104.5	954.4	431.7	200.9	19.7
2005	2450.0	1673.8		1250.3	513.1	242.3	20.8
2006	3003.1	2134.5		1630.2	567.3	276.8	24.5
2007	3710.2	2681.9		2112.5	687.9	314.7	25.7
2008	4616.0	3381.7	3073.1	2681.3	811.3	390.2	32.9
2009	5802.1	4248.6	3775.7	3210.2	995.9	468.2	89.4
2010	7062.6	5185.5		4015.4	1186.4	597.3	93.4
2011	8687.0	6579.3	5993.8	5030.7	1306.7	688.9	112.1
2012	10298.4	7842.2	7200.6	5992.3	1548.9	780.6	126.7

1-10 按执行部门和支出用途分R&D经费内部支出(2012年)
Intramural Expenditure on R&D by Performer and Use(2012)

单位：亿元 (100 million yuan)

项 目	Item	R&D经费内部支出 Total	日常性支出 Routine Expenses	#人员劳务费 Labor Cost	资产性支出 Assets Expenditure	#仪器和设备 Equipment
全 国	**National Total**	**10298.4**	**8807.2**	**2644.5**	**1491.2**	**1250.1**
企 业	Enterprises	7842.2	6913.5	2175.1	928.7	884.0
#规上工业企业	Industrial Enterprises above Designated Size	7200.6	6352.4	1920.9	848.2	821.5
研究与开发机构	R&D Institutions	1548.9	1163.6	301.8	385.3	224.9
高等学校	Higher Education	780.6	630.5	116.1	150.1	121.5
其 他	Others	126.7	99.6	51.5	27.1	19.8

1-11 各地区按支出用途分研究与试验发展(R&D)经费内部支出(2012年)
Intramural Expenditure on R&D by Region and Use(2012)

单位：万元 (10 000 yuan)

地区	Region	R&D经费内部支出 Total	日常性支出 Routine Expenses	#人员劳务费 Labor Cost	资产性支出 Assets Expenditure	#仪器和设备 Equipment
全国	**National Total**	**102984090**	**88071774**	**26445176**	**14912316**	**12500662**
东部地区	Eastern Region	69007195	59418473	19240622	9588722	8325621
中部地区	Middle Region	15107783	12835529	3390635	2272254	1901567
西部地区	Western Region	12402834	10219945	2582225	2182889	1509274
东北地区	Northeast Region	6466278	5597827	1231694	868451	764200
北京	Beijing	10633640	8967244	2806947	1666396	1239551
天津	Tianjin	3604866	2987912	764356	616953	471889
河北	Hebei	2457670	2125273	609296	332397	295180
山西	Shanxi	1323458	1135112	266598	188345	161845
内蒙古	Inner Mongolia	1014468	893259	195857	121209	110282
辽宁	Liaoning	3908680	3382490	654196	526189	483059
吉林	Jilin	1098010	921819	222892	176192	145245
黑龙江	Heilongjiang	1459588	1293518	354607	166070	135897
上海	Shanghai	6794636	5748230	1872706	1046406	873760
江苏	Jiangsu	12878616	10938039	3256354	1940577	1771635
浙江	Zhejiang	7225867	6427536	2191804	798332	755861
安徽	Anhui	2817953	2284073	668806	533880	402769
福建	Fujian	2709891	2260912	739167	448979	428056
江西	Jiangxi	1136552	955967	238035	180585	155890
山东	Shandong	10203266	8929540	2223323	1273725	1151940
河南	Henan	3107802	2638544	706720	469258	436285
湖北	Hubei	3845239	3273191	840458	572048	460911
湖南	Hunan	2876780	2548642	670019	328138	283867
广东	Guangdong	12361501	10917145	4739988	1444356	1320122
广西	Guangxi	971539	820223	228590	151316	138183
海南	Hainan	137244	116642	36683	20601	17627
重庆	Chongqing	1597973	1316849	362091	281125	231793
四川	Sichuan	3508589	2747195	752292	761394	409894
贵州	Guizhou	417261	368420	91860	48841	34974
云南	Yunnan	687548	583664	152696	103884	87770
西藏	Tibet	17839	15301	8176	2538	2393
陕西	Shaanxi	2872035	2382904	487681	489131	297824
甘肃	Gansu	604762	500554	137918	104208	83438
青海	Qinghai	131228	88562	21608	42666	41087
宁夏	Ningxia	182304	153480	47635	28824	27373
新疆	Xinjiang	397289	349534	95822	47755	44264

1-12 按资金来源分研究与试验发展(R&D)经费内部支出
Intramural Expenditure on R&D by Sources

单位：亿元 (100 million yuan)

年 份 Year	R&D经费内部支出 Total	政府资金 Government Funds	企业资金 Self-raised Funds by Enterprises	国外资金 Foreign Funds	其他资金 Other Funds
2003	1539.6	460.6	925.4	30.0	123.8
2004	1966.3	523.6	1291.3	25.2	126.2
2005	2450.0	645.4	1642.5	22.7	139.4
2006	3003.1	742.1	2073.7	48.4	138.9
2007	3710.2	913.5	2611.0	50.0	135.8
2008	4616.0	1088.9	3311.5	57.2	158.4
2009	5802.1	1358.3	4162.7	78.1	203.0
2010	7062.6	1696.3	5063.1	92.1	211.0
2011	8687.0	1883.0	6420.6	116.2	267.2
2012	10298.4	2221.4	7625.0	100.4	351.6

1-13 按执行部门和来源构成分研究与试验发展(R&D)经费内部支出(2012年)
Intramural Expenditure on R&D by Performer and Sources (2012)

单位：亿元 (100 million yuan)

项 目	Item	R&D经费内部支出 Total	政府资金 Government Funds	企业资金 Self-raised Funds by Enterprises	国外资金 Foreign Funds	其他资金 Other Funds
全 国	**National Total**	**10298.4**	**2221.4**	**7625.0**	**100.4**	**351.6**
企 业	Enterprises	7842.2	363.1	7295.2	88.7	95.2
#规上工业企业	Industrial Enterprises above Designated Size	7200.6	316.1	6775.9	41.0	67.7
研究与开发机构	R&D Institutions	1548.9	1292.7	47.4	5.1	203.8
高等学校	Higher Education	780.6	474.1	260.5	6.0	40.0
其 他	Others	126.7	91.5	21.9	0.6	12.7

1-14 各地区按资金来源分研究与试验发展(R&D)经费内部支出(2012年)
Intramural Expenditure on R&D by Region and Sources(2012)

单位：万元 (10 000 yuan)

地区	Region	R&D经费内部支出 Total	政府资金 Government Funds	企业资金 Self-raised Funds by Enterprises	国外资金 Foreign Funds	其他资金 Other Funds
全 国	**National Total**	**102984090**	**22213950**	**76250233**	**1004006**	**3515899**
东部地区	Eastern Region	69007195	13138432	52603305	902668	2362788
中部地区	Middle Region	15107783	2606374	11937397	35469	528543
西部地区	Western Region	12402834	4612584	7225026	43632	521593
东北地区	Northeast Region	6466278	1856560	4484505	22238	102975
北 京	Beijing	10633640	5659921	3686332	478994	808393
天 津	Tianjin	3604866	580718	2841149	65925	117074
河 北	Hebei	2457670	384941	2027019	2185	43524
山 西	Shanxi	1323458	181572	1101797	683	39405
内蒙古	Inner Mongolia	1014468	118072	849712	20248	26436
辽 宁	Liaoning	3908680	900426	2964080	7865	36308
吉 林	Jilin	1098010	401633	653011	3693	39674
黑龙江	Heilongjiang	1459588	554500	867415	10681	26993
上 海	Shanghai	6794636	2257639	4136044	71938	329015
江 苏	Jiangsu	12878616	1388170	10985613	95685	409148
浙 江	Zhejiang	7225867	604144	6443645	31322	146756
安 徽	Anhui	2817953	602091	2091929	10688	113245
福 建	Fujian	2709891	215975	2425648	10973	57293
江 西	Jiangxi	1136552	195564	903407	2933	34648
山 东	Shandong	10203266	921855	9070407	56712	154292
河 南	Henan	3107802	427073	2541870	3723	135137
湖 北	Hubei	3845239	829943	2881038	9489	124769
湖 南	Hunan	2876780	370130	2417357	7953	81340
广 东	Guangdong	12361501	1079004	10909494	88863	284141
广 西	Guangxi	971539	212500	703549	265	55224
海 南	Hainan	137244	46066	77954	72	13152
重 庆	Chongqing	1597973	230572	1258191	2393	106818
四 川	Sichuan	3508589	1711959	1673956	10908	111765
贵 州	Guizhou	417261	88969	288499	250	39543
云 南	Yunnan	687548	217689	429279	4633	35947
西 藏	Tibet	17839	12418	5110		310
陕 西	Shaanxi	2872035	1618303	1145198	964	107571
甘 肃	Gansu	604762	218843	363611	833	21475
青 海	Qinghai	131228	35117	92304	26	3781
宁 夏	Ningxia	182304	41465	137446	197	3196
新 疆	Xinjiang	397289	106678	278170	2915	9526

1-15 研究与试验发展(R&D)经费外部支出(2012年)
External Expenditure on R&D (2012)

单位：万元 (10 000 yuan)

项 目	Item	R&D经费外部支出 Total	对境内研究机构支出 to Domestic Research Institutions	对境内高等学校支出 to Domestic Higher Education	对境内企业支出 to Domestic Enterprises	对境外机构支出 to Foreign Institutions
全 国	**National Total**	**5842075**	**2328783**	**1210256**	**1408465**	**678984**
按执行部门分	**by Performer**					
企 业	Enterprises	4554316	1841431	933251	1121836	655880
#规上工业企业	Industrial Enterprises above Designated Size	4178749	1666890	858393	1018496	634970
研究与开发机构	R&D Institutions	605645	267524	49798	85266	507
高等学校	Higher Education	626139	196347	214916	188740	22293
其 他	Others	55975	23481	12291	12623	303
按地区分	**by Region**					
东部地区	Eastern Region	3854853	1432009	690370	1058871	540047
中部地区	Middle Region	851402	348245	231706	175738	70821
西部地区	Western Region	738072	348438	196715	97474	43774
东北地区	Northeast Region	397749	200091	91465	76381	24342
北 京	Beijing	946235	501049	133337	174010	13597
天 津	Tianjin	154992	56401	18061	48168	31084
河 北	Hebei	108086	46360	46498	8734	5826
山 西	Shanxi	98176	33177	24487	35280	4400
内 蒙 古	Inner Mongolia	37416	18130	11807	4861	1761
辽 宁	Liaoning	134727	56828	22251	41402	9363
吉 林	Jilin	148170	85657	42557	13291	6419
黑 龙 江	Heilongjiang	114851	57606	26657	21688	8560
上 海	Shanghai	461167	85297	38125	191265	142577
江 苏	Jiangsu	447782	160431	97990	96285	90937
浙 江	Zhejiang	397206	157527	74904	128007	36620
安 徽	Anhui	203544	61786	38419	57035	46060
福 建	Fujian	182841	95136	20832	11260	55258
江 西	Jiangxi	116957	48364	26098	35272	7026
山 东	Shandong	551698	209214	196407	103954	42033
河 南	Henan	124399	81408	35281	5965	1732
湖 北	Hubei	174329	71265	47385	32736	3133
湖 南	Hunan	133996	52245	60036	9451	8470
广 东	Guangdong	591226	107622	63624	297138	122115
广 西	Guangxi	51804	34795	10870	2682	3457
海 南	Hainan	13618	12973	592	51	1
重 庆	Chongqing	82617	46226	13488	9556	13291
四 川	Sichuan	194492	95558	64218	24413	8982
贵 州	Guizhou	22831	11483	7524	1553	781
云 南	Yunnan	48543	24391	7705	14619	1819
西 藏	Tibet	3419	257	3118	22	21
陕 西	Shaanxi	169621	52681	39647	27117	2468
甘 肃	Gansu	66115	29668	23440	2231	10694
青 海	Qinghai	9079	6680	1882	269	246
宁 夏	Ningxia	7277	3572	2109	1360	196
新 疆	Xinjiang	44858	24996	10907	8792	60

1-16 研究与试验发展(R&D)项目情况(2012年)
R&D Projects(2012)

项　目	Item	R&D项目(课题)数(项) R&D Projects (item)	R&D项目(课题)参加人员折合全时当量(人年) Participants (man-year)	R&D项目(课题)经费内部支出(万元) Expenditure (10 000 yuan)
全　国	**National Total**	**1072383**	**2937707**	**84742365**
按执行部门分	**by Performer**			
企　业	Enterprises	313651	2238797	67302457
#规上工业企业	Industrial Enterprises above Designated Size	287524	2027232	62306119
研究与开发机构	R&D Institutions	79343	310505	10782978
高等学校	Higher Education	657027	313107	6072681
其　他	Others	22362	75298	584250
按地区分	**by Region**			
东部地区	Eastern Region	607202	1919108	57914902
中部地区	Middle Region	190778	481620	12533311
西部地区	Western Region	193619	357742	9311244
东北地区	Northeast Region	80784	179238	4982910
北　京	Beijing	109514	217963	8427518
天　津	Tianjin	31893	80557	2776808
河　北	Hebei	25570	69280	1989626
山　西	Shanxi	13349	42167	1019735
内蒙古	Inner Mongolia	9936	27327	817421
辽　宁	Liaoning	36507	77260	3041143
吉　林	Jilin	20698	43437	856769
黑龙江	Heilongjiang	23579	58541	1084998
上　海	Shanghai	65802	139430	5109803
江　苏	Jiangsu	97597	371314	11040895
浙　江	Zhejiang	84509	260923	6573787
安　徽	Anhui	39251	92745	2241921
福　建	Fujian	30008	102313	2309740
江　西	Jiangxi	19157	33251	964728
山　东	Shandong	64906	231347	8572598
河　南	Henan	30319	113921	2717569
湖　北	Hubei	48669	110110	3208902
湖　南	Hunan	40033	89426	2380456
广　东	Guangdong	93179	439950	11032998
广　西	Guangxi	22519	36964	756582
海　南	Hainan	4224	6031	81128
重　庆	Chongqing	21799	40684	1262372
四　川	Sichuan	45991	88820	2574502
贵　州	Guizhou	12185	16969	351276
云　南	Yunnan	16049	25040	478313
西　藏	Tibet	731	1003	14372
陕　西	Shaanxi	36303	73694	2074204
甘　肃	Gansu	13108	21363	439022
青　海	Qinghai	1495	4583	109082
宁　夏	Ningxia	5090	7364	139497
新　疆	Xinjiang	8413	13933	294602

1-17 科技进步贡献率

MFP Contribution on Economic Growth

单位：% (%)

项 目	Item	1998-2003	1999-2004	2000-2005	2001-2006	2002-2007	2003-2008	2004-2009	2005-2010	2006-2011	2007-2012
GDP年均增速	The Annual Growth Rate of GDP	8.7	9.2	9.6	10.0	10.4	10.8	10.6	10.3	11.1	9.3
科技进步贡献率	MFP Contribution on Economic Growth	39.7	42.2	43.2	44.3	46.0	48.8	48.4	50.9	51.7	52.2

1-18 国家财政科技支出

Government Expenditure for Science and Technology

单位：亿元 (100 million yuan)

年 份 Year	国家公共财政支出 Total Government Budgetary Expenditure (A)	国家财政科技拨款 Appropriation for Science and Technology (B)	中央 Central Government	地方 Local Government	科学技术支出 Expenditure for Science and Technology	其他功能支出中用于科学技术的支出 Others	科技拨款占公共财政支出的比重 % of Total Government Budgetary Expenditure (B/A)
1980	1228.8	64.6					5.26
1981	1138.4	61.6					5.41
1982	1230.0	65.3					5.31
1983	1409.5	79.0					5.61
1984	1701.0	94.7					5.57
1985	2004.3	102.6					5.12
1986	2204.9	112.6					5.11
1987	2262.2	113.8					5.03
1988	2491.2	121.1					4.86
1989	2823.8	127.9					4.53
1990	3083.6	139.1	97.6	41.6			4.51
1991	3386.6	160.7	115.4	45.3			4.74
1992	3742.2	189.3	133.6	55.7			5.06
1993	4642.3	225.6	167.6	58.0			4.86
1994	5792.6	268.3	199.0	69.3			4.63
1995	6823.7	302.4	215.6	86.8			4.43
1996	7937.6	348.6	242.8	105.8			4.39
1997	9233.6	408.9	273.9	134.0			4.43
1998	10798.2	438.6	289.7	148.9			4.06
1999	13187.7	543.9	355.6	188.3			4.12
2000	15886.5	575.6	349.6	226.0			3.62
2001	18902.6	703.3	444.3	258.9			3.72
2002	22053.2	816.2	511.2	305.0			3.70
2003	24650.0	944.6	609.9	335.6			3.83
2004	28486.9	1095.3	692.4	402.9			3.84
2005	33930.3	1334.9	807.8	527.1			3.93
2006	40422.7	1688.5	1009.7	678.8			4.18
2007	49781.4	2135.7	1044.1	1091.6	1783.0	352.6	4.29
2008	62592.7	2611.0	1287.2	1323.8	2129.2	481.8	4.17
2009	76299.9	3276.8	1653.3	1623.5	2744.5	532.3	4.29
2010	89874.2	4196.7	2052.5	2144.2	3250.2	946.5	4.67
2011	109247.8	4797.0	2343.3	2453.7	3828.0	969.0	4.39
2012	125953.0	5600.1	2613.6	2986.5	4452.6	1147.5	4.45

注：1.为规范财政科技支出统计，2013年对财政科学技术支出统计口径重新作了界定，并追溯调整了2007-2011年数据，以保持数据的可比性。2.本表中财政科学技术支出的统计范围为公共财政支出安排的科技项目。3.2012年中央国有资本经营支出中安排30亿元用于科学技术项目。

Note: a) To standardize the fiscal expenditure on S&T, we redifine statistical calibre of the fiscal expenditure on S&T and adjust the data of the year from 2007 to 2011 for the comparability of data. b) In this table,statistical calibre of the fiscal expenditure on S&T is S&T projects of public fiscal expenditure. c) There are 3000 million yuan used for S&T projects in central state-owned capital operating expenditure.

1-19 公有经济企事业单位专业技术人员
Technical Personnel in State-owned and Collective-owned Enterprises and Institutions

单位：人 (person)

年 份 Year	合 计 Total	小 计 Subtotal	工程技术 Engineering	农业技术 Agriculture	科学研究 Scientific Research	卫生技术 Health Care	教学人员 Teaching	公有企事业单位在岗职工（万人）Staff and Workers in State-owned Enterprises (10 000 persons)	平均每万名职工中专业技术人员 Technical Personnel per 10 000 Employees
1995	27053663	19133834	5625850	535731	302879	3035335	9634039	9975	2712
1996	28019313	19920785	5745367	579157	303177	3130788	10162296	9919	2825
1997	28603117	20495006	5719337	611458	302684	3213762	10647765	9723	2942
1998	28773511	20913343	5656735	635929	290537	3254958	11075184	7766	3705
1999	29042988	21430140	5654863	654138	283532	3329706	11507901	7286	3986
2000	28874159	21650807	5551098	670105	274506	3371966	11783132	6820	4234
2001	28477431	21698037	5316327	674644	265554	3390233	12051279	6355	4481
2002	28344158	21860024	5289166	666998	262692	3402326	12238842	5890	4812
2003	27745585	21739699	4992867	683437	275496	3441109	12346790	5575	4977
2004	27504073	21783019	4807869	704576	282002	3532282	12456290	5375	5117
2005	27567260	21978684	4791227	705720	311166	3581181	12589390	5161	5341
2006	27739287	22298171	4893672	701930	326728	3612091	12763750	5085	5455
2007	28014657	22545110	5017747	701481	349208	3640554	12836120	5044	5554
2008	28635696	23098880	5176798	715774	368655	3888273	12949380	5006	5720
2009	28879635	23211769	5310622	714720	388150	3929037	12869240	5508	5244
2010	28157323	22697107	5415126	688651	339676	3840124	12413530	5525	5096
2011	29186650	23569312	5715561	714489	403853	4107373	12628036	5707	5114
2012	29774237	23874234	5950025	711841	416231	4144889	12651248	5932	5019

注：2008年及以前年份统计口径为“国有企事业单位”，不包含集体企事业单位情况。

Note: The statistics range before 2008 contain only state-owned enterprises and institutions and does not contain collective-owned enterprises and institutions.

1-20 公有经济企事业单位分行业专业技术人员(2012年)
Technical Personnel in State-owned and Collective-owned Enterprises and Institutions by Industrial Sector (2012)

单位：万人 (10 000 persons)

行 业	Industry	合 计 Total	企 业 Enterprise	事 业 Institution
总 计	**Total**	**2977.4**	**923.6**	**2053.8**
农林牧渔业	Farming, Forestry, Animal Husbandry and Fishery	110.1	18.3	91.8
采矿业	Mining	94.6	94.2	0.4
制造业	Manufacturing	187.4	187.1	0.3
电力、煤气及水的生产和供应业	Production and Distribution of Electricity,Gas and Water	69.3	68.0	1.3
建筑业	Construction	119.6	111.8	7.8
批发和零售业	Wholesale and Retail Trade	36.8	36.5	0.3
交通运输、仓储和邮政业	Traffic,Transport, Storage and Post	91.1	68.2	22.9
住宿和餐饮业	Information Transfer,Software and Information	4.3	3.8	0.5
信息传输、软件和信息技术服务业	Information Transfer,Software and Information Technology Services	53.7	50.7	3.0
金融业	Finance	209.1	204.5	4.6
房地产业	Real Estate	14.2	10.8	3.4
租赁和商务服务业	Tenancy and Business Services	5.9	4.7	1.2
科学研究和技术服务业	Scientific Research, Technical Service	104.5	30.5	73.9
水利、环境和公共设施管理业	Management of Water Conservancy, Environment	46.5	5.4	41.1
居民服务、修理和其他服务业	Resident Services and Other Services	10.8	5.4	5.4
教育	Education	1304.4	2.3	1302.1
卫生和社会工作	Sanitation and Social Works	389.6	5.1	384.5
文化、体育和娱乐业	Culture, Sports and Entertainment	62.9	9.8	53.2
公共管理、社会保障和社会组织	Public Management and Social Organization	62.7	6.5	56.2
国际组织	International Organizations			

1-21 各地区公有经济企事业单位专业技术人员(2012年)

Technical Personnel in State-owned and Collective-owned Enterprises and Institutions by Region (2012)

单位：人 (person)

地 区	Region	合计 Total	小计 Subtotal	工程技术 Engineering	农业技术 Agriculture	科学研究 Scientific Research	卫生技术 Health Care	教学人员 Teaching
全 国	**National Total**	**29774237**	**23874234**	**5950025**	**711841**	**416231**	**4144889**	**12651248**
东部地区	Eastern Region	8741255	7426814	1173249	163946	66538	1578213	4444868
中部地区	Middle Region	5625532	4929854	640727	138775	30339	960965	3159048
西部地区	Western Region	6452464	5785259	798833	283380	32059	1020348	3650639
东北地区	Northeast Region	2114940	1828658	287424	89614	18336	361980	1071304
北 京	Beijing	478674	375600	112968	4600	6723	90446	160863
天 津	Tianjin	315224	256523	70372	3147	3685	58164	121155
河 北	Hebei	1164205	993313	125941	26844	3160	174227	663141
山 西	Shanxi	899928	743943	162442	25613	4930	126525	424433
内 蒙 古	Inner Mongolia	559502	499833	65166	31234	2883	92393	308157
辽 宁	Liaoning	781617	676610	109896	24061	5572	125795	411286
吉 林	Jilin	589333	514732	78006	27355	5853	103407	300111
黑 龙 江	Heilongjiang	743990	637316	99522	38198	6911	132778	359907
上 海	Shanghai	636387	426612	121503	3723	6237	131286	163863
江 苏	Jiangsu	1180413	1042208	113999	26720	8564	218087	674838
浙 江	Zhejiang	913315	786880	105749	16656	5072	214208	445195
安 徽	Anhui	835217	724184	86594	22070	3203	132328	479989
福 建	Fujian	633680	555487	71218	12617	7144	97324	367184
江 西	Jiangxi	709274	644243	73130	20010	3783	126083	421237
山 东	Shandong	1813164	1568017	292281	53696	20293	301125	900622
河 南	Henan	1347434	1206437	134518	27112	6998	197290	840519
湖 北	Hubei	822557	746888	82174	17029	4316	183737	459632
湖 南	Hunan	1011122	864159	101869	26941	7109	195002	533238
广 东	Guangdong	1459018	1295355	151998	12256	5021	264976	861104
广 西	Guangxi	771400	697671	133188	17838	3221	119690	423734
海 南	Hainan	147175	126819	7220	3687	639	28370	86903
重 庆	Chongqing	463248	393984	52195	13173	1934	74566	252116
四 川	Sichuan	1104439	1017865	114989	43930	7344	196188	655414
贵 州	Guizhou	591541	543655	54886	23646	1955	81156	382012
云 南	Yunnan	807824	745748	107293	41241	3660	113264	480290
西 藏	Tibet	63004	57000	3399	4569	300	10996	37736
陕 西	Shaanxi	789518	669381	121741	32272	3538	126379	385451
甘 肃	Gansu	538544	493852	62887	28715	2262	79791	320197
青 海	Qinghai	125055	103713	19768	7764	1608	22515	52058
宁 夏	Ningxia	125363	107582	15566	8576	1130	17795	64515
新 疆	Xinjiang	513026	454975	47755	30422	2224	85615	288959

注：全国数据包含中央属及地方属单位的专业技术人员，分地区数据只含地方属单位。

Note: The national data indude the professional technical personnel belonging to the central government and local units,and the regional data contain only local units.

1-22　分学科研究生情况（2012年）
Number of Postgraduate Students by Field of Study (2012)

单位：人　　　　(person)

项　目	Item	招生数 New Enrollment	硕　士 Master's Degree	博　士 Doctor's Degree	在　校 学生数 Total Enrollment	硕　士 Master's Degree	博　士 Doctor's Degree	毕业生数 Graduates	硕　士 Master's Degree	博　士 Doctor's Degree
分学科研究生数（总计）	**Total**	**589673**	**521303**	**68370**	**1719818**	**1436008**	**283810**	**486455**	**434742**	**51713**
#女	Female	294711	269222	25489	842417	738981	103436	242030	222780	19250
#专业学位	Academic Degree	198883	197151	1732	449674	443715	5959	89479	88167	1312
哲　学	Philosophy	4579	3715	864	15082	11470	3612	4859	4124	735
经济学	Economics	27428	24482	2946	73500	60993	12507	20257	17943	2314
法　学	Law	40960	37350	3610	121217	106359	14858	40840	38051	2789
教育学	Education	30239	28900	1339	77763	72682	5081	23420	22412	1008
文　学	Literature	32115	29691	2424	93429	83498	9931	29686	27731	1955
历史学	History	5456	4517	939	17735	13693	4042	5430	4638	792
理　学	Science	58124	44788	13336	180330	131112	49218	50266	40504	9762
工　学	Engineering	209244	183593	25651	616173	499954	116219	168434	150544	17890
农　学	Agriculture	21080	17975	3105	58893	46888	12005	16313	13948	2365
医　学	Medicine	64868	56070	8798	188666	158065	30601	56001	48188	7813
军事学	Military	250	208	42	831	675	156	206	173	33
管理学	Management	78151	73428	4723	227030	203587	23443	58652	54835	3817
艺术学	Art	17179	16586	593	49169	47032	2137	12091	11651	440
分学科研究生数（普通高校）	**Regular Colleges**	**575438**	**511320**	**64118**	**1678607**	**1409806**	**268801**	**476019**	**427881**	**48138**
#女	Female	289087	265114	23973	826794	728416	98378	238177	220097	18080
#专业学位	Academic Degree	196612	194880	1732	445224	439265	5959	88937	87625	1312
哲　学	Philosophy	4454	3630	824	14690	11213	3477	4760	4052	708
经济学	Economics	26706	24000	2706	71673	59993	11680	19828	17692	2136
法　学	Law	40109	36654	3455	118796	104434	14362	40093	37430	2663
教育学	Education	30239	28900	1339	77763	72682	5081	23420	22412	1008
文　学	Literature	31980	29612	2368	93098	83302	9796	29586	27660	1926
历史学	History	5360	4429	931	17461	13481	3980	5352	4578	774
理　学	Science	54138	42558	11580	168021	125052	42969	47302	39044	8258
工　学	Engineering	203844	179507	24337	600147	488862	111285	164447	147688	16759
农　学	Agriculture	20070	17250	2820	55985	44926	11059	15573	13430	2143
医　学	Medicine	63941	55402	8539	186033	156206	29827	55252	47664	7588
军事学	Military	249	207	42	828	672	156	205	172	33
管理学	Management	77343	72704	4639	225482	202305	23177	58274	54515	3759
艺术学	Art	17005	16467	538	48630	46678	1952	11927	11544	383
分学科研究生数（科研机构）	**Research Institutions**	**14235**	**9983**	**4252**	**41211**	**26202**	**15009**	**10436**	**6861**	**3575**
#女	Female	5624	4108	1516	15623	10565	5058	3853	2683	1170
#专业学位	Academic Degree	2271	2271		4450	4450		542	542	
哲　学	Philosophy	125	85	40	392	257	135	99	72	27
经济学	Economics	722	482	240	1827	1000	827	429	251	178
法　学	Law	851	696	155	2421	1925	496	747	621	126
教育学	Education									
文　学	Literature	135	79	56	331	196	135	100	71	29
历史学	History	96	88	8	274	212	62	78	60	18
理　学	Science	3986	2230	1756	12309	6060	6249	2964	1460	1504
工　学	Engineering	5400	4086	1314	16026	11092	4934	3987	2856	1131
农　学	Agriculture	1010	725	285	2908	1962	946	740	518	222
医　学	Medicine	927	668	259	2633	1859	774	749	524	225
军事学	Military	1	1		3	3		1	1	
管理学	Management	808	724	84	1548	1282	266	378	320	58
艺术学	Art	174	119	55	539	354	185	164	107	57

1-23 普通本科分学科学生数（2012年）
Number of Students Regular Enrolled in Full Undergraduate Course by Field of Study (2012)

单位：人 (person)

项 目	Item	招生数 New Enrollment	在校学生数 Total Enrollment	毕业生数 Graduates
总 计	**Total**	**3740574**	**14270888**	**3038473**
#女	Female	2017368	7281963	1517254
#师范	Teacher Training	367421	1443936	328571
哲 学	Philosophy	2335	8840	2038
经济学	Economics	216289	838204	188257
法 学	Law	133717	516789	121634
教育学	Education	142812	517590	103884
文 学	Literature	707543	2668900	588198
#外 语	Foreign Languages	205236	810846	201115
艺 术	Art	337810	1215535	240957
历史学	History	18926	70769	15588
理 学	Science	344671	1314644	294060
工 学	Engineering	1195234	4522917	964583
农 学	Agriculture	63974	244261	53789
医 学	Medicine	228294	1006410	178085
管理学	Management	686779	2561564	528357

1-24 普通专科分学科学生数（2012年）
Number of Students Regular Enrolled in Specialized Courses by Field of Study (2012)

单位：人 (person)

项 目	Item	招生数 New Enrollment	在校学生数 Total Enrollment	毕业生数 Graduates
总 计	**Total**	**3147762**	**9642267**	**3208865**
#女	Female	1700988	4998527	1680943
#师范	Teacher Training	150568	523269	183755
农林牧渔大类	Agriculture, Forestry, Animal Husbandry, and Fishery	56236	169578	58308
交通运输大类	Communication &Transportation	153172	436213	127177
生化与药品大类	Biochemistry and Drugs	70212	226845	81411
资源开发与测绘大类	Exploiture of Resources & Surveying and Mapping	50023	148207	43511
材料与能源大类	Material and Sources of Energy	41412	131878	45115
土建大类	Civil Construction	365236	1050469	271421
水利大类	Water Conservancy	13908	40420	10955
制造大类	Manufacturing	405538	1261946	430682
电子信息大类	Electronic Information	297772	931847	370232
环保、气象与安全大类	Environment Protection, Meteorology and Security	14560	45583	14649
轻纺食品大类	Textile and Food	51904	166629	62363
财经大类	Finance and Economics	691807	2061042	671797
医药卫生大类	Medicine and Health	298521	925804	279290
旅游大类	Tourism	110237	322801	108371
公共事业大类	Public Service	32418	97116	31195
文化教育大类	Culture and Education	297878	1015735	388794
艺术设计传媒大类	Art Design and Media	146639	458232	150028
公安大类	Public Security	11504	32359	16741
法律大类	Law	38785	119563	46825

1-25 中国科学院院士和中国工程院院士
Academicians of China Academy of Sciences and Academicians of China Academy of Engineering

单位：人 (person)

项 目	Item	1995	2000	2001	2002	2003	2004	2005	2006	2007	2008	2009	2010	2011	2012
中国科学院院士合计①	**Academicians of China Academy of Sciences**	**571**	**617**	**653**	**639**	**685**	**672**	**706**	**692**	**709**	**692**	**714**	**694**	**727**	**710**
数学物理学部	Division of Mathematics and Physics	113	115	124	122	128	126	130	130	135	134	137	133	139	136
化学部	Division of Chemistry	99	107	113	110	119	119	125	121	124	120	125	121	126	123
生命科学和医学学部	Division of Life Sciences and Medical Sciences	96	107	114	112	122	117	126	123	129	124	126	120	128	124
地学部	Division of Earth Sciences	102	110	115	110	117	113	119	117	117	113	116	112	119	116
信息技术科学部	Division of Information Technological Sciences						76	81	79	80	79	83	82	83	82
技术科学部	Division of Technological Sciences	161	178	187	185	199	121	125	122	124	122	127	126	132	129
中国工程院院士合计	**Academicians of China Academy of Engineering**	**327**	**542**	**613**	**609**	**660**	**655**	**701**	**694**	**718**	**711**	**749**	**736**	**766**	**763**
机械与运载工程学部	Division of Mechanical and Vehicle Engineering	49	78	89	88	96	96	104	102	105	103	106	105	110	110
信息与电子工程学部	Division of Information and Electronic Engineering	59	94	102	100	105	104	107	106	105	105	108	106	110	109
化工、冶金与材料工程学部	Division of Chemical, Metallurgic and Material	46	74	81	81	88	88	93	92	94	92	95	93	98	98
能源与矿业工程学部	Division of Energy and Mining Engineering	42	71	81	81	88	88	95	94	95	95	100	98	102	102
土木、水利与建筑工程学部	Division of Civil , Hydraulic and Architecture Engineering	41	71	80	80	87	86	93	93	97	96	100	98	101	101
环境与轻纺工程学部②	Division of Environment,Light and Textile Industries Engineering	42	74	86	85	92	91	97	95	37	36	42	41	43	43
农业学部	Division of Agriculture									64	64	70	70	71	71
医药与卫生学部	Division of Medical and Health	48	80	89	89	96	94	101	101	107	107	112	109	112	110
工程管理学部③	Division of Engineering Management			33	33	36	36	39	39	41	41	44	44	46	46

注：① 2006年中国科学院另有53位外籍院士。
② 2007年以前数据包括农业学部。
③ 2010年工程管理学部中有28人是跨学部院士；2011年和2012年工程管理学部中有27人是跨学部院士。

1-26 中国科学院全体院士名单(710人)

数学物理学部(136人)

丁伟岳	丁夏畦	于 敏	于 渌	万哲先	马志明	王乃彦	王广厚	王 元	王世绩
王业宁	王 迅	王诗宬	王恩哥	王梓坤	王绶琯	王鼎盛	文 兰	方 成	方守贤
甘子钊	艾国祥	石钟慈	龙以明	叶叔华	叶朝辉	田 刚	白以龙	邝宇平	冯 端
邢定钰	曲钦岳	吕 敏	朱邦芬	刘应明	汤定元	孙义燧	孙昌璞	严加安	苏定强
苏肇冰	李大潜	李方华	李正武	李邦河	李安民	李荫远	李家明	李家春	李惕碚
李德平	杨 乐	杨应昌	杨国桢	杨福家	吴文俊	吴岳良	何祚庥	邹广田	闵乃本
汪承灏	沈文庆	沈学础	张仁和	张伟平	张宗烨	张 杰	张恭庆	张家铝	张焕乔
张淑仪	张涵信	张维岩	张裕恒	张殿琳	张肇西	陆启铿	陆 埮	陈木法	陈永川
陈式刚	陈和生	陈佳洱	陈建生	陈难先	陈 彪	武向平	范海福	林 群	欧阳钟灿
罗 俊	周又元	周光召	周 恒	周毓麟	冼鼎昌	郑厚植	郑晓静	赵光达	赵忠贤
郝柏林	胡仁宇	胡和生	俞昌旋	姜伯驹	洪家兴	洪朝生	贺贤土	袁亚湘	夏道行
徐至展	徐叙瑢	高鸿钧	郭尚平	郭柏灵	席南华	唐孝威	陶瑞宝	黄祖洽	黄润乾
龚昌德	鄂维南	崔向群	章 综	彭实戈	葛墨林	程开甲	童秉纲	谢家麟	詹文龙
解思深	熊大闰	潘建伟	霍裕平	戴元本	魏宝文				

化学部(123人)

万立骏	万惠霖	王 夔	王方定	王佛松	支志明	计亮年	卢佩章	申泮文	田 禾
田中群	田昭武	白春礼	包信和	冯守华	朱起鹤	朱清时	朱道本	任詠华	刘元方
刘有成	刘若庄	刘忠范	江 龙	江 明	江 雷	江元生	江桂斌	孙家钟	麦松威
严东生	严纯华	苏 锵	李 灿	李亚栋	李洪钟	李静海	杨玉良	杨学明	吴 奇
吴云东	吴养洁	吴新涛	何国钟	何鸣元	佟振合	余国琮	闵恩泽	汪尔康	沙国河
沈之荃	沈家骢	宋礼成	张 希	张玉奎	张礼和	张存浩	张俐娜	张乾二	陆婉珍
陆熙炎	陈 懿	陈小明	陈庆云	陈凯先	陈俊武	陈洪渊	陈家镛	陈新滋	林励吾
林国强	卓仁禧	周同惠	周其凤	周其林	郑兰荪	赵玉芬	赵东元	赵进才	胡 英
胡宏纹	查全性	段 雪	侯建国	俞汝勤	洪茂椿	费维扬	姚守拙	姚建年	袁 权
袁承业	柴之芳	钱逸泰	倪嘉缵	徐 僖	徐光宪	徐如人	徐晓白	高 松	高 鸿
郭景坤	唐本忠	唐有祺	涂永强	黄 量	黄乃正	黄本立	黄志镗	黄春辉	黄维垣
曹 镛	麻生明	梁敬魁	彭少逸	蒋锡夔	程津培	程镕时	游效曾	谢毓元	蔡启瑞
黎乐民	颜德岳	戴立信							

生命科学和医学学部(124人)

王大成	王文采	王正敏	王世真	王志珍	王志新	王恩多	毛江森	方荣祥	方精云
尹文英	孔祥复	邓子新	石元春	卢永根	叶玉如	田 波	印象初	匡廷云	朱玉贤
朱兆良	朱作言	庄文颖	庄巧生	刘以训	刘允怡	刘建康	刘新垣	许智宏	孙大业
孙汉董	孙曼霁	孙儒泳	苏国辉	李 林	李季伦	李振声	李家洋	李朝义	杨焕明
杨雄里	杨福愉	吴 旻	吴征镒	吴孟超	吴祖泽	吴常信	汪忠镐	沈 岩	沈允钢
沈自尹	沈善炯	张友尚	张永莲	张亚平	张启发	张明杰	张学敏	张春霆	张树政
张新时	陆士新	陈 竺	陈 霖	陈子元	陈文新	陈可冀	陈宜张	陈宜瑜	陈晓亚
陈润生	武维华	林其谁	林鸿宣	尚永丰	金国章	周 俊	郑光美	郑守仪	郑儒永
孟安明	赵玉沛	赵尔宓	赵进东	赵国屏	段树民	侯凡凡	饶子和	施教耐	施蕴渝
洪国藩	洪德元	姚开泰	贺 林	贺福初	郭爱克	唐守正	唐崇惕	黄路生	曹文宣
戚正武	龚岳亭	常文瑞	康 乐	梁栋材	梁智仁	隋森芳	葛均波	蒋有绪	韩启德
韩济生	舒红兵	童坦君	曾 毅	曾益新	谢华安	谢联辉	强伯勤	裴 钢	翟中和
薛社普	鞠 躬	魏于全	魏江春						

地学部(116人)

丁仲礼　丁国瑜　万卫星　马　瑾　马宗晋　王　水　王　颖　王铁冠　王德滋　文圣常

丑纪范　邓起东　石广玉　石耀霖　叶大年　叶笃正　叶嘉安　田在艺　冯士筰　戎嘉余

吕达仁　朱日祥　朱显谟　伍荣生　任纪舜　刘丛强　刘光鼎　刘昌明　刘宝珺　刘振兴

刘嘉麒　安芷生　许志琴　许厚泽　孙　枢　孙鸿烈　苏纪兰　李小文　李吉均　李廷栋

李崇银　李德仁　李德生　李曙光　杨元喜　杨文采　肖序常　吴国雄　吴新智　邱占祥

汪品先　汪集旸　沈其韩　张　经　张本仁　张国伟　张宗祜　张弥曼　张彭熹　陆大道

陈　旭　陈　颙　陈运泰　陈俊勇　林学钰　欧阳自远　金振民　周卫健　周志炎　周秀骥

周忠和　於崇文　郑　度　郑永飞　赵其国　赵柏林　赵鹏大　胡敦欣　钟大赉　侯仁之

姚振兴　姚檀栋　秦大河　秦蕴珊　袁道先　莫宣学　贾承造　徐冠华　殷鸿福　高　山

高　俊　郭令智　郭华东　涂传诒　陶　澍　黄荣辉　龚健雅　常印佛　符淙斌　巢纪平

程国栋　傅伯杰　傅家谟　焦念志　舒德干　童庆禧　曾庆存　曾融生　谢学锦　翟明国

翟裕生　滕吉文　薛禹群　穆　穆　戴金星　魏奉思

信息技术科学部(82人)

干福熹　王　圩　王　越　王之江　王占国　王守武　王守觉　王阳元　王启明　王育竹

王家骐　包为民　匡定波　朱中梁　刘永坦　刘国治　刘颂豪　刘盛纲　许宁生　孙钟秀

李　未　李启虎　李树深　李衍达　杨芙清　杨学军　吴一戎　吴宏鑫　吴培亨　吴德馨

何积丰　沈绪榜　怀进鹏　宋　健　张　钹　张　煦　张效祥　张景中　张嗣瀛　陆元九

陆汝钤　陈国良　陈定昌　陈星旦　陈星弼　陈俊亮　陈桂林　陈翰馥　林为干　林惠民

林尊琪　金亚秋　周兴铭　周炳琨　周巢尘　郑有炓　郑建华　郑耀宗　保　铮　侯　洵

侯朝焕　姚建铨　秦国刚　夏建白　夏培肃　徐宗本　郭　雷　郭光灿　黄　维　黄　琳

黄民强　黄宏嘉　梅　宏　梁思礼　彭堃墀　董韫美　雷啸霖　简水生　阙端麟　褚君浩

薛永祺　戴汝为

技术科学部(129人)

于起峰　王　曦　王大中　王立鼎　王光谦　王自强　王克明　王希季　王补宣　王崇愚

王淀佐　王锡凡　卢　柯　卢　强　叶恒强　叶培建　申长雨　邢球痕　过增元　师昌绪

朱　荻　朱　静　朱位秋　朱森元　伍小平　任新民　任露泉　庄逢辰　刘广均　刘竹生

刘宝镛　齐　康　许学彦　孙　钧　孙家栋　严陆光　李　天　李述汤　李依依　李济生

李敏华　杨　卫　杨　槱　杨叔子　肖纪美　吴良镛　吴承康　吴硕贤　邱大洪　余梦伦

邹世昌　闵桂荣　汪　耕　沈志云　沈保根　宋玉泉　宋振骐　宋家树　张　泽　张光斗

张兴钤　张佑启　张统一　张楚汉　陈　达　陈创天　陈学俊　陈祖煜　陈能宽　范守善

林　皋　林秉南　欧阳予　金展鹏　周　远　周干峙　周尧和　周孝信　周国治　郑　平

郑时龄　郑哲敏　赵淳生　胡文瑞　胡聿贤　胡海岩　南策文　柯　俊　柳百新　钟万勰

钟香崇　俞鸿儒　闻邦椿　姜中宏　祝世宁　姚　熹　都有为　顾秉林　顾诵芬　顾逸东

徐采栋　徐性初　徐建中　徐祖耀　高镇同　唐叔贤　陶文铨　黄克智　曹春晓　曹楚南

彭一刚　葛昌纯　韩祯祥　程时杰　程耿东　温诗铸　谢光选　赖远明　路甬祥　蔡其巩

蔡睿贤　雒建斌　翟婉明　熊有伦　颜鸣皋　潘际銮　薛其坤　魏寿昆　魏炳波

1-27 中国工程院全体院士名单(763人)

机械与运载工程学部(110人)

艾 兴	陈福田	陈懋章	陈士橹	陈一坚	陈予恕	崔国良	丁衡高	丁荣军	董春鹏	杜善义
段正澄	朵英贤	范本尧	冯培德	甘晓华	高伯龙	高金吉	顾国彪	顾诵芬	管 德	关 杰
关 桥	郭重庆	郭东明	郭孔辉	何友声	胡正寰	黄崇祺	黄瑞松	黄文虎	黄先祥	黄旭华
金东寒	乐嘉陵	李椿萱	李鹤林	李鸿志	李 明	李培根	李 钊	梁晋才	林尚扬	林忠钦
林宗虎	柳百成	刘大响	刘连元	刘人怀	刘怡昕	刘永才	刘友梅	龙乐豪	卢秉恒	路甬祥
陆元九	马伟明	孟执中	闵桂荣	潘健生	潘镜芙	戚发轫	钱清泉	饶芳权	阮雪榆	沈闻孙
沈志云	石 屏	宋文骢	苏哲子	孙敬良	谭建荣	唐长红	唐任远	涂铭旌	屠善澄	王 浚
汪顺亭	王兴治	王永志	汪槱生	王玉明	王哲荣	温俊峰	吴有生	谢友柏	徐滨士	徐德民
徐志磊	杨凤田	杨绍卿	杨士莪	尹泽勇	于本水	臧克茂	曾广商	张福泽	张贵田	张金麟
张立同	张彦仲	赵 煦	钟 掘	钟群鹏	钟志华	周 济	周勤之	朱能鸿	朱英富	朱英浩

信息与电子工程学部(109人)

贲 德	蔡鹤皋	蔡吉人	柴天佑	陈 鲸	陈敬熊	陈俊亮	陈良惠	陈志杰	陈左宁	戴 浩
邓中翰	段宝岩	范滇元	方滨兴	方家熊	封锡盛	高 洁	高 文	龚惠兴	宫先仪	龚知本
郭桂蓉	何德全	何新贵	胡光镇	胡启恒	黄培康	姜景山	姜文汉	金国藩	金怡濂	李伯虎
李德仁	李德毅	李国杰	李乐民	李三立	李天初	李同保	李幼平	梁骏吾	林祥棣	林永年
凌永顺	刘 玠	刘尚合	刘永坦	刘韵洁	陆建勋	卢锡城	吕跃广	马远良	毛二可	倪光南
牛憨笨	潘君骅	潘云鹤	沈昌祥	宋 健	苏君红	孙家广	孙优贤	孙 玉	孙忠良	童志鹏
汪成为	王任享	王天然	王小谟	王 越	王子才	韦 钰	魏正耀	魏子卿	吴 澄	邬贺铨
邬江兴	吴曼青	吴佑寿	吴祖垲	吾守尔.斯拉木		许居衍	徐扬生	许祖彦	薛鸣球	杨士中
姚骏恩	叶铭汉	叶尚福	叶声华	俞大光	于 全	张光义	张履谦	张明高	张乃通	张锡祥
张尧学	张钟华	赵伊君	赵梓森	郑南宁	钟 山	周立伟	周寿桓	周仲义	朱高峰	庄松林

化工、冶金与材料工程学部(98人)

才鸿年	曹湘洪	陈丙珍	陈 景	陈立泉	陈清如	陈祥宝	陈蕴博	崔 崑	戴永年	丁传贤
傅恒志	付贤智	干 勇	高从堦	顾真安	关兴亚	何季麟	侯芙生	胡永康	胡壮麒	黄伯云
姜德生	江东亮	金 涌	柯 伟	李大东	李东英	李冠兴	李恒德	李俊贤	李龙土	李言荣
李正邦	李正名	刘伯里	刘炯天	刘业翔	陆钟武	毛炳权	闵恩泽	欧阳平凯	钱旭红	邱定蕃
邱冠周	桑凤亭	沈德忠	沈寅初	师昌绪	舒兴田	孙传尧	谭天伟	唐明述	屠海令	王淀佐
王国栋	王海舟	王静康	汪燮卿	汪旭光	王一德	王泽山	王震西	魏可镁	翁宇庆	武 胜
吴慰祖	吴以成	徐承恩	徐德龙	徐更光	徐惠彬	徐匡迪	徐南平	薛群基	严东生	杨启业
殷国茂	殷瑞钰	余永富	袁晴棠	袁渭康	曾苏民	张国成	张生勇	张寿荣	张文海	张兴栋
张耀明	赵连城	赵振业	周光耀	周克崧	周 廉	周 玉	朱永濬	邹 竞	左铁镛	

能源与矿业工程学部(102人)

安继刚	陈清泉	岑可法	常印佛	陈念念	陈森玉	陈毓川	杜祥琬	多 吉	樊明武	范维澄
范维唐	傅依备	古德生	顾金才	顾心怿	韩大匡	韩英铎	何多慧	何继善	洪伯潜	胡见义
胡思得	黄其励	蒋洪德	金庆焕	康玉柱	雷清泉	李立浧	李庆忠	李晓红	李焯芬	梁维燕
刘宝琛	刘广志	罗平亚	马永生	毛用泽	倪维斗	潘 垣	潘自强	裴荣富	彭士禄	彭苏萍
彭先觉	钱皋韵	钱鸣高	钱绍钧	乔登江	秦裕琨	邱爱慈	邱中建	阮可强	沈国荣	沈忠厚
苏万华	苏义脑	孙承纬	孙龙德	孙玉发	唐西生	汤中立	童晓光	万元熙	王德民	王思敬
王仲奇	闻雪友	翁史烈	鲜学福	谢和平	谢克昌	徐大懋	徐 銤	许绍燮	薛禹胜	杨奇逊
杨裕生	叶奇蓁	衣宝廉	于俊崇	于润沧	余贻鑫	袁 亮	袁士义	岳光溪	曾恒一	翟光明
张光斗	张铁岗	张信威	张勇传	张玉卓	张宗祜	赵文津	赵宪庚	郑健超	郑绵平	周邦新
周世宁	周守为	周永茂								

土木、水利与建筑工程学部(101人)

曹楚生　陈厚群　陈吉余　陈肇元　陈志恺　程泰宁　崔俊芝　崔　愷　戴复东　董石麟　范立础
方秦汉　冯叔瑜　傅熹年　葛修润　龚晓南　关肇邺　韩其为　何华武　何镜堂　黄　卫　黄熙龄
江欢成　江　亿　雷志栋　李道增　李圭白　李建成　李　玶　李猷嘉　梁文灏　梁应辰　廖振鹏
林元培　刘建航　刘加平　刘经南　刘先林　龙驭球　卢耀如　罗绍基　吕志涛　马国馨　马洪琪
马克俭　茆　智　孟兆祯　缪昌文　宁津生　欧进萍　钱七虎　钱正英　秦顺全　任南琪　容柏生
沙庆林　沈世钊　沈祖炎　施仲衡　孙　伟　谭靖夷　王　超　王光远　王　浩　王家耀　王景全
王梦恕　王瑞珠　王小东　魏敦山　文伏波　吴良镛　吴中如　项海帆　谢礼立　谢世楞　许其凤
杨秀敏　杨永斌　叶可明　曾庆元　张超然　张建云　张　杰　张锦秋　张祖勋　赵国藩　郑皆连
郑守仁　郑颖人　郑哲敏　钟登华　钟训正　周丰峻　周福霖　周干峙　周　镜　周君亮　周绪红
朱伯芳　邹德慈

环境与轻纺工程学部(43人)

蔡道基　陈克复　陈联寿　丁德文　丁一汇　段　宁　方国洪　郝吉明　侯保荣　侯立安　季国标
蒋士成　金鉴明　金翔龙　李泽椿　刘鸿亮　伦世仪　孟　伟　潘德炉　庞国芳　钱　易　瞿金平
曲久辉　任阵海　石　碧　孙宝国　孙晋良　孙铁珩　汤鸿霄　唐孝炎　王如松　王文兴　魏复盛
谢剑平　许健民　徐祥德　姚　穆　郁铭芳　袁业立　张全兴　张　懿　周国泰　周　翔

农业学部(71人)

陈焕春　陈剑平　陈温福　陈宗懋　程顺和　戴景瑞　邓秀新　范云六　方智远　冯宗炜　傅廷栋
盖钧镒　官春云　管华诗　郭予元　侯　锋　蒋亦元　康绍忠　雷霁霖　李　坚　李　宁　李佩成
李文华　李　玉　林浩然　刘大钧　刘守仁　刘兴土　刘秀梵　刘　旭　刘　筠　卢良恕　罗锡文
马建章　麦康森　南志标　任继周　荣廷昭　山　仑　沈国舫　石元春　石玉林　束怀瑞　宋湛谦
孙九林　唐启升　汪懋华　王明庥　吴孔明　吴明珠　夏咸柱　向仲怀　辛世文　熊远著　旭日干
徐　洵　颜龙安　尹伟伦　喻树迅　余松烈　于振文　袁隆平　曾士迈　张福绥　张改平　张齐生
张子仪　赵法箴　周开达　朱英国　朱有勇

医药卫生学部(110人)

安静娴　巴德年　曹雪涛　陈灏珠　陈洪铎　陈冀胜　陈君石　陈赛娟　陈香美　陈亚珠　陈肇隆
陈志南　程　京　程莘农　程书钧　程天民　池志强　丛　斌　戴尅戎　丁　健　樊代明　范上达
付小兵　高润霖　葛宝丰　顾健人　顾玉东　郭应禄　郝希山　洪　涛　侯惠民　侯云德　胡亚美
胡之璧　黄志强　郎景和　李春岩　李大鹏　黎介寿　李兰娟　李连达　李载平　廖万清　刘昌孝
刘德培　刘彤华　刘　耀　刘玉清　刘志红　陆道培　卢世璧　彭司勋　秦伯益　邱贵兴　邱蔚六
阮长耿　桑国卫　沈倍奋　沈家祥　沈渔邨　沈祖尧　盛志勇　石学敏　孙　燕　唐希灿　汤钊猷
王红阳　王琳芳　王澍寰　王威琪　王学浩　王永炎　王正国　王振义　闻玉梅　吴德昌　吴天一
吴咸中　吴以岭　夏家辉　项坤三　肖碧莲　肖培根　谢立信　徐建国　杨宝峰　杨胜利　姚新生
于德泉　于金明　俞梦孙　俞永新　袁国勇　曾溢滔　詹启敏　张伯礼　张涤生　张金哲　张心湜
张　运　赵　铠　甄永苏　郑树森　钟南山　钟世镇　周宏灏　周后元　周良辅　朱晓东　庄　辉

工程管理学部(46人，其中27人为跨学部院士)

巴德年　陈清泉　程天民　杜祥琬　傅志寰　郭重庆　郭桂蓉　何继善　胡文瑞　蒋士成　金鉴明
李东英　李京文　刘德培　刘　玠　刘人怀　刘源张　卢良恕　陆佑楣　栾恩杰　罗绍基　钱七虎
饶芳权　沈荣骏　孙永福　王　安　王基铭　王礼恒　王陇德　汪应洛　王玉普　王众托　徐滨士
徐匡迪　许庆瑞　徐寿波　叶可明　殷瑞钰　袁晴棠　翟光明　张寿荣　赵晓哲　郑静晨　郑南宁
朱高峰　朱晓东

二、工业企业

Industrial Enterprises

2-1 规模以上工业企业的科技活动基本情况
Basic Statistics on Science and Technology Activities of Industrial Enterprises above Designated Size

指　标	Item	2000	2004	2008	2009	2011	2012
企业基本情况	**Statistics on Industrial Enterprises**						
有R&D活动企业数(个)	Number of Enterprises Having R&D Activities(unit)	17272	17075	27278	36387	37467	47204
有R&D活动企业所占比重(%)	Percentage of Enterprises Having R&D Activities to Total Number of Enterprises(%)	10.6	6.2	6.5	8.5	11.5	13.7
研究与试验发展(R&D)活动情况	**Statitstics on R&D Activities**						
R&D人员全时当量(万人年)	Full-time Equivalent of R&D Personnel (10 000 man-years)	43.9	54.2	123.0	144.7	193.9	224.6
R&D经费内部支出(亿元)	Expenditure on R&D(100 million yuan)	489.7	1104.5	3073.1	3775.7	5993.8	7200.6
R&D经费内部支出与主营业务收入之比 (%)	Percentage of Expenditure on R&D to Sales Revenue(%)	0.58	0.56	0.61	0.69	0.71	0.77
R&D项目数(项)	R&D Projects(item)	65289	53641	143448	194400	232158	287524
R&D项目经费内部支出 (亿元)	Expenditure on R&D Projects(100 million yuan)	417.6	921.2	2902.0	3185.9	5052.0	6230.6
企业办R&D机构情况	**Statistics on R&D Institutions**						
机构数(个)	Number of R&D Institutions(unit)	15529	17555	26177	29879	31320	45937
机构人员数(万人)	R&D Personnel(10 000 persons)	60.1	64.4	130.4	155.0	181.6	226.8
机构经费支出(亿元)	Expenditure on R&D(100 million yuan)	435.8	841.6	2634.8	2983.6	3957.0	5233.4
新产品开发及生产情况	**Statitstics on New Products Development and Production**						
新产品开发项目数(个)	Number of New Products(unit)	91880	76176	184859	237754	266232	323448
新产品开发经费支出(亿元)	Expenditure on New Products Development (100 million yuan)	529.5	965.7	3676.0	4482.0	6845.9	7998.5
新产品销售收入(亿元)	Sales Revenue of New Products(100 million yuan)	9369.5	22808.6	57027.1	65838.2	100582.7	110529.8
#新产品出口	Export	1728.4	5312.2	14081.6	11572.5	20223.1	21894.2
专利情况	**Statistics on Patents**						
专利申请数(件)	Patent Applications(piece)	26184	64569	173573	265808	386075	489945
#发明专利	Inventions	7970	20456	59254	92450	134843	176167
有效发明专利数(件)	Inventions In Force(piece)	15333	30315	80252	118245	201089	277196
技术获取和技术改造情况	**Statistics on Technology Acquisition and Technology Reconstruction**						
引进国外技术经费支出(亿元)	Expenditure for Acquisition of Foreign Technology (100 million yuan)	304.9	397.4	466.9	422.2	449.0	393.9
引进技术消化吸收经费支出(亿元)	Expenditure for Assimilation of Technology (100 million yuan)	22.8	61.2	122.7	182.0	202.2	156.8
购买国内技术经费支出(亿元)	Expenditure for Purchase of Domestic Technology (100 million yuan)	34.5	82.5	184.2	203.4	220.5	201.7
技术改造经费支出(亿元)	Expenditure for Technical Renovation (100 million yuan)	1291.5	2953.5	4672.7	4344.7	4293.7	4161.8

注：从2011年起，规模以上工业企业的统计范围从年主营业务收入为500万元及以上的法人工业企业调整为年主营业务收入为2000万元及以上的法人工业企业。以下各表同。

Note: From 2011, the statistics range of industrial enterprises above designated size change form the industrial enterprises with the sales revenue above 5 million RMB to the industrial enterprises with the sales revenue above 20 million RMB. The same applies to the following table.

2-2 按企业规模及登记注册类型分

Basic Statistics on Industrial Enterprises above

单位：个，人，万元

注册类型	Type of Registration	企业数 Number of Industrial Enterprises above Designated Size	#有研发机构的企业数 Number of Enterprises Having R&D Institutions	#有R&D活动的企业数 Number of Enterprises Having R&D Activities
总　计	**Total**	**343769**	**38864**	**47204**
#大型企业	Large-sized Industrial Enterprises	9448	4411	4966
中型企业	Medium-sized Industrial Enterprises	53866	12611	13881
内资企业	**Domestic Funded**	**286861**	**30044**	**36628**
国有企业	State-owned Enterprises	6770	916	1303
集体企业	Collective-owned Enterprises	4814	180	231
股份合作企业	Cooperative Enterprises	2397	212	242
联营企业	Joint Ownership Enterprises	481	41	39
国有联营企业	State Joint Ownership Enterprises	103	12	11
集体联营企业	Collective Joint Ownership Enterprises	131	6	6
国有与集体联营企业	Joint State-collective Enterprises	101	11	12
其他联营企业	Other Joint Ownership Enterprises	146	12	10
有限责任公司	Limited Liability Corporations	66955	7524	9868
国有独资公司	State Sole Funded Corporations	1444	391	500
其他有限责任公司	Other Limited Liability Corporations	65511	7133	9368
股份有限公司	Share-holding Corporations Ltd.	9012	2752	3181
私营企业	Private Enterprises	189289	17911	21178
私营独资企业	Private-funded Enterprises	34678	1569	1715
私营合伙企业	Private Partnership Enterprises	5576	229	278
私营有限责任公司	Private Limited Liability Corporations	141884	15119	17992
私营股份有限公司	Private Share-holding Corporations Ltd.	7151	994	1193
其他企业	Other Enterprises	7143	508	586
港澳台商投资企业	**Enterprises with Funds from Hong Kong, Macau and Taiwan**	**25935**	**3816**	**4768**
与港澳台商合资经营企业	Joint-venture Enterprises with Funds from Hong Kong, Macau and Taiwan	8467	1795	2204
与港澳台商合作经营企业	Cooperative Enterprises with Funds from Hong Kong, Macau and Taiwan	820	71	96
港澳台商独资经营企业	Enterprises with Sole Funds from Hong Kong, Macau and Taiwan	16113	1813	2297
港澳台商投资股份有限公司	Share-holding Corporations Ltd. with Funds from Hong Kong, Macau and Taiwan	472	126	154
外商投资企业	**Foreign Funded Enterprises**	**30973**	**5004**	**5808**
中外合资经营企业	Joint-venture Enterprises	11498	2271	2857
中外合作经营	Cooperation Enterprises	861	100	127
外资企业	Enterprises with Sole Foreign Funds	17986	2501	2681
外商投资股份有限公司	Share-holding Corporations Ltd.with Foreign Funds	505	114	121

注：大型企业指同时满足年末从业人员人数在1000人及以上、年主营业务收入在4亿元及以上的工业企业；中型企业指年末从业人员人数介于300人(含)至1000人(不含),并且年主营业务收入介于2000万元(含)至4亿元(不含)的工业企业。

规上工业企业基本情况(2012年)

Designated Size by Scale and Registration Status (2012)

(unit, person, 10 000 yuan)

资产总计 Total Assets	主营业务收入 Revenue from Principal Business	#新产品 New Products	利润总额 Total Profits
7684211958	**9292915090**	**1105297711**	**619100578**
3796183888	3846645088	780366431	251698364
1847419741	2183568824	201555278	154003324
5961009122	**7073427271**	**727129403**	**479441170**
1020354503	775205678	73886124	38817065
56661712	109702563	12245305	8946196
31383084	40737385	2729970	3020264
10357458	11301185	1614587	672555
5903567	4993312	1304450	176562
1042760	2280050	48610	165180
2034588	1706124	212851	123207
1376543	2321699	48676	207606
2247625072	2241550041	284221579	139167006
490887245	331137875	52525312	16330778
1756737827	1910412166	231696268	122836228
980565344	901116539	181807580	76495554
1525481342	2856214847	165428442	201919006
174748832	483183085	7891472	40292489
27359140	68785101	1270054	6160413
1196290205	2116779953	130141722	141042248
127083166	187466709	26125195	14423856
88580606	137599034	5195815	10403525
662128339	**806782019**	**110068120**	**49469865**
254978928	280808643	48376999	18256791
15631568	19371730	688789	1460137
350226092	470700020	52277400	27565024
39515513	33618239	7730056	2055381
1061074498	**1412705800**	**268100188**	**90189543**
487257054	632553878	155720801	47366863
27432768	29905383	2005693	2346582
487814239	695317914	101111836	36002976
55954411	50802619	8937883	4246883

Note: Large-sized industrial enterprises cover industrial enterprises with employed persons at the year-end above 1 000 and annual revenue from principal business above 400 million RMB; Medium-sized industrial enterprises cover industrial enterprises with employed persons between 300 and 1 000 and annual revenue from principal business between 20 million and 400 million RMB.

2-3 按行业分规上工业

Basic Statistics on Industrial Enterprises above

单位：个，人，万元

行业	Industry	企业数 Number of Industrial Enterprises above Designated Size
总计	**Total**	**343769**
煤炭开采和洗选业	Mining and Washing of Coal	7869
石油和天然气开采业	Extraction of Petroleum and Natural Gas	134
黑色金属矿采选业	Mining of Ferrous Metal Ores	3497
有色金属矿采选业	Mining of Non-ferrous Metal Ores	2077
非金属矿采选业	Mining and Processing of Nonmetal Ores	3377
农副食品加工业	Processing of Food from Agricultural Products	22356
食品制造业	Manufacture of Foods	7306
酒、饮料和精制茶制造业	Manufacture of Liquor, Beverages and Refined Tea	5311
烟草制品业	Manufacture of Tobacco	135
纺织业	Manufacture of Textile	20435
纺织服装、服饰业	Manufacture of Textile, Apparel and Accessories	14788
皮革、毛皮、羽毛及其制品和制鞋业	Manufacture of Leather, Fur, Feather and Related Products and Shoes	7806
木材加工和木、竹、藤、棕、草制品业	Processing of Timbers and Manufacture of Wood,Bamboo, Rattan, Palm and Straw	8498
家具制造业	Manufacture of Furniture	4559
造纸和纸制品业	Manufacture of Paper and Paper Products	7128
印刷和记录媒介复制业	Printing,Reproduction of Recording Media	4189
文教、工美、体育和娱乐用品制造业	Manufacture of Artworks, and Articles for Culture, Education, Sports and Recreation	6920
石油加工、炼焦和核燃料加工业	Processing of Petroleum ,Coking and Processing of Nucleus Fuel	2036
化学原料和化学制品制造业	Manufacture of Chemical Raw Material and Chemical Products	23694
医药制造业	Manufacture of Medicines	6387
化学纤维制造业	Manufacture of Chemical Fiber	1873
橡胶和塑料制品业	Manufacture of Rubber and Plastic	16356
非金属矿物制品业	Manufacture of Non-metallic Mineral Products	29121
黑色金属冶炼和压延加工业	Manufacture and Processing of Ferrous Metals	10880
有色金属冶炼和压延加工业	Manufacture and Processing of Non-ferrous Metals	6954
金属制品业	Manufacture of Metal Products	18557
通用设备制造业	Manufacture of General Purpose Machinery	22032
专用设备制造业	Manufacture of Special Purpose Machinery	15068
汽车制造业	Manufacture of Motor Vehicles	11270
铁路、船舶、航空航天和其他运输设备制造业	Manufacture of Railway Equipment, Ships, Aerospace Equipment and Other Transport Equipment	4761
电气机械和器材制造业	Manufacture of Electrical Machinery and Equipment	21055
计算机、通信和其他电子设备制造业	Manufacture of Computer, Communication and Other Electronic Equipment	12328
仪器仪表制造业	Manufacture of Measuring Instrument and Meter	3802
其他制造业	Other Manufacturing	1554
金属制品、机械和设备修理业	Repaire Service of Metal Products, Machinery and Equipment	421
电力、热力生产和供应业	Production and Supply of Electric Power and Heat Power	5614
燃气生产和供应业	Production and Distribution of Gas	990
水的生产和供应业	Production and Distribution of Water	1259

企业基本情况(2012年)
Designated Size by Industrial Sector (2012)

(unit, person, 10 000 yuan)

#有研发机构的企业数 Number of Enterprises Having R&D Institutions	#有R&D活动的企业数 Number of Enterprises Having R&D Activities	资产总计 Total Assets	主营业务收入 Revenue from Principal Business	#新产品 New Products	利润总额 Total Profits
38864	**47204**	**7684211958**	**9292915090**	**1105297711**	**619100578**
136	164	448070408	340499817	11100653	38080988
23	28	175926277	116652700	163295	40489416
39	59	81737968	87583965	360103	11327383
46	88	41589052	56528348	3479858	7872394
82	97	26231488	42118127	523507	3847507
1286	1498	234541249	521455775	20041824	32026807
647	809	100096781	158343319	8444769	14230986
485	547	111768367	135491430	10686172	16023650
34	53	70843405	75715165	13836853	10714856
1811	1868	204799780	322411432	33711924	18942523
1061	945	99852363	172858892	12665531	11436921
409	418	55987418	112687212	6128266	8220462
462	429	44412990	102748792	3233002	7401480
240	278	35458585	56698925	2908386	3870529
404	501	118627342	125014913	11255337	7742086
288	323	37807420	45354278	3691488	3978481
625	705	50868221	102773773	5889815	5926536
158	219	209387807	393990135	17420809	3001352
3525	4254	533820933	677562307	78730818	41216089
1788	2280	157685136	173376744	29286009	18658942
318	338	57374385	67441532	14392962	2711466
1476	1872	161512366	241568618	23395984	15687413
1652	2168	354078376	439890287	17836658	34382381
939	975	581834757	715591827	75917476	16984388
823	1014	281096570	412672369	39906367	17598913
1711	2171	194108980	290697456	23685735	18437867
3763	4658	314935897	380432514	62773072	27354911
2998	3782	264035224	287113871	51792190	21444445
1872	2325	403995786	512355769	146282410	43212044
775	916	186945705	157483829	43637585	9240023
4239	5324	423174444	545226131	117922425	34197176
3131	3865	464278202	704300671	194715449	31941808
1136	1492	58449699	66564781	13840836	5755439
125	173	17202278	20736051	1733639	1285683
35	47	11707513	8858582	663706	452392
182	302	920725054	527325225	1971996	27457789
18	34	44715873	33585472	586645	3194487
56	79	64844876	13097844	137827	725544

2-4 各地区规上工业

Basic Statistics on Industrial Enterprises above

单位：个，人，万元

地　区	Region	企业数 Number of Industrial Enterprises above Designated Size	#有研发机构的企业数 Number of Enterprises Having R&D Institutions	#有R&D活动的企业数 Number of Enterprises Having R&D Activities
全　国	**National Total**	**343769**	**38864**	**47204**
东部地区	Eastern Region	204646	30537	35621
中部地区	Middle Region	70099	4982	7063
西部地区	Western Region	42480	2475	3203
东北地区	Northeast Region	26544	870	1317
北　京	Beijing	3692	595	984
天　津	Tianjin	5342	639	1272
河　北	Hebei	12360	693	765
山　西	Shanxi	3905	161	224
内蒙古	Inner Mongolia	4244	147	221
辽　宁	Liaoning	17347	471	785
吉　林	Jilin	5286	166	227
黑龙江	Heilongjiang	3911	233	305
上　海	Shanghai	9772	740	1562
江　苏	Jiangsu	45859	14660	11133
浙　江	Zhejiang	36496	6978	9590
安　徽	Anhui	14514	1855	1970
福　建	Fujian	15333	1182	2014
江　西	Jiangxi	7217	303	433
山　东	Shandong	37625	2416	3166
河　南	Henan	19237	1089	1374
湖　北	Hubei	12441	763	1285
湖　南	Hunan	12785	811	1777
广　东	Guangdong	37790	2601	5082
广　西	Guangxi	5239	318	476
海　南	Hainan	377	33	53
重　庆	Chongqing	4985	344	518
四　川	Sichuan	12719	680	676
贵　州	Guizhou	2752	116	167
云　南	Yunnan	3211	250	304
西　藏	Tibet	64	3	8
陕　西	Shaanxi	4284	293	400
甘　肃	Gansu	1735	121	177
青　海	Qinghai	423	18	26
宁　夏	Ningxia	865	101	109
新　疆	Xinjiang	1959	84	121

企业基本情况(2012年)
Designated Size by Region (2012)

(unit, person, 10 000 yuan)

资产总计 Total Assets	主营业务收入 Revenue from Principal Business	#新产品 New Products	利润总额 Total Profits
7684211958	**9292915090**	**1105297711**	**619100578**
4193925851	5380730965	785063415	340781549
1399441085	1819830318	169909736	122413061
1471846142	1286738113	91155508	106013050
618998881	805615694	59169053	49892919
286131557	169051357	33176311	12678868
199861383	236457170	44601011	21006622
335671762	436438424	24576633	25594676
253420811	181189378	9283912	10109063
217542286	181351480	5814946	19316873
347797692	481998491	31936021	24356947
138969770	198355768	21577965	12150390
132231419	125261436	5655068	13385582
311608927	340962886	73999056	21494233
845504086	1192867818	178454188	72501970
556541701	576827309	112839734	31126510
227976486	289050749	37318538	18702634
213859813	292068424	32911524	20232665
119676620	225333781	12871344	15065092
711076642	1180869228	129131803	80163518
351748092	522763772	25762027	40163934
268776621	323259548	36984125	20462766
177842454	278233090	47689791	17909573
713438386	938217361	154028478	54649033
117595645	147336285	12369278	9328294
20231594	16970990	1344677	1333455
111133563	128803222	24299198	6453886
303628906	314271608	20959773	23337588
83022916	59665232	3832764	6270247
130769659	89421547	4468160	5865245
5068637	918791	21004	128885
205911639	163282495	8715851	20572234
91460068	77872574	5954233	2852259
40419211	18893670	103773	1688947
48601883	29814552	1856287	1312215
116691728	75106656	2760241	8886378

2-5 按企业规模及登记注册类型分
R&D Personnel in Industrial Enterprises above

单位：人，人年

注册类型	Type of Registration	R&D人员 R&D Personnel
总　计	**Total**	**3051455**
#大型企业	Large-sized Industrial Enterprises	1635476
中型企业	Medium-sized Industrial Enterprises	799370
内资企业	**Domestic Funded**	**2279310**
国有企业	State-owned Enterprises	227198
集体企业	Collective-owned Enterprises	15226
股份合作企业	Cooperative Enterprises	9758
联营企业	Joint Ownership Enterprises	3811
国有联营企业	State Joint Ownership Enterprises	2699
集体联营企业	Collective Joint Ownership Enterprises	146
国有与集体联营企业	Joint State-collective Enterprises	723
其他联营企业	Other Joint Ownership Enterprises	243
有限责任公司	Limited Liability Corporations	903261
国有独资公司	State Sole Funded Corporations	169096
其他有限责任公司	Other Limited Liability Corporations	734165
股份有限公司	Share-holding Corporations Ltd.	502990
私营企业	Private Enterprises	596439
私营独资企业	Private-funded Enterprises	34448
私营合伙企业	Private Partnership Enterprises	5091
私营有限责任公司	Private Limited Liability Corporations	489917
私营股份有限公司	Private Share-holding Corporations Ltd.	66983
其他企业	Other Enterprises	20627
港澳台商投资企业	**Enterprises with Funds from Hong Kong, Macau and Taiwan**	**333878**
与港澳台商合资经营企业	Joint-venture Enterprises with Funds from Hong Kong, Macau and Taiwan	139844
与港澳台商合作经营企业	Cooperative Enterprises with Funds from Hong Kong, Macau and Taiwan	4511
港澳台商独资经营企业	Enterprises with Sole Funds from Hong Kong, Macau and Taiwan	167526
港澳台商投资股份有限公司	Share-holding Corporations Ltd. with Funds from Hong Kong, Macau and Taiwan	19811
外商投资企业	**Foreign Funded Enterprises**	**438267**
中外合资经营企业	Joint-venture Enterprises	204142
中外合作经营	Cooperation Enterprises	6614
外资企业	Enterprises with Sole Foreign Funds	201865
外商投资股份有限公司	Share-holding Corporations Ltd.with Foreign Funds	24297

规上工业企业R&D人员(2012年)
Designated Size by Scale and Registration Status(2012)

(person, man-year)

R&D人员		
#女性 Female	全时当量 Full-time Equivalent	#研究人员 Researchers
632310	**2246179**	**766455**
346241	1247611	475006
171011	570975	163888
471039	**1651158**	**631565**
45154	162963	77624
3165	11351	4155
2024	6671	2246
746	2847	1674
611	1944	1383
31	92	17
90	643	206
14	168	68
188699	662323	292393
36868	126402	59629
151831	535921	232764
111795	371179	136768
115118	419112	111775
6343	23974	6751
789	3357	863
93994	343065	92283
13992	48716	11878
4338	14712	4930
71257	**258541**	**56790**
31063	106372	24501
927	3138	818
34174	132163	27913
4695	15441	3104
90014	**336479**	**78100**
42352	153078	39787
1191	5152	1985
39938	159290	30777
6234	18075	5326

2-6 按行业分规上工业企业R&D人员(2012年)
R&D Personnel in Industrial Enterprises above Designated Size by Industrial Sector(2012)

单位：人，人年 (person, man-year)

行 业	Industry	R&D人员 R&D Personnel	#女性 Female	R&D人员全时当量 Full-time Equivalent	#研究人员 Researchers
总 计	**Total**	**3051455**	**632310**	**2246179**	**766455**
煤炭开采和洗选业	Mining and Washing of Coal	76084	7204	46917	21915
石油和天然气开采业	Extraction of Petroleum and Natural Gas	33516	10348	24027	18967
黑色金属矿采选业	Mining of Ferrous Metal Ores	3554	505	2270	836
有色金属矿采选业	Mining of Non-ferrous Metal Ores	5412	836	3687	1309
非金属矿采选业	Mining and Processing of Nonmetal Ores	4177	837	2791	1169
农副食品加工业	Processing of Food from Agricultural Products	45876	10751	30426	8963
食品制造业	Manufacture of Foods	36262	11483	23471	6693
酒、饮料和精制茶制造业	Manufacture of Liquor, Beverages and Refined Tea	31817	8450	22728	7978
烟草制品业	Manufacture of Tobacco	6897	1368	4126	2262
纺织业	Manufacture of Textile	72419	25055	48353	11722
纺织服装、服饰业	Manufacture of Textile, Apparel and Accessories	40725	12674	30632	6931
皮革、毛皮、羽毛及其制品和制鞋业	Manufacture of Leather, Fur, Feather and Related Products and Shoes	17470	5306	11580	2067
木材加工和木、竹、藤、棕、草制品业	Processing of Timbers and Manufacture of Wood,Bamboo, Rattan, Palm and Straw	9788	1908	6765	1977
家具制造业	Manufacture of Furniture	10596	2164	7599	1128
造纸和纸制品业	Manufacture of Paper and Paper Products	27005	4896	17970	4230
印刷和记录媒介复制业	Printing,Reproduction of Recording Media	14535	3184	9364	2244
文教、工美、体育和娱乐用品制造业	Manufacture of Artworks, and Articles for Culture, Education, Sports and Recreation	23937	6402	18269	4083
石油加工、炼焦和核燃料加工业	Processing of Petroleum ,Coking and Processing of Nucleus Fuel	20775	4628	15550	7320
化学原料和化学制品制造业	Manufacture of Chemical Raw Material and Chemical Products	203497	42629	150192	48690
医药制造业	Manufacture of Medicines	141545	53102	106685	34583
化学纤维制造业	Manufacture of Chemical Fiber	21134	5076	14806	3582
橡胶和塑料制品业	Manufacture of Rubber and Plastic	82796	17365	62686	15329
非金属矿物制品业	Manufacture of Non-metallic Mineral Products	88479	17323	59216	17814
黑色金属冶炼和压延加工业	Manufacture and Processing of Ferrous Metals	145131	19937	100753	44883
有色金属冶炼和压延加工业	Manufacture and Processing of Non-ferrous Metals	75949	10534	55169	20401
金属制品业	Manufacture of Metal Products	98182	17966	65665	22348
通用设备制造业	Manufacture of General Purpose Machinery	242270	41812	173046	55128
专用设备制造业	Manufacture of Special Purpose Machinery	214303	35866	156516	52199
汽车制造业	Manufacture of Motor Vehicles	220042	42004	165581	47437
铁路、船舶、航空航天和其他运输设备制造业	Manufacture of Railway Equipment, Ships, Aerospace Equipment and Other Transport Equipment	119122	28105	95050	39413
电气机械和器材制造业	Manufacture of Electrical Machinery and Equipment	310887	61083	225983	63372
计算机、通信和其他电子设备制造业	Manufacture of Computer, Communication and Other Electronic Equipment	455099	91516	380497	149041
仪器仪表制造业	Manufacture of Measuring Instrument and Meter	80631	16966	59411	18160
其他制造业	Other Manufacturing	11848	3312	8500	3132
金属制品、机械和设备修理业	Repaire Service of Metal Products, Machinery and Equipment	6207	1172	4948	1752
电力、热力生产和供应业	Production and Supply of Electric Power and Heat Power	38272	5091	25339	12082
燃气生产和供应业	Production and Distribution of Gas	1016	201	567	135
水的生产和供应业	Production and Distribution of Water	3083	780	2045	1166

2-7 各地区规上工业企业R&D人员(2012年)
R&D Personnel in Industrial Enterprises above Designated Size by Region(2012)

单位：人，人年 (person, man-year)

地区	Region	R&D人员 R&D Personnel	#女性 Female	R&D人员全时当量 Full-time Equivalent	#研究人员 Researchers
全国	**National Total**	**3051455**	**632310**	**2246179**	**766455**
东部地区	Eastern Region	2043387	424187	1545413	475339
中部地区	Middle Region	534708	100051	378492	142884
西部地区	Western Region	309006	68654	209590	90977
东北地区	Northeast Region	164354	39418	112684	57254
北京	Beijing	75543	21260	53510	16242
天津	Tianjin	80972	17461	60681	20410
河北	Hebei	85498	21231	55979	25728
山西	Shanxi	44116	8564	31542	14692
内蒙古	Inner Mongolia	26378	6566	21509	10722
辽宁	Liaoning	84369	19319	52064	23216
吉林	Jilin	31593	9076	24365	11974
黑龙江	Heilongjiang	48392	11023	36256	22064
上海	Shanghai	108347	23810	82355	26636
江苏	Jiangsu	447951	90058	342262	90327
浙江	Zhejiang	297465	62499	228618	52106
安徽	Anhui	110739	18459	73356	23645
福建	Fujian	120671	27955	90280	23127
江西	Jiangxi	33966	6656	23877	9607
山东	Shandong	303862	68626	204398	74790
河南	Henan	140786	26042	102846	39063
湖北	Hubei	112554	23682	77087	30838
湖南	Hunan	92547	16648	69784	25039
广东	Guangdong	519212	90223	424563	145419
广西	Guangxi	29795	5553	20845	8184
海南	Hainan	3866	1064	2767	553
重庆	Chongqing	46048	9937	31577	11696
四川	Sichuan	78406	16086	50533	19874
贵州	Guizhou	16509	4439	12135	4850
云南	Yunnan	19116	3697	12321	4577
西藏	Tibet	232	29	78	40
陕西	Shaanxi	55794	14893	36728	19279
甘肃	Gansu	17334	3074	11445	6318
青海	Qinghai	2889	484	2020	875
宁夏	Ningxia	7310	1627	4196	1543
新疆	Xinjiang	9195	2269	6202	3020

2-8 按企业规模及登记注册类型分规上
Intramural Expenditure on R&D in Industrial Enterprises

单位：万元

注册类型	Type of Registration	R&D经费内部支出 Intramural Expenditure on R&D	#试验发展支出 Experimental Development	日常性支出 Routine Expenses
总　计	**Total**	**72006450**	**70076891**	**63523977**
#大型企业	Large-sized Industrial Enterprises	44529411	42969834	39851453
中型企业	Medium-sized Industrial Enterprises	15393826	15178812	13307122
内资企业	**Domestic Funded**	**54370344**	**52575646**	**47950175**
国有企业	State-owned Enterprises	5620813	5352472	5103090
集体企业	Collective-owned Enterprises	752365	746749	696047
股份合作企业	Cooperative Enterprises	239299	236714	209802
联营企业	Joint Ownership Enterprises	113688	113531	95489
国有联营企业	State Joint Ownership Enterprises	97284	97284	80845
集体联营企业	Collective Joint Ownership Enterprises	2255	2255	2028
国有与集体联营企业	Joint State-collective Enterprises	9895	9895	9119
其他联营企业	Other Joint Ownership Enterprises	4254	4097	3498
有限责任公司	Limited Liability Corporations	22247313	21349077	19751633
国有独资公司	State Sole Funded Corporations	4520605	4329059	4073638
其他有限责任公司	Other Limited Liability Corporations	17726708	17020018	15677995
股份有限公司	Share-holding Corporations Ltd.	12455637	12022026	11191167
私营企业	Private Enterprises	12465427	12284036	10513167
私营独资企业	Private-funded Enterprises	722679	706000	612152
私营合伙企业	Private Partnership Enterprises	96585	91624	81280
私营有限责任公司	Private Limited Liability Corporations	10010688	9880708	8415054
私营股份有限公司	Private Share-holding Corporations Ltd.	1635476	1605704	1404682
其他企业	Other Enterprises	475802	471042	389780
港澳台商投资企业	**Enterprises with Funds from Hong Kong, Macau and Taiwan**	**6723539**	**6675475**	**5942093**
与港澳台商合资经营企业	Joint-venture Enterprises with Funds from Hong Kong, Macau and Taiwan	2836315	2813352	2525155
与港澳台商合作经营企业	Cooperative Enterprises with Funds from Hong Kong, Macau and Taiwan	78905	78764	69417
港澳台商独资经营企业	Enterprises with Sole Funds from Hong Kong, Macau and Taiwan	3293794	3269320	2911336
港澳台商投资股份有限公司	Share-holding Corporations Ltd. with Funds from Hong Kong, Macau and Taiwan	473698	473212	405156
外商投资企业	**Foreign Funded Enterprises**	**10912567**	**10825770**	**9631708**
中外合资经营企业	Joint-venture Enterprises	5764759	5721501	5012380
中外合作经营	Cooperation Enterprises	157184	155834	142686
外资企业	Enterprises with Sole Foreign Funds	4359893	4327475	3916784
外商投资股份有限公司	Share-holding Corporations Ltd.with Foreign Funds	602045	592424	534563

工业企业R&D经费内部支出(2012年)

above Designated Size by Scale and Registration Status(2012)

(10 000 yuan)

#人员劳务费 Labor Cost	资产性支出 Assets Expenditure	#仪器和设备 Equipment	政府资金 Government Funds	企业资金 Self-raised Funds by Enterprises	国外资金 Foreign Funds	其他资金 Other Funds
19208702	**8482474**	**8215260**	**3161116**	**67758676**	**410107**	**676552**
12049070	4677958	4510737	2038374	42004524	211532	274980
4100574	2086704	2031838	643835	14414076	127013	208902
13874707	**6420169**	**6204899**	**2813796**	**50949032**	**119207**	**488309**
1248123	517723	490449	348195	5219522	2667	50430
175284	56318	52937	15215	727383	147	9620
46246	29497	28632	5578	231552		2169
29510	18199	17343	2257	111349	82	
24659	16439	15640	1429	95855		
514	227	185	12	2242		
3340	776	775	645	9250		
997	757	742	171	4001	82	
5914550	2495680	2407402	1420050	20570207	69085	187971
959955	446967	425291	481843	3998622	15116	25025
4954595	2048713	1982112	938207	16571585	53969	162946
3369283	1264470	1220738	583795	11776658	26602	68581
2975845	1952260	1904834	423316	11863858	19501	158752
157852	110527	106826	21340	693725	1173	6441
23439	15306	15119	1308	90455		4822
2421988	1595634	1557334	318560	9542129	17588	132411
372565	230794	225556	82107	1537549	741	15078
115865	86022	82565	15390	448503	1123	10787
1957763	**781446**	**762760**	**158248**	**6431986**	**61932**	**71373**
760599	311160	304438	75696	2724048	13585	22987
22125	9488	9363	2818	75424		664
1035884	382459	372188	69216	3148149	41502	34927
128209	68541	66976	10285	453620	6845	2948
3376232	**1280859**	**1247601**	**189071**	**10377658**	**228969**	**116870**
1571626	752379	731689	110702	5545376	82796	25886
41288	14498	13658	5289	140786	10690	419
1575073	443110	433500	61976	4083381	133162	81374
181089	67483	65404	9170	581364	2321	9190

2-9 按行业分规上工业
Intramural Expenditure on R&D in Industrial Enterprises

单位：万元

行　业	Industry	R&D经费内部支出 Intramural Expenditure on R&D	#试验发展支出 Experimental Development	日常性支出 Routine Expenses
总　计	**Total**	**72006450**	**70076891**	**63523977**
煤炭开采和洗选业	Mining and Washing of Coal	1578772	1427255	1412869
石油和天然气开采业	Extraction of Petroleum and Natural Gas	862396	642765	803783
黑色金属矿采选业	Mining of Ferrous Metal Ores	61057	59542	52135
有色金属矿采选业	Mining of Non-ferrous Metal Ores	221444	218274	191310
非金属矿采选业	Mining and Processing of Nonmetal Ores	76883	76521	60602
农副食品加工业	Processing of Food from Agricultural Products	1357189	1337660	1157752
食品制造业	Manufacture of Foods	868614	851184	744170
酒、饮料和精制茶制造业	Manufacture of Liquor, Beverages and Refined Tea	800503	759411	702470
烟草制品业	Manufacture of Tobacco	198001	182551	180496
纺织业	Manufacture of Textile	1380288	1363895	1149151
纺织服装、服饰业	Manufacture of Textile, Apparel and Accessories	555911	553319	473591
皮革、毛皮、羽毛及其制品和制鞋业	Manufacture of Leather, Fur, Feather and Related Products and Shoes	274395	271451	247780
木材加工和木、竹、藤、棕、草制品业	Processing of Timbers and Manufacture of Wood, Bamboo, Rattan, Palm and Straw	187244	182012	155868
家具制造业	Manufacture of Furniture	145284	144981	121776
造纸和纸制品业	Manufacture of Paper and Paper Products	758050	747264	671537
印刷和记录媒介复制业	Printing,Reproduction of Recording Media	245817	243393	210117
文教、工美、体育和娱乐用品制造业	Manufacture of Artworks, and Articles for Culture, Education, Sports and Recreation	341220	340833	300447
石油加工、炼焦和核燃料加工业	Processing of Petroleum ,Coking and Processing of Nucleus Fuel	816378	811322	689131
化学原料和化学制品制造业	Manufacture of Chemical Raw Material and Chemical Products	5535955	5450367	4723841
医药制造业	Manufacture of Medicines	2833055	2789449	2436721
化学纤维制造业	Manufacture of Chemical Fiber	634412	632235	558340
橡胶和塑料制品业	Manufacture of Rubber and Plastic	1728669	1720174	1480537
非金属矿物制品业	Manufacture of Non-metallic Mineral Products	1635706	1612207	1368700
黑色金属冶炼和压延加工业	Manufacture and Processing of Ferrous Metals	6278473	6151385	5653129
有色金属冶炼和压延加工业	Manufacture and Processing of Non-ferrous Metals	2711533	2649303	2374385
金属制品业	Manufacture of Metal Products	1874425	1856172	1627487
通用设备制造业	Manufacture of General Purpose Machinery	4746047	4647737	4142686
专用设备制造业	Manufacture of Special Purpose Machinery	4249367	4193513	3854132
汽车制造业	Manufacture of Motor Vehicles	5706131	5585147	4977562
铁路、船舶、航空航天和其他运输设备制造业	Manufacture of Railway Equipment, Ships, Aerospace Equipment and Other Transport Equipment	3427512	3216792	3202669
电气机械和器材制造业	Manufacture of Electrical Machinery and Equipment	7041558	6966750	6187982
计算机、通信和其他电子设备制造业	Manufacture of Computer, Communication and Other Electronic Equipment	10646938	10247529	9608391
仪器仪表制造业	Manufacture of Measuring Instrument and Meter	1237248	1211660	1118406
其他制造业	Other Manufacturing	192459	184503	177635
金属制品、机械和设备修理业	Repaire Service of Metal Products, Machinery and Equipment	48601	48368	45297
电力、热力生产和供应业	Production and Supply of Electric Power and Heat Power	467875	437182	403432
燃气生产和供应业	Production and Distribution of Gas	20008	19941	17433
水的生产和供应业	Production and Distribution of Water	33417	32432	28151

企业R&D经费内部支出(2012年)
above Designated Size by Industrial Sector(2012)

(10 000 yuan)

#人员劳务费 Labor Cost	资产性支出 Assets Expenditure	#仪器和设备 Equipment	政府资金 Government Funds	企业资金 Self-raised Funds by Enterprises	国外资金 Foreign Funds	其他资金 Other Funds
19208702	**8482474**	**8215260**	**3161116**	**67758676**	**410107**	**676552**
481820	165904	160087	18593	1540665	17913	1602
310377	58613	57697	102223	752937	122	7113
14370	8922	7658	2052	58820		186
25334	30134	25736	11561	208807		1076
14182	16281	15519	5880	69072		1931
232981	199437	194622	36674	1295829	780	23906
189551	124444	121734	30229	824025	3405	10956
202642	98033	92426	29353	762986	4641	3523
67576	17505	17330	226	187770		10004
331573	231137	224272	27166	1333831	1586	17705
180346	82320	78856	9461	537969	465	8016
86796	26615	25893	3406	263067	848	7074
42992	31376	30499	6685	176873		3686
43555	23508	23310	3381	139440	1384	1078
126443	86512	83462	10762	742338	196	4754
75446	35700	35058	3359	236784		5674
103158	40773	39903	8925	329854	469	1972
140681	127247	122980	12888	776953	15707	10830
1170741	812113	780954	153179	5285840	44316	52619
731252	396334	383777	180560	2608510	21335	22649
105342	76072	74774	10023	619410	893	4085
392147	248132	240167	33126	1659489	13646	22409
367846	267006	258724	54731	1546764	8093	26118
866805	625345	601193	54463	6205983	1283	16744
410632	337148	324214	92761	2594410	7334	17028
453979	246938	240059	104931	1740864	6206	22424
1315055	603361	587784	240818	4415462	29846	59921
1239908	395235	380135	190262	4011265	17749	30091
1621973	728569	703591	166071	5486744	24128	29188
750446	224843	215482	788754	2545931	22928	69899
1907475	853576	830051	204057	6725715	50338	61448
4449353	1038547	1019603	459292	9996619	97727	93301
460213	118842	114878	65528	1133174	16652	21894
54978	14824	14377	16042	174415		2001
20922	3304	3003	2350	46188		63
140242	64442	62553	7460	458551	23	1842
5491	2575	2428	124	19884		
12531	5267	5164	3597	28571		1249

2-10 各地区规上工业

Intramural Expenditure on R&D in Industrial Enterprises

单位：万元

地　　区	Region	R&D经费内部支出 Intramural Expenditure on R&D	#试验发展支出 Experimental Development	日常性支出 Routine Expenses	#人员劳务费 Labor Cost
全　国	**National Total**	**72006450**	**70076891**	**63523977**	**19208702**
东部地区	Eastern Region	49211620	48227831	43443737	14250938
中部地区	Middle Region	11499015	11165457	10099014	2633030
西部地区	Western Region	6890751	6540196	6039608	1511446
东北地区	Northeast Region	4405065	4143408	3941617	813288
北　京	Beijing	1973442	1942608	1870499	729277
天　津	Tianjin	2558685	2444701	2210671	534381
河　北	Hebei	1980850	1929101	1746970	509276
山　西	Shanxi	1069590	1003930	940907	210998
内蒙古	Inner Mongolia	858477	834654	762016	151189
辽　宁	Liaoning	2894569	2714357	2562801	448064
吉　林	Jilin	604326	523223	522748	119425
黑龙江	Heilongjiang	906170	905827	856068	245799
上　海	Shanghai	3715075	3682695	3304801	1157897
江　苏	Jiangsu	10803107	10746769	9319742	2807707
浙　江	Zhejiang	5886071	5873274	5249634	1701625
安　徽	Anhui	2089814	2053802	1783421	525121
福　建	Fujian	2381656	2379172	2007526	615955
江　西	Jiangxi	925985	914392	809544	182186
山　东	Shandong	9056007	8776461	8023809	1901597
河　南	Henan	2489651	2481747	2162244	578906
湖　北	Hubei	2633099	2619690	2313509	592589
湖　南	Hunan	2290877	2091897	2089389	543231
广　东	Guangdong	10778634	10375592	9639935	4277439
广　西	Guangxi	702225	687984	605937	150140
海　南	Hainan	78093	77460	70151	15786
重　庆	Chongqing	1171045	1125073	997771	283223
四　川	Sichuan	1422310	1320567	1269052	391970
贵　州	Guizhou	315079	310523	288505	62238
云　南	Yunnan	384430	361896	334337	81192
西　藏	Tibet	5312	5291	4148	670
陕　西	Shaanxi	1192770	1121122	1060842	216040
甘　肃	Gansu	337785	314272	293453	78957
青　海	Qinghai	84197	77778	49797	6210
宁　夏	Ningxia	143696	139947	123849	31740
新　疆	Xinjiang	273425	241088	249901	57878

企业R&D经费内部支出(2012年)
above Designated Size by Region(2012)

(10 000 yuan)

资产性支出 Assets Expenditure	#仪器和设备 Equipment	政府资金 Government Funds	企业资金 Self-raised Funds by Enterprises	国外资金 Foreign Funds	其他资金 Other Funds
8482474	**8215260**	**3161116**	**67758676**	**410107**	**676552**
5767883	5598442	1614067	46775401	344013	478140
1400001	1344005	533993	10839068	23331	102623
851143	818189	562547	6218521	29113	80569
463448	454624	450508	3925686	13651	15220
102943	102007	178377	1736105	8983	49977
348014	337792	63405	2414925	62208	18146
233881	222636	45057	1922642	2135	11016
128683	122028	37926	1021842	35	9786
96461	91559	26413	799778	20109	12178
331768	325817	244351	2642180	3516	4522
81577	80611	22933	576791	1288	3314
50102	48197	183224	706715	8847	7384
410274	403825	273835	3398486	32855	9898
1483365	1438277	220523	10366537	82124	133923
636437	624723	140696	5674459	22368	48549
306393	296695	129592	1927940	6645	25638
374131	365938	66172	2266956	10524	38005
116440	113212	47399	860382	2553	15651
1032198	988858	295552	8620680	43986	95789
327407	319225	86872	2390918	2850	9011
319590	301942	139544	2457729	4445	31382
201488	190903	92660	2180258	6803	11156
1138699	1106499	328683	10298461	78764	72726
96288	93574	33403	666371	65	2387
7942	7889	1767	76150	65	110
173274	167513	47467	1112571	1535	9472
153259	149948	110321	1287853	6564	17573
26574	22298	31114	266602	83	17280
50093	48736	22094	356607	207	5522
1164	1146	547	4765		
131928	127171	242923	938971	5	10871
44332	39863	19933	314807	72	2973
34400	34096	4082	80115		
19847	19492	14994	127106	188	1410
23523	22794	9255	262978	287	905

2-11 按企业规模及登记注册类型分规上工业企业R&D经费外部支出(2012年)

External Expenditure on R&D in Industrial Enterprises above Designated Size by Scale and Registration Status(2012)

单位：万元 (10 000 yuan)

注册类型	Type of Registration	R&D经费外部支出 External Expenditure on R&D	#对境内研究机构支出 to Domestic Research Institutions	#对境内高校支出 to Domestic Higher Education
总 计	**Total**	**4178749**	**1666893**	**858396**
#大型企业	Large-sized Industrial Enterprises	3087535	1057559	614046
中型企业	Medium-sized Industrial Enterprises	752271	440653	139317
内资企业	**Domestic Funded**	**3292202**	**1347607**	**742478**
国有企业	State-owned Enterprises	418884	212506	111762
集体企业	Collective-owned Enterprises	57619	3915	4451
股份合作企业	Cooperative Enterprises	3272	1061	2009
联营企业	Joint Ownership Enterprises	5766	1921	2242
国有联营企业	State Joint Ownership Enterprises	5136	1450	2217
集体联营企业	Collective Joint Ownership Enterprises	471	471	
国有与集体联营企业	Joint State-collective Enterprises	134		
其他联营企业	Other Joint Ownership Enterprises	25		25
有限责任公司	Limited Liability Corporations	1528821	651761	278570
国有独资公司	State Sole Funded Corporations	350818	107125	70860
其他有限责任公司	Other Limited Liability Corporations	1178004	544636	207710
股份有限公司	Share-holding Corporations Ltd.	842882	287042	211968
私营企业	Private Enterprises	412195	175976	124418
私营独资企业	Private-funded Enterprises	16180	6576	7525
私营合伙企业	Private Partnership Enterprises	2390	1613	531
私营有限责任公司	Private Limited Liability Corporations	286799	146947	94287
私营股份有限公司	Private Share-holding Corporations Ltd.	106826	20840	22075
其他企业	Other Enterprises	22763	13425	7058
港澳台商投资企业	**Enterprises with Funds from Hong Kong, Macau and Taiwan**	**215580**	**85469**	**56006**
与港澳台商合资经营企业	Joint-venture Enterprises with Funds from Hong Kong, Macau and Taiwan	97136	37636	22220
与港澳台商合作经营企业	Cooperative Enterprises with Funds from Hong Kong, Macau and Taiwan	1768	541	683
港澳台商独资经营企业	Enterprises with Sole Funds from Hong Kong, Macau and Taiwan	98375	42409	30077
港澳台商投资股份有限公司	Share-holding Corporations Ltd. with Funds from Hong Kong, Macau and Taiwan	15589	4236	2021
外商投资企业	**Foreign Funded Enterprises**	**670967**	**233817**	**59913**
中外合资经营企业	Joint-venture Enterprises	439077	151147	35283
中外合作经营	Cooperation Enterprises	5368	2349	1164
外资企业	Enterprises with Sole Foreign Funds	185848	70383	17877
外商投资股份有限公司	Share-holding Corporations Ltd.with Foreign Funds	39927	9920	5283

2-12 按行业分规上工业企业R&D经费外部支出(2012年)

External Expenditure on R&D in Industrial Enterprises above Designated Size by Industrial Sector(2012)

单位：万元 (10 000 yuan)

行 业	Industry	R&D经费外部支出 External Expenditure on R&D	#对境内研究机构支出 to Domestic Research Institutions	#对境内高校支出 to Domestic Higher Education
总 计	**Total**	**4178749**	**1666893**	**858396**
煤炭开采和洗选业	Mining and Washing of Coal	146991	55363	73063
石油和天然气开采业	Extraction of Petroleum and Natural Gas	190291	85241	70666
黑色金属矿采选业	Mining of Ferrous Metal Ores	4292	2469	787
有色金属矿采选业	Mining of Non-ferrous Metal Ores	14946	5711	8537
非金属矿采选业	Mining and Processing of Nonmetal Ores	3974	1836	1032
农副食品加工业	Processing of Food from Agricultural Products	60865	22552	34634
食品制造业	Manufacture of Foods	25659	9176	12387
酒、饮料和精制茶制造业	Manufacture of Liquor, Beverages and Refined Tea	32079	16234	11549
烟草制品业	Manufacture of Tobacco	61796	26661	12653
纺织业	Manufacture of Textile	30307	8972	12564
纺织服装、服饰业	Manufacture of Textile, Apparel and Accessories	15339	5912	6873
皮革、毛皮、羽毛及其制品和制鞋业	Manufacture of Leather, Fur, Feather and Related Products and Shoes	8721	5318	2656
木材加工和木、竹、藤、棕、草制品业	Processing of Timbers and Manufacture of Wood,Bamboo, Rattan, Palm and Straw	3293	1298	1597
家具制造业	Manufacture of Furniture	7519	3748	727
造纸和纸制品业	Manufacture of Paper and Paper Products	11346	4217	4251
印刷和记录媒介复制业	Printing,Reproduction of Recording Media	4366	1465	656
文教、工美、体育和娱乐用品制造业	Manufacture of Artworks, and Articles for Culture, Education, Sports and Recreation	4521	1314	2473
石油加工、炼焦和核燃料加工业	Processing of Petroleum ,Coking and Processing of Nucleus Fuel	66683	36807	12924
化学原料和化学制品制造业	Manufacture of Chemical Raw Material and Chemical Products	198620	92980	68055
医药制造业	Manufacture of Medicines	338594	230452	67215
化学纤维制造业	Manufacture of Chemical Fiber	10085	5557	2928
橡胶和塑料制品业	Manufacture of Rubber and Plastic	46542	9155	19652
非金属矿物制品业	Manufacture of Non-metallic Mineral Products	36708	14799	9292
黑色金属冶炼和压延加工业	Manufacture and Processing of Ferrous Metals	209040	73963	53715
有色金属冶炼和压延加工业	Manufacture and Processing of Non-ferrous Metals	123475	59430	35420
金属制品业	Manufacture of Metal Products	37205	14731	14847
通用设备制造业	Manufacture of General Purpose Machinery	193005	54128	48160
专用设备制造业	Manufacture of Special Purpose Machinery	124813	39308	55295
汽车制造业	Manufacture of Motor Vehicles	719658	261016	63073
铁路、船舶、航空航天和其他运输设备制造业	Manufacture of Railway Equipment, Ships, Aerospace Equipment and Other Transport Equipment	502708	251418	38423
电气机械和器材制造业	Manufacture of Electrical Machinery and Equipment	284588	102843	42090
计算机、通信和其他电子设备制造业	Manufacture of Computer, Communication and Other Electronic Equipment	459571	72712	35315
仪器仪表制造业	Manufacture of Measuring Instrument and Meter	57125	24186	11873
其他制造业	Other Manufacturing	7283	2779	1946
金属制品、机械和设备修理业	Repaire Service of Metal Products, Machinery and Equipment	1292	1163	120
电力、热力生产和供应业	Production and Supply of Electric Power and Heat Power	116403	51279	17828
燃气生产和供应业	Production and Distribution of Gas	800	509	104
水的生产和供应业	Production and Distribution of Water	1477	921	281

2-13　各地区规上工业企业R&D经费外部支出(2012年)
External Expenditure on R&D in Industrial Enterprises above Designated Size by Region(2012)

单位：万元　　(10 000 yuan)

地　区	Region	R&D经费外部支出 External Expenditure on R&D	#对境内研究机构支出 to Domestic Research Institutions	#对境内高校支出 to Domestic Higher Education
全　国	**National Total**	**4178749**	**1666893**	**858396**
东部地区	Eastern Region	2634060	906317	464319
中部地区	Middle Region	684521	307021	178112
西部地区	Western Region	517767	271877	140046
东北地区	Northeast Region	342402	181678	75920
北　京	Beijing	217942	165316	17851
天　津	Tianjin	131721	48802	13151
河　北	Hebei	97699	40625	43344
山　西	Shanxi	92876	32396	22146
内蒙古	Inner Mongolia	28921	14052	8593
辽　宁	Liaoning	99317	46080	12236
吉　林	Jilin	140514	83070	40202
黑龙江	Heilongjiang	102570	52528	23482
上　海	Shanghai	385245	60241	21027
江　苏	Jiangsu	368325	134105	78202
浙　江	Zhejiang	297583	125886	49074
安　徽	Anhui	190889	58690	34238
福　建	Fujian	140270	60047	17532
江　西	Jiangxi	88621	45953	22447
山　东	Shandong	504971	189870	178230
河　南	Henan	119726	79460	33405
湖　北	Hubei	86467	45034	18011
湖　南	Hunan	105943	45488	47865
广　东	Guangdong	476917	68531	45415
广　西	Guangxi	45793	31223	9240
海　南	Hainan	13387	12895	492
重　庆	Chongqing	67915	42812	7853
四　川	Sichuan	101428	50365	30644
贵　州	Guizhou	16488	9726	5389
云　南	Yunnan	38383	20535	5440
西　藏	Tibet	3222	190	3010
陕　西	Shaanxi	95680	40614	34506
甘　肃	Gansu	64369	29206	22802
青　海	Qinghai	6596	5719	660
宁　夏	Ningxia	6370	3301	2066
新　疆	Xinjiang	42603	24134	9845

2-14 按企业规模及登记注册类型分规上工业企业R&D项目情况(2012年)
R&D Projects in Industrial Enterprises above Designated Size by Scale and Registration Status(2012)

注册类型	Type of Registration	R&D项目数(项) R&D Projects (item)	R&D项目人员数(人) R&D Personnel (person)	R&D项目经费支出(万元) Expenditure on R&D Project (10 000 yuan)
总　计	**Total**	**287524**	**2027232**	**62306119**
#大型企业	Large-sized Industrial Enterprises	112102	1121891	38483492
中型企业	Medium-sized Industrial Enterprises	80653	515286	13321935
内资企业	**Domestic Funded**	**223459**	**1486523**	**46587518**
国有企业	State-owned Enterprises	20092	142564	4569537
集体企业	Collective-owned Enterprises	2471	10429	692530
股份合作企业	Cooperative Enterprises	1320	5987	191509
联营企业	Joint Ownership Enterprises	225	2609	98902
国有联营企业	State Joint Ownership Enterprises	133	1755	84961
集体联营企业	Collective Joint Ownership Enterprises	7	91	2203
国有与集体联营企业	Joint State-collective Enterprises	44	613	7932
其他联营企业	Other Joint Ownership Enterprises	41	150	3806
有限责任公司	Limited Liability Corporations	83470	596397	18821373
国有独资公司	State Sole Funded Corporations	13737	112022	3588886
其他有限责任公司	Other Limited Liability Corporations	69733	484375	15232488
股份有限公司	Share-holding Corporations Ltd.	41490	332769	11005093
私营企业	Private Enterprises	72299	382616	10816669
私营独资企业	Private-funded Enterprises	3872	21926	644014
私营合伙企业	Private Partnership Enterprises	552	2986	84687
私营有限责任公司	Private Limited Liability Corporations	60180	313422	8684705
私营股份有限公司	Private Share-holding Corporations Ltd.	7695	44283	1403263
其他企业	Other Enterprises	2092	13154	391906
港澳台商投资企业	**Enterprises with Funds from Hong Kong, Macau and Taiwan**	**26417**	**234209**	**5962119**
与港澳台商合资经营企业	Joint-venture Enterprises with Funds from Hong Kong, Macau and Taiwan	12059	95086	2580567
与港澳台商合作经营企业	Cooperative Enterprises with Funds from Hong Kong, Macau and Taiwan	625	2846	72445
港澳台商独资经营企业	Enterprises with Sole Funds from Hong Kong, Macau and Taiwan	11875	120836	2874759
港澳台商投资股份有限公司	Share-holding Corporations Ltd. with Funds from Hong Kong, Macau and Taiwan	1596	14126	406679
外商投资企业	**Foreign Funded Enterprises**	**37648**	**306500**	**9756482**
中外合资经营企业	Joint-venture Enterprises	19311	137705	5142869
中外合作经营	Cooperation Enterprises	676	4678	144091
外资企业	Enterprises with Sole Foreign Funds	15745	147015	3893864
外商投资股份有限公司	Share-holding Corporations Ltd.with Foreign Funds	1789	16295	548482

2-15 按行业分规上工业企业R&D项目情况(2012年)
R&D Projects in Industrial Enterprises above Designated Size by Industrial Sector(2012)

行 业	Industry	R&D项目数 (项) R&D Projects (item)	R&D项目人员数 (人) R&D Personnel (person)	R&D项目经费支出 (万元) Expenditure on R&D Project (10 000 yuan)
总 计	**Total**	**287524**	**2027232**	**62306119**
煤炭开采和洗选业	Mining and Washing of Coal	4585	43252	1302975
石油和天然气开采业	Extraction of Petroleum and Natural Gas	3046	21014	577811
黑色金属矿采选业	Mining of Ferrous Metal Ores	237	1988	48267
有色金属矿采选业	Mining of Non-ferrous Metal Ores	451	3346	196527
非金属矿采选业	Mining and Processing of Nonmetal Ores	377	2603	64416
农副食品加工业	Processing of Food from Agricultural Products	5269	27373	1144898
食品制造业	Manufacture of Foods	3798	21124	758521
酒、饮料和精制茶制造业	Manufacture of Liquor, Beverages and Refined Tea	2800	20999	722662
烟草制品业	Manufacture of Tobacco	1161	3511	118398
纺织业	Manufacture of Textile	6648	44315	1182602
纺织服装、服饰业	Manufacture of Textile, Apparel and Accessories	3332	28982	479341
皮革、毛皮、羽毛及其制品和制鞋业	Manufacture of Leather, Fur, Feather and Related Products and Shoes	1121	10759	249791
木材加工和木、竹、藤、棕、草制品业	Processing of Timbers and Manufacture of Wood, Bamboo, Rattan, Palm and Straw	1121	6162	166334
家具制造业	Manufacture of Furniture	987	6951	123403
造纸和纸制品业	Manufacture of Paper and Paper Products	1748	16608	672991
印刷和记录媒介复制业	Printing,Reproduction of Recording Media	1457	8565	214022
文教、工美、体育和娱乐用品制造业	Manufacture of Artworks, and Articles for Culture, Education, Sports and Recreation	2981	16413	301075
石油加工、炼焦和核燃料加工业	Processing of Petroleum ,Coking and Processing of Nucleus Fuel	1854	14134	660044
化学原料和化学制品制造业	Manufacture of Chemical Raw Material and Chemical Products	21532	135241	4869182
医药制造业	Manufacture of Medicines	18372	95599	2478887
化学纤维制造业	Manufacture of Chemical Fiber	1386	13828	579258
橡胶和塑料制品业	Manufacture of Rubber and Plastic	8167	57129	1534076
非金属矿物制品业	Manufacture of Non-metallic Mineral Products	8164	53357	1384521
黑色金属冶炼和压延加工业	Manufacture and Processing of Ferrous Metals	10101	89640	5473631
有色金属冶炼和压延加工业	Manufacture and Processing of Non-ferrous Metals	6183	49634	2362731
金属制品业	Manufacture of Metal Products	9697	57923	1600476
通用设备制造业	Manufacture of General Purpose Machinery	28306	157570	4049296
专用设备制造业	Manufacture of Special Purpose Machinery	21767	141306	3746893
汽车制造业	Manufacture of Motor Vehicles	20293	144884	4988683
铁路、船舶、航空航天和其他运输设备制造业	Manufacture of Railway Equipment, Ships, Aerospace Equipment and Other Transport Equipment	10260	85196	2513513
电气机械和器材制造业	Manufacture of Electrical Machinery and Equipment	33505	203333	6202500
计算机、通信和其他电子设备制造业	Manufacture of Computer, Communication and Other Electronic Equipment	32124	347719	9697782
仪器仪表制造业	Manufacture of Measuring Instrument and Meter	9041	54387	1085263
其他制造业	Other Manufacturing	1024	7698	144602
金属制品、机械和设备修理业	Repaire Service of Metal Products, Machinery and Equipment	305	4051	42538
电力、热力生产和供应业	Production and Supply of Electric Power and Heat Power	2957	22507	376317
燃气生产和供应业	Production and Distribution of Gas	85	523	17844
水的生产和供应业	Production and Distribution of Water	227	1663	21397

2-16 各地区规上工业企业R&D项目情况(2012年)
R&D Projects in Industrial Enterprises above Designated Size by Region (2012)

地区	Region	R&D项目数 (项) R&D Projects (item)	R&D项目人员数 (人) R&D Personnel (person)	R&D项目经费支出 (万元) Expenditure on R&D Project (10 000 yuan)
全国	**National Total**	**287524**	**2027232**	**62306119**
东部地区	Eastern Region	197984	1403278	43289288
中部地区	Middle Region	42581	341206	9917222
西部地区	Western Region	33028	185665	5551388
东北地区	Northeast Region	13931	97084	3548222
北京	Beijing	8226	47075	1566431
天津	Tianjin	12062	53467	2068960
河北	Hebei	7574	48897	1668431
山西	Shanxi	2795	28003	853715
内蒙古	Inner Mongolia	1857	18136	705484
辽宁	Liaoning	7710	45138	2346177
吉林	Jilin	1990	20215	518173
黑龙江	Heilongjiang	4231	31730	683871
上海	Shanghai	12833	74667	3033694
江苏	Jiangsu	44570	315009	9464830
浙江	Zhejiang	35582	214850	5509738
安徽	Anhui	11882	66473	1784074
福建	Fujian	9080	80731	2061424
江西	Jiangxi	2930	21115	805227
山东	Shandong	30119	185598	7901337
河南	Henan	9349	93089	2238004
湖北	Hubei	8062	69645	2265420
湖南	Hunan	7563	62881	1970781
广东	Guangdong	37460	380679	9956427
广西	Guangxi	3526	19056	632035
海南	Hainan	478	2307	58018
重庆	Chongqing	5113	27396	984968
四川	Sichuan	9868	46128	1185599
贵州	Guizhou	1649	10689	281260
云南	Yunnan	1665	11200	304596
西藏	Tibet	24	73	4933
陕西	Shaanxi	5164	31737	794257
甘肃	Gansu	1912	10395	248149
青海	Qinghai	147	1769	78178
宁夏	Ningxia	1170	3766	116409
新疆	Xinjiang	933	5321	215519

2-17 按企业规模及登记注册类型分规上工业企业办研发机构情况(2012年)
R&D Institutions in Industrial Enterprises above Designated Size by Scale and Registration Status(2012)

注册类型	Type of Registration	机构数(个) Institutions (unit)	机构人员(人) Personnel (person)	#博士和硕士 Doctor and Master	机构经费支出(万元) Expenditure on S&T Institutions (10 000 yuan)	仪器和设备原价(万元) Equipment (10 000 yuan)
总　计	**Total**	**45937**	**2267561**	**288534**	**52333547**	**36725251**
#大型企业	Large-sized Industrial Enterprises	7417	1208471	182073	33244835	21670487
中型企业	Medium-sized Industrial Enterprises	14909	621482	57892	11465095	9276659
内资企业	**Domestic Funded**	**35791**	**1681930**	**231415**	**37741545**	**26063956**
国有企业	State-owned Enterprises	1380	140722	22877	3149968	2872726
集体企业	Collective-owned Enterprises	240	9753	1544	210830	162890
股份合作企业	Cooperative Enterprises	249	9281	763	199060	160514
联营企业	Joint Ownership Enterprises	46	3324	381	109749	29798
国有联营企业	State Joint Ownership Enterprises	16	2706	318	100954	25757
集体联营企业	Collective Joint Ownership Enterprises	6	109	15	1869	620
国有与集体联营企业	Joint State-collective Enterprises	12	218	18	3683	2677
其他联营企业	Other Joint Ownership Enterprises	12	291	30	3244	744
有限责任公司	Limited Liability Corporations	9439	623131	92544	15093100	9726771
国有独资公司	State Sole Funded Corporations	696	97771	13273	2562541	2357550
其他有限责任公司	Other Limited Liability Corporations	8743	525360	79271	12530559	7369221
股份有限公司	Share-holding Corporations Ltd.	4095	408486	68631	9911873	6593199
私营企业	Private Enterprises	19773	471733	42933	8811835	6277894
私营独资企业	Private-funded Enterprises	1667	28196	3007	479889	320224
私营合伙企业	Private Partnership Enterprises	239	3839	355	61945	41775
私营有限责任公司	Private Limited Liability Corporations	16641	386123	33762	7205011	5155397
私营股份有限公司	Private Share-holding Corporations Ltd.	1226	53575	5809	1064990	760498
其他企业	Other Enterprises	569	15500	1742	255132	240164
港澳台商投资企业	**Enterprises with Funds from Hong Kong, Macau and Taiwan**	**4448**	**244212**	**20022**	**5524160**	**3595709**
与港澳台商合资经营企业	Joint-venture Enterprises with Funds from Hong Kong, Macau and Taiwan	2089	99042	6746	2219933	1447982
与港澳台商合作经营企业	Cooperative Enterprises with Funds from Hong Kong, Macau and Taiwan	77	3131	196	80907	43511
港澳台商独资经营企业	Enterprises with Sole Funds from Hong Kong, Macau and Taiwan	2099	123785	10787	2787397	1814742
港澳台商投资股份有限公司	Share-holding Corporations Ltd. with Funds from Hong Kong, Macau and Taiwan	167	16054	2084	413862	256582
外商投资企业	**Foreign Funded Enterprises**	**5698**	**341419**	**37097**	**9067842**	**7065585**
中外合资经营企业	Joint-venture Enterprises	2663	147850	18586	4528522	3438880
中外合作经营	Cooperation Enterprises	109	4552	426	97007	73736
外资企业	Enterprises with Sole Foreign Funds	2756	168285	13756	3878292	3058259
外商投资股份有限公司	Share-holding Corporations Ltd. with Foreign Funds	148	19881	4187	536098	483365

2-18 按行业分规上工业企业办研发机构情况(2012年)
R&D Institutions in Industrial Enterprises above Designated Size by Industrial Sector(2012)

行 业	Industry	机构数(个) Institutions (unit)	机构人员(人) Personnel (person)	#博士和硕士 Doctor and Master	机构经费支出(万元) Expenditure on S&T Institutions (10 000 yuan)	仪器和设备原价(万元) Equipment (10 000 yuan)
总 计	**Total**	**45937**	**2267561**	**288534**	**52333547**	**36725251**
煤炭开采和洗选业	Mining and Washing of Coal	233	21878	2609	652374	413943
石油和天然气开采业	Extraction of Petroleum and Natural Gas	97	31512	7202	660142	381336
黑色金属矿采选业	Mining of Ferrous Metal Ores	41	1769	134	31568	31597
有色金属矿采选业	Mining of Non-ferrous Metal Ores	66	2265	223	135202	90954
非金属矿采选业	Mining and Processing of Nonmetal Ores	98	2717	328	53104	41442
农副食品加工业	Processing of Food from Agricultural Products	1478	37531	5870	848311	555398
食品制造业	Manufacture of Foods	760	25297	3909	637738	394358
酒、饮料和精制茶制造业	Manufacture of Liquor, Beverages and Refined Tea	590	27914	2574	763837	667340
烟草制品业	Manufacture of Tobacco	35	2556	734	214314	193004
纺织业	Manufacture of Textile	2009	55146	3396	1214896	987403
纺织服装、服饰业	Manufacture of Textile, Apparel and Accessories	1162	31447	1560	488362	305189
皮革、毛皮、羽毛及其制品和制鞋业	Manufacture of Leather, Fur, Feather and Related Products and Shoes	433	15371	773	219273	120509
木材加工和木、竹、藤、棕、草制品业	Processing of Timbers and Manufacture of Wood, Bamboo, Rattan, Palm and Straw	500	7394	863	135660	77141
家具制造业	Manufacture of Furniture	259	7323	271	124894	68834
造纸和纸制品业	Manufacture of Paper and Paper Products	458	19716	1306	555314	367631
印刷和记录媒介复制业	Printing,Reproduction of Recording Media	322	9165	765	180333	274271
文教、工美、体育和娱乐用品制造业	Manufacture of Artworks, and Articles for Culture, Education, Sports and Recreation	684	20331	1027	312275	202987
石油加工、炼焦和核燃料加工业	Processing of Petroleum ,Coking and Processing of Nucleus Fuel	189	11676	1650	478358	345769
化学原料和化学制品制造业	Manufacture of Chemical Raw Material and Chemical Products	4242	154138	18601	4214646	2699122
医药制造业	Manufacture of Medicines	2254	103089	19402	2199029	1622837
化学纤维制造业	Manufacture of Chemical Fiber	377	16521	1136	650217	547446
橡胶和塑料制品业	Manufacture of Rubber and Plastic	1630	63634	3945	1313434	1180362
非金属矿物制品业	Manufacture of Non-metallic Mineral Products	1845	59567	5600	989615	977307
黑色金属冶炼和压延加工业	Manufacture and Processing of Ferrous Metals	1116	76071	7090	2835615	1638807
有色金属冶炼和压延加工业	Manufacture and Processing of Non-ferrous Metals	1009	49079	4578	1586635	1051349
金属制品业	Manufacture of Metal Products	1959	71826	5341	1296794	1305667
通用设备制造业	Manufacture of General Purpose Machinery	4409	179772	16673	3514795	2959821
专用设备制造业	Manufacture of Special Purpose Machinery	3456	150829	18019	2654447	2250306
汽车制造业	Manufacture of Motor Vehicles	2249	175293	18680	4580228	3741728
铁路、船舶、航空航天和其他运输设备制造业	Manufacture of Railway Equipment, Ships, Aerospace Equipment and Other Transport Equipment	944	87692	9704	1965561	1252187
电气机械和器材制造业	Manufacture of Electrical Machinery and Equipment	5165	249320	23498	5374551	3881416
计算机、通信和其他电子设备制造业	Manufacture of Computer, Communication and Other Electronic Equipment	3897	398095	86046	9842657	4573814
仪器仪表制造业	Manufacture of Measuring Instrument and Meter	1388	63587	8785	995388	866545
其他制造业	Other Manufacturing	154	8111	681	109714	87664
金属制品、机械和设备修理业	Repaire Service of Metal Products, Machinery and Equipment	42	1971	213	39058	15642
电力、热力生产和供应业	Production and Supply of Electric Power and Heat Power	217	16996	3944	272821	420484
燃气生产和供应业	Production and Distribution of Gas	19	403	82	8817	3297
水的生产和供应业	Production and Distribution of Water	68	1674	330	24538	21032

2-19 各地区规上工业企业办研发机构情况(2012年)
R&D Institutions in Industrial Enterprises above Designated Size by Region(2012)

地区	Region	机构数(个) Institutions (unit)	机构人员(人) Personnel (person)	#博士和硕士 Doctor and Master	机构经费支出(万元) Expenditure on S&T Institutions (10 000 yuan)	仪器和设备原价(万元) Equipment (10 000 yuan)
全国	**National Total**	**45937**	**2267561**	**288534**	**52333547**	**36725251**
东部地区	Eastern Region	35314	1622474	206861	39151908	25355100
中部地区	Middle Region	6238	323229	41779	6051604	5228667
西部地区	Western Region	3299	226235	26103	5099768	4427523
东北地区	Northeast Region	1086	95623	13791	2030266	1713961
北京	Beijing	747	54747	12695	1525278	514032
天津	Tianjin	765	40899	4974	1154374	977747
河北	Hebei	825	62070	6119	1046009	904397
山西	Shanxi	177	19382	2673	325296	365134
内蒙古	Inner Mongolia	212	15309	1852	292769	288271
辽宁	Liaoning	620	49158	6578	1124571	878583
吉林	Jilin	188	21709	3267	444258	469108
黑龙江	Heilongjiang	278	24756	3946	461437	366270
上海	Shanghai	914	77495	15368	2665667	2509928
江苏	Jiangsu	16417	483205	46396	11869614	7930442
浙江	Zhejiang	7498	259378	17188	5482305	3757439
安徽	Anhui	2387	90486	10491	1901145	1420360
福建	Fujian	1328	72319	5633	1309073	1320853
江西	Jiangxi	372	22273	2265	438100	244004
山东	Shandong	3325	227986	29272	6493961	4352300
河南	Henan	1414	91953	9799	1622855	1033553
湖北	Hubei	917	60908	10064	1174408	1386753
湖南	Hunan	971	38227	6487	589801	778864
广东	Guangdong	3455	342579	69029	7579085	3066278
广西	Guangxi	425	18678	2002	396609	353664
海南	Hainan	40	1796	187	26542	21685
重庆	Chongqing	437	29315	3030	682175	487288
四川	Sichuan	879	73246	7958	1909208	1504854
贵州	Guizhou	148	11904	1059	276778	341337
云南	Yunnan	287	12187	1261	430732	250335
西藏	Tibet	3	45	9	1479	1436
陕西	Shaanxi	453	36452	5422	581127	646923
甘肃	Gansu	187	12483	1528	208344	198602
青海	Qinghai	27	2421	245	100293	34477
宁夏	Ningxia	150	7444	780	96219	189446
新疆	Xinjiang	91	6751	957	124036	130891

2-20 按企业规模及登记注册类型分规上工业企业新产品开发和生产(2012年)
New Products Development and Production of Industrial Enterprises above Designated Size by Scale and Registration Status (2012)

单位：万元 (10 000 yuan)

注册类型	Type of Registration	新产品开发项目数(项) New Products (unit)	新产品开发经费支出 Expenditure on New Products Development	新产品销售收入 Sales Revenue of New Products	#出口 Exports
总　计	**Total**	**323448**	**79985405**	**1105297711**	**218941519**
#大型企业	Large-sized Industrial Enterprises	113838	47503579	780366431	174372597
中型企业	Medium-sized Industrial Enterprises	96892	18214803	201555278	31279539
内资企业	**Domestic Funded**	**247015**	**57916117**	**727129403**	**90874336**
国有企业	State-owned Enterprises	20468	5510422	73886124	3955128
集体企业	Collective-owned Enterprises	1945	588385	12245305	2660335
股份合作企业	Cooperative Enterprises	2862	221538	2729970	385601
联营企业	Joint Ownership Enterprises	258	108230	1614587	54301
国有联营企业	State Joint Ownership Enterprises	117	83248	1304450	43198
集体联营企业	Collective Joint Ownership Enterprises	27	2712	48610	
国有与集体联营企业	Joint State-collective Enterprises	64	17934	212851	9929
其他联营企业	Other Joint Ownership Enterprises	50	4336	48676	1174
有限责任公司	Limited Liability Corporations	90011	22686246	284221579	35483202
国有独资公司	State Sole Funded Corporations	12941	4477730	52525312	6546022
其他有限责任公司	Other Limited Liability Corporations	77070	18208516	231696268	28937180
股份有限公司	Share-holding Corporations Ltd.	45631	13693781	181807580	27305720
私营企业	Private Enterprises	83612	14625193	165428442	20533674
私营独资企业	Private-funded Enterprises	4748	849214	7891472	652872
私营合伙企业	Private Partnership Enterprises	626	95792	1270054	108673
私营有限责任公司	Private Limited Liability Corporations	69529	11716028	130141722	16810638
私营股份有限公司	Private Share-holding Corporations Ltd.	8709	1964159	26125195	2961491
其他企业	Other Enterprises	2228	482322	5195815	496375
港澳台商投资企业	**Enterprises with Funds from Hong Kong, Macau and Taiwan**	**30947**	**8123553**	**110068120**	**32376564**
与港澳台商合资经营企业	Joint-venture Enterprises with Funds from Hong Kong, Macau and Taiwan	14098	3301316	48376999	10932390
与港澳台商合作经营企业	Cooperative Enterprises with Funds from Hong Kong, Macau and Taiwan	824	117384	688789	202454
港澳台商独资经营企业	Enterprises with Sole Funds from Hong Kong, Macau and Taiwan	13781	4101610	52277400	19141718
港澳台商投资股份有限公司	Share-holding Corporations Ltd. with Funds from Hong Kong, Macau and Taiwan	1919	556857	7730056	1779225
外商投资企业	**Foreign Funded Enterprises**	**45486**	**13945736**	**268100188**	**95690619**
中外合资经营企业	Joint-venture Enterprises	23373	7016444	155720801	26593629
中外合作经营	Cooperation Enterprises	740	169634	2005693	490486
外资企业	Enterprises with Sole Foreign Funds	19086	5922677	101111836	66092653
外商投资股份有限公司	Share-holding Corporations Ltd. with Foreign Funds	2161	797599	8937883	2490102

2-21 按行业分规上工业企业新产品开发和生产(2012年)
New Products Development and Production of Industrial Enterprises above Designated Size by Industrial Sector (2012)

单位：万元 (10 000 yuan)

行 业	Industry	新产品开发项目数(项) New Products (unit)	新产品开发经费支出 Expenditure on New Products Development	新产品销售收入 Sales Revenue of New Products	#出口 Exports
总 计	**Total**	**323448**	**79985405**	**1105297711**	**218941519**
煤炭开采和洗选业	Mining and Washing of Coal	2124	638025	11100653	736899
石油和天然气开采业	Extraction of Petroleum and Natural Gas	851	266717	163295	
黑色金属矿采选业	Mining of Ferrous Metal Ores	106	16522	360103	5
有色金属矿采选业	Mining of Non-ferrous Metal Ores	113	74987	3479858	4600
非金属矿采选业	Mining and Processing of Nonmetal Ores	277	57088	523507	5969
农副食品加工业	Processing of Food from Agricultural Products	5542	1611686	20041824	1199278
食品制造业	Manufacture of Foods	4041	897428	8444769	1298584
酒、饮料和精制茶制造业	Manufacture of Liquor, Beverages and Refined Tea	2899	825783	10686172	345853
烟草制品业	Manufacture of Tobacco	901	152354	13836853	41206
纺织业	Manufacture of Textile	7894	1761984	33711924	6295480
纺织服装、服饰业	Manufacture of Textile, Apparel and Accessories	3998	746468	12665531	2598776
皮革、毛皮、羽毛及其制品和制鞋业	Manufacture of Leather, Fur, Feather and Related Products and Shoes	1706	330857	6128266	1767671
木材加工和木、竹、藤、棕、草制品业	Processing of Timbers and Manufacture of Wood, Bamboo, Rattan, Palm and Straw	1264	240672	3233002	558121
家具制造业	Manufacture of Furniture	1285	208510	2908386	1130410
造纸和纸制品业	Manufacture of Paper and Paper Products	1774	742745	11255337	923185
印刷和记录媒介复制业	Printing,Reproduction of Recording Media	1618	287795	3691488	227751
文教、工美、体育和娱乐用品制造业	Manufacture of Artworks, and Articles for Culture, Education, Sports and Recreation	3854	483796	5889815	1964612
石油加工、炼焦和核燃料加工业	Processing of Petroleum ,Coking and Processing of Nucleus Fuel	1542	797241	17420809	49336
化学原料和化学制品制造业	Manufacture of Chemical Raw Material and Chemical Products	21720	5432973	78730818	8009254
医药制造业	Manufacture of Medicines	19925	3082347	29286009	2933596
化学纤维制造业	Manufacture of Chemical Fiber	1764	885545	14392962	1106670
橡胶和塑料制品业	Manufacture of Rubber and Plastic	10012	2022340	23395984	4709322
非金属矿物制品业	Manufacture of Non-metallic Mineral Products	8327	1660510	17836658	2588920
黑色金属冶炼和压延加工业	Manufacture and Processing of Ferrous Metals	9235	6071824	75917476	7605736
有色金属冶炼和压延加工业	Manufacture and Processing of Non-ferrous Metals	5476	2128459	39906367	3909709
金属制品业	Manufacture of Metal Products	11128	2126664	23685735	4066462
通用设备制造业	Manufacture of General Purpose Machinery	33191	5719081	62773072	9579730
专用设备制造业	Manufacture of Special Purpose Machinery	26807	5139263	51792190	6428328
汽车制造业	Manufacture of Motor Vehicles	25452	6896539	146282410	7043187
铁路、船舶、航空航天和其他运输设备制造业	Manufacture of Railway Equipment, Ships, Aerospace Equipment and Other Transport Equipment	12150	4045004	43637585	11535928
电气机械和器材制造业	Manufacture of Electrical Machinery and Equipment	39107	8630769	117922425	22507521
计算机、通信和其他电子设备制造业	Manufacture of Computer, Communication and Other Electronic Equipment	41332	13639752	194715449	105419213
仪器仪表制造业	Manufacture of Measuring Instrument and Meter	11717	1618619	13840836	1706061
其他制造业	Other Manufacturing	1222	185868	1733639	517445
金属制品、机械和设备修理业	Repaire Service of Metal Products, Machinery and Equipment	434	71149	663706	80075
电力、热力生产和供应业	Production and Supply of Electric Power and Heat Power	1740	277267	1971996	46077
燃气生产和供应业	Production and Distribution of Gas	65	29391	586645	
水的生产和供应业	Production and Distribution of Water	158	23068	137827	

2-22 各地区规上工业企业新产品开发和生产(2012年)

New Products Development and Production of Industrial Enterprise above Designated Size by Region (2012)

单位：万元 (10 000 yuan)

地区	Region	新产品开发项目数(项) New Products (unit)	新产品开发经费支出 Expenditure on New Products Development	新产品销售收入 Sales Revenue of New Products	#出口 Exports
全国	**National Total**	**323448**	**79985405**	**1105297711**	**218941519**
东部地区	Eastern Region	224875	55842480	785063415	197157175
中部地区	Middle Region	48257	12365440	169909736	12522868
西部地区	Western Region	35608	7335561	91155508	5817268
东北地区	Northeast Region	14708	4441925	59169053	3444208
北京	Beijing	11024	2527103	33176311	5572510
天津	Tianjin	12219	2192138	44601011	9317561
河北	Hebei	7541	1798885	24576633	2926320
山西	Shanxi	2726	1020706	9283912	1527286
内蒙古	Inner Mongolia	1567	529251	5814946	390862
辽宁	Liaoning	8641	2886302	31936021	2257009
吉林	Jilin	2683	776269	21577965	645790
黑龙江	Heilongjiang	3384	779353	5655068	541409
上海	Shanghai	17042	4840036	73999056	10544016
江苏	Jiangsu	53973	14945123	178454188	52727755
浙江	Zhejiang	41874	7145347	112839734	26744960
安徽	Anhui	15137	2793021	37318538	3137902
福建	Fujian	9123	2278341	32911524	10694396
江西	Jiangxi	3241	917019	12871344	1748554
山东	Shandong	28171	8148492	129131803	18640354
河南	Henan	9106	2313506	25762027	2113763
湖北	Hubei	9629	2937086	36984125	2368469
湖南	Hunan	8418	2384102	47689791	1626895
广东	Guangdong	43314	11865618	154028478	59795805
广西	Guangxi	3320	771269	12369278	450139
海南	Hainan	594	101396	1344677	193498
重庆	Chongqing	5693	1266058	24299198	1561072
四川	Sichuan	11656	1782262	20959773	1504602
贵州	Guizhou	1978	400699	3832764	354056
云南	Yunnan	1512	396302	4468160	262095
西藏	Tibet	11	1986	21004	260
陕西	Shaanxi	6052	1285251	8715851	396375
甘肃	Gansu	1759	350314	5954233	414223
青海	Qinghai	103	74374	103773	33
宁夏	Ningxia	1131	142473	1856287	406269
新疆	Xinjiang	826	335323	2760241	77284

2-23 按企业规模及登记注册类型分规上工业企业专利(2012年)
Statistics on Patent of Industrial Enterprises above Designated Size by Scale and Registration Status (2012)

单位：件 (piece)

注册类型	Type of Registration	专利申请数 Patent Applications	#发明专利 Inventions	有效发明专利数 Inventions in Force
总　计	**Total**	**489945**	**176167**	**277196**
#大型企业	Large-sized Industrial Enterprises	193444	84039	139290
中型企业	Medium-sized Industrial Enterprises	133672	40656	65346
内资企业	**Domestic Funded**	**379211**	**135421**	**209301**
国有企业	State-owned Enterprises	30790	11248	16376
集体企业	Collective-owned Enterprises	2750	876	1280
股份合作企业	Cooperative Enterprises	1397	451	777
联营企业	Joint Ownership Enterprises	415	175	142
国有联营企业	State Joint Ownership Enterprises	224	100	59
集体联营企业	Collective Joint Ownership Enterprises	11	5	7
国有与集体联营企业	Joint State-collective Enterprises	124	39	65
其他联营企业	Other Joint Ownership Enterprises	56	31	11
有限责任公司	Limited Liability Corporations	117620	48843	79977
国有独资公司	State Sole Funded Corporations	13942	5412	7829
其他有限责任公司	Other Limited Liability Corporations	103678	43431	72148
股份有限公司	Share-holding Corporations Ltd.	78416	33008	53543
私营企业	Private Enterprises	144168	39626	55726
私营独资企业	Private-funded Enterprises	6051	1700	2207
私营合伙企业	Private Partnership Enterprises	1025	273	277
私营有限责任公司	Private Limited Liability Corporations	121612	32739	46054
私营股份有限公司	Private Share-holding Corporations Ltd.	15480	4914	7188
其他企业	Other Enterprises	3655	1194	1480
港澳台商投资企业	**Enterprises with Funds from Hong Kong, Macau and Taiwan**	**51434**	**17426**	**28136**
与港澳台商合资经营企业	Joint-venture Enterprises with Funds from Hong Kong, Macau and Taiwan	21480	5729	10962
与港澳台商合作经营企业	Cooperative Enterprises with Funds from Hong Kong, Macau and Taiwan	785	175	825
港澳台商独资经营企业	Enterprises with Sole Funds from Hong Kong, Macau and Taiwan	25963	10396	14590
港澳台商投资股份有限公司	Share-holding Corporations Ltd. with Funds from Hong Kong, Macau and Taiwan	3065	1085	1671
外商投资企业	**Foreign Funded Enterprises**	**59300**	**23320**	**39759**
中外合资经营企业	Joint-venture Enterprises	31858	11256	15601
中外合作经营	Cooperation Enterprises	865	288	380
外资企业	Enterprises with Sole Foreign Funds	24283	10696	21639
外商投资股份有限公司	Share-holding Corporations Ltd. with Foreign Funds	2233	1061	2095

2-24 按行业分规上工业企业专利(2012年)

Statistics on Patent of Industrial Enterprises above Designated Size by Industrial Sector (2012)

单位：件 (piece)

行业	Industry	专利申请数 Patent Applications	#发明专利 Inventions	有效发明专利数 Inventions In Force
总计	**Total**	**489945**	**176167**	**277196**
煤炭开采和洗选业	Mining and Washing of Coal	2372	716	1023
石油和天然气开采业	Extraction of Petroleum and Natural Gas	2129	629	807
黑色金属矿采选业	Mining of Ferrous Metal Ores	547	273	376
有色金属矿采选业	Mining of Non-ferrous Metal Ores	204	79	114
非金属矿采选业	Mining and Processing of Nonmetal Ores	273	121	157
农副食品加工业	Processing of Food from Agricultural Products	5927	2398	2261
食品制造业	Manufacture of Foods	4716	1809	2375
酒、饮料和精制茶制造业	Manufacture of Liquor, Beverages and Refined Tea	3699	994	1290
烟草制品业	Manufacture of Tobacco	1581	550	710
纺织业	Manufacture of Textile	12082	1998	2245
纺织服装、服饰业	Manufacture of Textile, Apparel and Accessories	6951	730	980
皮革、毛皮、羽毛及其制品和制鞋业	Manufacture of Leather, Fur, Feather and Related Products and Shoes	3247	436	594
木材加工和木、竹、藤、棕、草制品业	Processing of Timbers and Manufacture of Wood,Bamboo, Rattan, Palm and Straw	2442	526	1224
家具制造业	Manufacture of Furniture	3897	387	814
造纸和纸制品业	Manufacture of Paper and Paper Products	3445	963	1042
印刷和记录媒介复制业	Printing,Reproduction of Recording Media	1970	604	1016
文教、工美、体育和娱乐用品制造业	Manufacture of Artworks, and Articles for Culture, Education, Sports and Recreation	9050	903	3264
石油加工、炼焦和核燃料加工业	Processing of Petroleum ,Coking and Processing of Nucleus Fuel	1441	796	1514
化学原料和化学制品制造业	Manufacture of Chemical Raw Material and Chemical Products	23143	12268	16777
医药制造业	Manufacture of Medicines	14976	9050	15058
化学纤维制造业	Manufacture of Chemical Fiber	2142	801	1064
橡胶和塑料制品业	Manufacture of Rubber and Plastic	12651	3279	4874
非金属矿物制品业	Manufacture of Non-metallic Mineral Products	11711	3798	7740
黑色金属冶炼和压延加工业	Manufacture and Processing of Ferrous Metals	12112	4644	5976
有色金属冶炼和压延加工业	Manufacture and Processing of Non-ferrous Metals	8026	3250	5338
金属制品业	Manufacture of Metal Products	16722	4578	8093
通用设备制造业	Manufacture of General Purpose Machinery	42136	11691	22984
专用设备制造业	Manufacture of Special Purpose Machinery	43050	13711	21785
汽车制造业	Manufacture of Motor Vehicles	31297	7476	11605
铁路、船舶、航空航天和其他运输设备制造业	Manufacture of Railway Equipment, Ships, Aerospace Equipment and Other Transport Equipment	16136	4985	6682
电气机械和器材制造业	Manufacture of Electrical Machinery and Equipment	74811	24697	31346
计算机、通信和其他电子设备制造业	Manufacture of Computer, Communication and Other Electronic Equipment	82406	46623	83589
仪器仪表制造业	Manufacture of Measuring Instrument and Meter	15404	4805	7763
其他制造业	Other Manufacturing	1660	485	838
金属制品、机械和设备修理业	Repaire Service of Metal Products, Machinery and Equipment	512	175	239
电力、热力生产和供应业	Production and Supply of Electric Power and Heat Power	13515	4440	3078
燃气生产和供应业	Production and Distribution of Gas	105	34	69
水的生产和供应业	Production and Distribution of Water	283	81	128

2-25 各地区规上工业企业专利(2012年)

Statistics on Patent of Industrial Enterprises above Designated Size by Region (2012)

单位：件 (piece)

地 区	Region	专利申请数 Patent Applications	#发明专利 Inventions	有效发明专利数 Inventions in Force
全 国	**National Total**	**489945**	**176167**	**277196**
东部地区	Eastern Region	356155	129584	211400
中部地区	Middle Region	74744	25256	33552
西部地区	Western Region	43203	14960	22356
东北地区	Northeast Region	15843	6367	9888
北 京	Beijing	20189	10318	14051
天 津	Tianjin	13173	5195	7341
河 北	Hebei	7841	2631	3358
山 西	Shanxi	3765	1390	2345
内蒙古	Inner Mongolia	1650	770	922
辽 宁	Liaoning	9958	4113	5054
吉 林	Jilin	2195	898	2779
黑龙江	Heilongjiang	3690	1356	2055
上 海	Shanghai	24873	9901	16805
江 苏	Jiangsu	84876	27820	45120
浙 江	Zhejiang	68003	12844	20553
安 徽	Anhui	26665	8147	9215
福 建	Fujian	14745	4194	5400
江 西	Jiangxi	3015	1135	1398
山 东	Shandong	34689	12202	15104
河 南	Henan	12503	3496	5133
湖 北	Hubei	12592	4789	7025
湖 南	Hunan	16204	6299	8436
广 东	Guangdong	87143	44200	83280
广 西	Guangxi	3025	1333	1499
海 南	Hainan	623	279	388
重 庆	Chongqing	9784	2460	3714
四 川	Sichuan	13443	4316	6591
贵 州	Guizhou	2794	1347	1370
云 南	Yunnan	2404	1066	1644
西 藏	Tibet	18	17	71
陕 西	Shaanxi	5467	2170	4752
甘 肃	Gansu	1713	544	855
青 海	Qinghai	215	72	170
宁 夏	Ningxia	914	488	300
新 疆	Xinjiang	1776	377	468

2-26 按企业规模及登记注册类型分规上工业企业技术获取和技术改造(2012年)

Technology Acquisition and Renovation of Industrial Enterprises above Designated Size by Scale and Registration Status (2012)

单位：万元 (10 000 yuan)

注册类型	Type of Registration	引进技术经费支出 Expenditure for Acquisition of Foreign Technology	消化吸收经费支出 Expenditure for Assimilation of Technology	购买国内技术经费支出 Expenditure for Purchase of Domestic Technology	技术改造经费支出 Expenditure for Technical Renovation
总　计	**Total**	**3939066**	**1568382**	**2016918**	**41617546**
#大型企业	Large-sized Industrial Enterprises	3230918	1253522	1428103	29797351
中型企业	Medium-sized Industrial Enterprises	548300	203697	352585	6892336
内资企业	**Domestic Funded**	**1885003**	**1063113**	**1722130**	**36144186**
国有企业	State-owned Enterprises	191187	109160	216961	5831286
集体企业	Collective-owned Enterprises	6259	2846	11557	102812
股份合作企业	Cooperative Enterprises	21021	1756	4207	96595
联营企业	Joint Ownership Enterprises	2132	4123	8126	42206
国有联营企业	State Joint Ownership Enterprises	2132	3547	8126	38578
集体联营企业	Collective Joint Ownership Enterprises		33		1231
国有与集体联营企业	Joint State-collective Enterprises				1589
其他联营企业	Other Joint Ownership Enterprises		543		808
有限责任公司	Limited Liability Corporations	893447	540485	720008	14483361
国有独资公司	State Sole Funded Corporations	169933	46343	137239	5150523
其他有限责任公司	Other Limited Liability Corporations	723514	494142	582769	9332838
股份有限公司	Share-holding Corporations Ltd.	580370	247954	442066	8973023
私营企业	Private Enterprises	186754	152145	312634	6407081
私营独资企业	Private-funded Enterprises	9233	9768	19670	504726
私营合伙企业	Private Partnership Enterprises	350	231	7623	154900
私营有限责任公司	Private Limited Liability Corporations	147565	124789	268694	5029295
私营股份有限公司	Private Share-holding Corporations Ltd.	29607	17357	16647	718159
其他企业	Other Enterprises	3833	4644	6571	207823
港澳台商投资企业	**Enterprises with Funds from Hong Kong, Macau and Taiwan**	**381053**	**58338**	**150307**	**1930556**
与港澳台商合资经营企业	Joint-venture Enterprises with Funds from Hong Kong, Macau and Taiwan	91582	36984	59020	971221
与港澳台商合作经营企业	Cooperative Enterprises with Funds from Hong Kong, Macau and Taiwan	670	350	1390	25171
港澳台商独资经营企业	Enterprises with Sole Funds from Hong Kong, Macau and Taiwan	282884	18463	83692	822545
港澳台商投资股份有限公司	Share-holding Corporations Ltd. with Funds from Hong Kong, Macau and Taiwan	4772	2475	6181	109876
外商投资企业	**Foreign Funded Enterprises**	**1673011**	**446931**	**144481**	**3542804**
中外合资经营企业	Joint-venture Enterprises	1157096	351898	101142	2401454
中外合作经营	Cooperation Enterprises	2804	181	1017	30188
外资企业	Enterprises with Sole Foreign Funds	498198	83725	28825	922232
外商投资股份有限公司	Share-holding Corporations Ltd. with Foreign Funds	7116	11122	13446	174703

2-27 按行业分规上工业企业技术获取和技术改造(2012年)
Technology Acquisition and Renovation of Industrial Enterprises above Designated Size by Industrial Sector (2012)

单位：万元 (10 000 yuan)

行 业	Industry	引进技术经费支出 Expenditure for Acquisition of Foreign Technology	消化吸收经费支出 Expenditure for Assimilation of Technology	购买国内技术经费支出 Expenditure for Purchase of Domestic Technology	技术改造经费支出 Expenditure for Technical Renovation
总 计	**Total**	**3939066**	**1568382**	**2016918**	**41617546**
煤炭开采和洗选业	Mining and Washing of Coal	67948	37484	48474	1524852
石油和天然气开采业	Extraction of Petroleum and Natural Gas		78	518	55568
黑色金属矿采选业	Mining of Ferrous Metal Ores		249	319	132057
有色金属矿采选业	Mining of Non-ferrous Metal Ores	1800	234	3320	350506
非金属矿采选业	Mining and Processing of Nonmetal Ores	769	2180	3538	82367
农副食品加工业	Processing of Food from Agricultural Products	8939	20456	27789	700136
食品制造业	Manufacture of Foods	23443	27156	45290	369477
酒、饮料和精制茶制造业	Manufacture of Liquor, Beverages and Refined Tea	12287	13825	61642	806732
烟草制品业	Manufacture of Tobacco	47909	1540	16560	790675
纺织业	Manufacture of Textile	40205	29469	25956	741221
纺织服装、服饰业	Manufacture of Textile, Apparel and Accessories	19664	8932	10130	144632
皮革、毛皮、羽毛及其制品和制鞋业	Manufacture of Leather, Fur, Feather and Related Products and Shoes	3956	2782	3036	89388
木材加工和木、竹、藤、棕、草制品业	Processing of Timbers and Manufacture of Wood, Bamboo, Rattan, Palm and Straw	7765	456	2340	152078
家具制造业	Manufacture of Furniture	2130	776	1282	37273
造纸和纸制品业	Manufacture of Paper and Paper Products	45960	18941	15676	699359
印刷和记录媒介复制业	Printing,Reproduction of Recording Media	24115	1675	15944	174798
文教、工美、体育和娱乐用品制造业	Manufacture of Artworks, and Articles for Culture, Education, Sports and Recreation	6071	1798	3269	118105
石油加工、炼焦和核燃料加工业	Processing of Petroleum ,Coking and Processing of Nucleus Fuel	49453	83937	66560	2197486
化学原料和化学制品制造业	Manufacture of Chemical Raw Material and Chemical Products	424861	123617	140766	4548251
医药制造业	Manufacture of Medicines	56037	54227	141197	1047082
化学纤维制造业	Manufacture of Chemical Fiber	47257	14382	28350	447741
橡胶和塑料制品业	Manufacture of Rubber and Plastic	32641	36463	16494	585140
非金属矿物制品业	Manufacture of Non-metallic Mineral Products	40813	19061	44740	943314
黑色金属冶炼和压延加工业	Manufacture and Processing of Ferrous Metals	368708	135182	481655	6619177
有色金属冶炼和压延加工业	Manufacture and Processing of Non-ferrous Metals	121466	160534	99100	2423936
金属制品业	Manufacture of Metal Products	23299	25175	25282	673274
通用设备制造业	Manufacture of General Purpose Machinery	343328	136522	89289	2365841
专用设备制造业	Manufacture of Special Purpose Machinery	142350	47478	56235	1894243
汽车制造业	Manufacture of Motor Vehicles	1018375	310005	167312	2795177
铁路、船舶、航空航天和其他运输设备制造业	Manufacture of Railway Equipment, Ships, Aerospace Equipment and Other Transport Equipment	90612	44655	103748	1160912
电气机械和器材制造业	Manufacture of Electrical Machinery and Equipment	255630	132085	128967	2744131
计算机、通信和其他电子设备制造业	Manufacture of Computer, Communication and Other Electronic Equipment	569416	30941	91590	1264394
仪器仪表制造业	Manufacture of Measuring Instrument and Meter	28962	7529	24696	514861
其他制造业	Other Manufacturing	887	25	653	82075
金属制品、机械和设备修理业	Repaire Service of Metal Products, Machinery and Equipment	1824	473	812	10620
电力、热力生产和供应业	Production and Supply of Electric Power and Heat Power	9780	2669	17978	1992738
燃气生产和供应业	Production and Distribution of Gas	75	32652	5526	104144
水的生产和供应业	Production and Distribution of Water	322	1938	263	202873

2-28 各地区规上工业企业技术获取和技术改造(2012年)
Technology Acquisition and Renovation of Industrial Enterprises above Designated Size by Region(2012)

单位：万元 (10 000 yuan)

地区	Region	引进技术经费支出 Expenditure for Acquisition of Foreign Technology	消化吸收经费支出 Expenditure for Assimilation of Technology	购买国内技术经费支出 Expenditure for Purchase of Domestic Technology	技术改造经费支出 Expenditure for Technical Renovation
全国	**National Total**	**3939066**	**1568382**	**2016918**	**41617546**
东部地区	Eastern Region	2879000	1006402	1258196	20838833
中部地区	Middle Region	430452	250686	324281	9768840
西部地区	Western Region	511062	226483	272149	8217068
东北地区	Northeast Region	118552	84810	162293	2792803
北京	Beijing	245680	43852	39604	705515
天津	Tianjin	115723	72452	65936	893191
河北	Hebei	94747	22554	26053	1704756
山西	Shanxi	60843	23666	42666	1607371
内蒙古	Inner Mongolia	19656	15344	10695	713466
辽宁	Liaoning	54017	63892	146056	1534311
吉林	Jilin	22335	7123	9441	598761
黑龙江	Heilongjiang	42200	13796	6796	659731
上海	Shanghai	583135	269187	282948	1298447
江苏	Jiangsu	574415	259215	294573	7178935
浙江	Zhejiang	146137	79740	121614	2460909
安徽	Anhui	106471	48961	81478	1663471
福建	Fujian	268712	22829	147196	1138833
江西	Jiangxi	22132	49108	16691	537753
山东	Shandong	276774	159973	192801	3187072
河南	Henan	59187	37322	60103	1366002
湖北	Hubei	160092	43456	40612	1004621
湖南	Hunan	21728	48174	82731	3589623
广东	Guangdong	569733	76374	81903	2229423
广西	Guangxi	2619	6087	11598	1540035
海南	Hainan	3944	228	5568	41752
重庆	Chongqing	184395	30271	47796	791407
四川	Sichuan	196473	24643	34016	1785843
贵州	Guizhou	2427	25395	23884	1216939
云南	Yunnan	30572	21536	56606	404707
西藏	Tibet			5	3266
陕西	Shaanxi	13804	18005	14386	667947
甘肃	Gansu	43646	67843	49520	810067
青海	Qinghai	3182	4120	250	18489
宁夏	Ningxia	10467	2466	1483	133954
新疆	Xinjiang	3821	10773	21911	130951

三、研究与开发机构

R&D Institutions

3-1 研究与开发机构基本情况

Basic Statistics on Scientific Research and Development Institutions

指　标	Item	2005	2006	2007	2008	2009	2010	2011	2012
机构基本情况	**Basic Statistics on Institutions**								
机构数（个）	Number of R&D Institutions(unit)	3901	3803	3775	3727	3707	3696	3673	3674
#中央属	Subordinated to Central Level	679	673	674	678	691	686	686	710
地方属	Subordinated to Local Level	3222	3130	3101	3049	3016	3010	2987	2964
研究与试验发展(R&D)投入情况	**Statistics on R&D Input**								
R&D人员（万人）	R&D Personnel(10 000 persons)	24.1	25.7	29.0	30.4	32.3	34.2	36.2	38.8
R&D人员全时当量（万人年）	Full-time Equivalent of R&D Personnel (10 000 man-year)	21.5	23.1	25.5	26.0	27.7	29.3	31.6	34.4
#基础研究	Basic Research	2.8	3.2	3.6	3.8	4.1	4.2	5.0	5.7
应用研究	Applied Research	8.3	8.9	9.3	9.7	10.3	10.9	11.3	12.1
试验发展	Experimental Development	10.4	11.0	12.6	12.5	13.4	14.2	15.2	16.5
R&D经费内部支出（亿元）	Intramural Expenditure on R&D (100 million yuan)	513.1	567.3	687.9	811.3	996.0	1186.4	1306.7	1548.9
#基础研究	Basic Research	58.0	67.9	74.7	92.7	110.6	129.9	160.2	197.9
应用研究	Applied Research	176.3	196.2	227.1	271.3	350.9	387.6	417.2	469.3
试验发展	Experimental Development	278.7	303.2	386.1	447.2	534.4	668.9	729.3	881.7
#政府资金	Government Funds	424.7	481.2	592.9	699.7	849.5	1036.5	1106.1	1292.7
企业资金	Self-raised Funds by Enterprises	17.6	17.3	26.2	28.2	29.8	34.2	39.9	47.4
国外资金	Forein Funds	1.8	2.6	3.4	4.0	4.2	3.4	4.9	5.1
其他资金	Other Funds	68.1	66.1	65.3	79.3	112.4	112.2	155.8	203.8
研究与试验发展(R&D)项目(课题)情况	**Statistics on R&D Projects**								
R&D项目(课题)数（项）	R&D Projects(item)	39072	42262	49453	54900	61135	67050	70967	79343
R&D项目(课题)人员全时当量(万人年)	Participants(10 000 man-year)	17.6	20.2	22.2	22.9	23.7	25.4	27.3	31.1
R&D项目(课题)经费内部支出(亿元)	Intramural Expenditure (100 million yuan)	353.5	365.4	451.7	537.7	579.8	681.5	807.1	1078.3
科技产出及成果情况	**Statistics on S&T Outputs and Results**								
发表科技论文(篇)	Scientific Papers Issued(piece)	109995	118211	126527	132072	138119	140818	148039	158647
#国外发表	Published in Foreign Periodicals	15638	17597	19596	21498	25882	26862	31598	35173
出版科技著作（种）	Publication on Science and Technology (kind)	3578	3791	4134	4691	4788	3922	4292	4458
专利申请受理数（件）	Number of Patent Applications Accepted (piece)	6814	8026	9802	12536	15773	19192	24059	30418
#发明专利	Inventions	5064	6200	7782	9864	12361	14979	18227	23406
专利申请授权数（件）	Number of Patent Applications Granted (piece)	3234	3499	4036	5048	6391	8698	12126	16551
#发明专利	Inventions	2088	2191	2467	3102	4077	5249	7862	10935

3-2 按隶属关系和学科分研究与开发机构R&D人员(2012年)
R&D Personnel in R&D Institutions by Subordination and Subject (2012)

项　目	Item	机构数(个) R&D Institutions (unit)	从业人员(人) Employed Persons (person)	R&D人员合计(人) R&D Personnel (person)	#女性 Female	#博士毕业 Doctor	#硕士毕业 Master	#本科毕业 Under-graduate
总　计		**3674**	**739092**	**388303**	**127776**	**56519**	**114388**	**143483**
按隶属关系分组	**by Subordination**							
中央部门属	Subordinated to Central Level	710	514807	302204	95408	48758	91278	105242
#中国科学院	Chinese Academy of Sciences	107	56796	84839	29765	30659	25352	19901
地方部门属	Subordinated to Local Level	2964	224285	86099	32368	7761	23110	38241
省级部门属	Provincial Level	1441	155085	67658	26370	7230	19993	29185
副省级城市部门属	Subprovincial Cities Level	170	11215	3035	1183	190	834	1445
地市级部门属	Miniciple Level	1353	57985	15406	4815	341	2283	7611
按门类学科分组	**by Subject**							
自然科学	Natural Sciences	273	60748	70565	25086	24272	20263	17932
农业科学	Agricultural Sciences	1284	103507	51491	17727	5791	12779	21079
医药科学	Medical Sciences	302	54314	23411	11966	4016	6498	9185
工程与技术科学	Engineering and Technological Sciences	1152	483293	227069	66574	19020	70140	89606
人文与社会科学	Humanities and Social Sciences	663	37230	15767	6423	3420	4708	5681

项　目	Item	#全时人员 Full-time Personnel	R&D人员全时当量(人年) Full-time Equivalent of R&D Personnel (man-year)	#研究人员 Researchers	基础研究 Basic Research	应用研究 Applied Research	试验发展 Experi-mental Develop-ment
总　计		**308785**	**343513**	**217803**	**56646**	**121380**	**165487**
按隶属关系分组	**by Subordination**						
中央部门属	Subordinated to Central Level	248983	271850	177353	49161	100169	122520
#中国科学院	Chinese Academy of Sciences	56430	67499	41453	28205	32960	6334
地方部门属	Subordinated to Local Level	59802	71663	40450	7485	21211	42967
省级部门属	Provincial Level	47312	56417	32609	7049	18843	30525
计划单列市部门属	Subprovincial Cities Level	1970	2335	1362	141	659	1535
地市级部门属	Miniciple Level	10520	12911	6479	295	1709	10907
按门类学科分组	**by Subject**						
自然科学	Natural Sciences	48289	57476	35106	26848		8661
农业科学	Agricultural Sciences	37970	43842	22980	3893	8524	31425
医药科学	Medical Sciences	15726	19782	10715	4316	9366	6100
工程与技术科学	Engineering and Technological Sciences	194289	208412	138657	17685	74926	115801
人文与社会科学	Humanities and Social Sciences	12511	14001	10345	3904	6597	3500

3-3 各地区研究与开发
R&D Personnel in R&D

地区	Region	机构数（个） R&D Institutions (unit)	从业人员（人） Employed Persons (person)	R&D 人员合计（人） R&D Personnel (person)	#女性 Female	#博士毕业 Doctor
全 国	**National Total**	**3674**	**739092**	**388303**	**127776**	**56519**
东部地区	Eastern Region	1433	365368	208400	72348	40855
中部地区	Middle Region	791	123889	57837	16586	4427
西部地区	Western Region	994	199495	91596	29299	7027
东北地区	Northeast Region	456	50340	30470	9543	4210
北 京	Beijing	379	156753	103017	38053	26467
天 津	Tianjin	58	14060	8467	3098	570
河 北	Hebei	76	18121	7573	2035	354
山 西	Shanxi	170	16876	7009	2237	381
内蒙古	Inner Mongolia	97	9213	3836	1351	191
辽 宁	Liaoning	165	22039	14592	4346	2171
吉 林	Jilin	111	13303	8427	2631	1618
黑龙江	Heilongjiang	180	14998	7451	2566	421
上 海	Shanghai	136	44791	30076	9917	4650
江 苏	Jiangsu	148	48709	21022	5985	2701
浙 江	Zhejiang	101	22158	6467	1932	1059
安 徽	Anhui	105	19109	9054	2435	1178
福 建	Fujian	95	6732	3587	1109	613
江 西	Jiangxi	117	12788	5661	1550	159
山 东	Shandong	225	23130	12351	4661	1799
河 南	Henan	118	27740	12383	3694	499
湖 北	Hubei	151	31448	16082	4315	1848
湖 南	Hunan	130	15928	7648	2355	362
广 东	Guangdong	184	25460	14595	5096	2380
广 西	Guangxi	123	11019	4987	1794	274
海 南	Hainan	31	5454	1245	462	262
重 庆	Chongqing	30	14030	5426	1826	386
四 川	Sichuan	170	68001	26147	7202	1876
贵 州	Guizhou	79	6242	2965	972	464
云 南	Yunnan	103	10857	7240	3065	804
西 藏	Tibet	16	1338	443	179	8
陕 西	Shaanxi	111	58909	28714	9050	1030
甘 肃	Gansu	107	10822	6601	1933	1255
青 海	Qinghai	25	1094	843	274	198
宁 夏	Ningxia	21	855	537	179	19
新 疆	Xinjiang	112	7115	3857	1474	522

机构R&D人员(2012年)
Institutions by Region(2012)

#硕士毕业 Master	#本科毕业 Undergraduate	#全时人员 Full-time Personnel	R&D人员全时当量(人年) Full-time Equivalent of R&D Personnel (man-year)	#研究人员 Researchers	基础研究 Basic Research	应用研究 Applied Research	试验发展 Experimental Development
114388	**143483**	**308785**	**343513**	**217803**	**56646**	**121380**	**165487**
65229	70440	164344	182956	115915	34342	69623	78991
15860	23004	47446	51385	32645	5772	17340	28273
24341	37530	73442	82509	52965	12032	25184	45293
8958	12509	23553	26663	16278	4500	9233	12930
32892	29380	85074	92577	61557	21309	33325	37943
2174	3703	7095	7894	4674	404	3575	3915
2101	3841	6210	7235	5583	1040	4527	1668
1441	3432	5473	5848	3522	688	2085	3075
914	2036	2325	3182	1853	262	1266	1654
4158	5661	11376	12922	8389	1646	5230	6046
2514	3122	5465	6674	3144	986	2035	3653
2286	3726	6712	7067	4745	1868	1968	3231
9608	10844	24611	27199	14694	4922	10592	11685
6399	8226	15964	17364	11114	913	6606	9845
1875	2874	4673	5364	2968	415	1811	3138
2675	3574	7581	8368	5064	1567	3801	3000
1133	1373	2231	2887	1159	627	1112	1148
988	2931	4839	5190	3661	212	1193	3785
3655	4798	9229	10726	7169	1816	3971	4939
3483	4422	9279	10438	6163	147	2166	8125
5371	5496	13459	14331	10262	2646	6244	5441
1902	3149	6815	7210	3973	512	1851	4847
4948	5060	8189	10535	6310	2545	3758	4232
1456	2175	3393	4300	2270	515	1514	2271
444	341	1068	1175	687	351	346	478
1522	2397	4141	4674	3306	960	2370	1344
7302	9920	21325	23568	16345	3135	6397	14036
641	1399	1885	2470	1369	711	427	1332
1871	3064	4944	5814	3802	1653	1942	2219
58	223	401	407	227	22	101	284
7142	11603	25942	27695	16905	1790	7694	18211
1742	2629	5564	6120	3916	1991	1909	2220
192	309	594	725	492	350	231	144
204	227	273	410	259	65	113	232
1297	1548	2655	3144	2221	578	1220	1346

3-4 各地区地方部门属研究与
R&D Personnel in R&D Institutions on

地　区	Region	机构数（个） R&D Institutions (unit)	从业人员（人） Employed Persons (person)	R&D 人员合计（人） R&D Personnel (person)	#女性 Female	#博士毕业 Doctor
全　国	**National Total**	**2964**	**224285**	**86099**	**32368**	**7761**
东部地区	Eastern Region	933	79306	32822	13027	4734
中部地区	Middle Region	725	46976	15938	5178	1020
西部地区	Western Region	879	68523	25758	9663	1429
东北地区	Northeast Region	427	29480	11581	4500	578
北　京	Beijing	50	6975	3353	1759	840
天　津	Tianjin	41	3232	1624	742	211
河　北	Hebei	68	3869	1406	517	128
山　西	Shanxi	163	10274	2486	835	121
内蒙古	Inner Mongolia	89	6221	2515	893	126
辽　宁	Liaoning	149	8941	2909	1142	179
吉　林	Jilin	105	9281	3470	1393	160
黑龙江	Heilongjiang	173	11258	5202	1965	239
上　海	Shanghai	84	8172	3142	1378	782
江　苏	Jiangsu	119	11801	4491	1725	704
浙　江	Zhejiang	87	6982	2806	908	469
安　徽	Anhui	97	4415	1922	619	119
福　建	Fujian	92	5570	2257	712	182
江　西	Jiangxi	113	8944	2711	846	143
山　东	Shandong	214	18126	7667	3135	806
河　南	Henan	104	6409	1854	648	189
湖　北	Hubei	124	7298	2504	806	229
湖　南	Hunan	124	9636	4461	1424	219
广　东	Guangdong	159	12499	5922	2110	602
广　西	Guangxi	120	9612	4189	1639	244
海　南	Hainan	19	2080	154	41	10
重　庆	Chongqing	23	8343	2893	931	268
四　川	Sichuan	142	11787	2796	994	229
贵　州	Guizhou	72	4196	1443	547	98
云　南	Yunnan	93	6432	4094	1849	136
西　藏	Tibet	16	1338	443	179	8
陕　西	Shaanxi	74	5932	1314	552	81
甘　肃	Gansu	97	6871	2816	906	103
青　海	Qinghai	23	659	234	87	8
宁　夏	Ningxia	21	855	537	179	19
新　疆	Xinjiang	109	6277	2484	907	109

开发机构R&D人员(2012年)

Local Governments by Region (2012)

#硕士毕业 Master	#本科毕业 Undergraduate	#全时人员 Full-time Personnel	R&D人员全时当量(人年) Full-time Equivalent of R&D Personnel (man-year)	#研究人员 Researchers	基础研究 Basic Research	应用研究 Applied Research	试验发展 Experimental Development
23110	**38241**	**59802**	**71663**	**40450**	**7485**	**21211**	**42967**
9873	12925	21968	26721	15751	3070	9118	14533
3473	7179	12595	14182	7691	1287	3564	9331
6632	12319	16442	20630	11439	2333	6335	11962
3132	5818	8797	10130	5569	795	2194	7141
958	1079	2625	2993	1470	559	1101	1333
520	686	1006	1267	841	132	320	815
441	661	893	1082	782	70	203	809
605	1349	1652	1904	830	211	505	1188
530	1272	1272	1923	907	174	438	1311
804	1392	2034	2485	1280	27	344	2114
732	1693	2167	2777	1333	165	467	2145
1596	2733	4596	4868	2956	603	1383	2882
931	994	2215	2525	1564	245	1254	1026
1608	1521	3089	3707	2090	36	1366	2305
871	1127	1678	2027	1221	275	647	1105
448	794	1603	1789	941	326	808	655
684	1046	1395	1770	862	175	507	1088
539	1179	2169	2487	1427	186	622	1679
2165	3370	5414	6683	4276	989	2113	3581
407	909	1591	1715	1052	96	281	1338
640	962	1854	2200	1214	204	471	1525
834	1986	3726	4087	2227	264	877	2946
1670	2364	3507	4516	2572	589	1583	2344
1228	1785	2598	3502	1617	346	1197	1959
25	77	146	151	73		24	127
869	1347	1789	2238	1120	218	913	1107
633	1294	1487	2007	1107	101	229	1677
394	688	871	1104	736	173	313	618
931	2010	2534	2971	1746	335	1040	1596
58	223	401	407	227	22	101	284
379	614	893	1182	703	209	445	528
574	1555	2382	2584	1475	295	820	1469
33	119	167	205	106	103	62	40
204	227	273	410	259	65	113	232
799	1185	1775	2097	1436	292	664	1141

3-5 按服务的国民经济行业分研究与

R&D Personnel in R&D Institutions by Industrial Sector

行 业	Industry	机构数（个） R&D Institutions (unit)	从业人员（人） Employed Persons (person)	R&D人员合计（人） R&D Personnel (person)
总 计	**Total**	**3674**	**739092**	**388303**
农、林、牧、渔业小计	**Farming, Forestry, Animal Husbandry and Fishery**	**1222**	**98365**	**49239**
农 业	Farming	568	55351	28520
林 业	Forestry	196	11976	5458
畜牧业	Animal Husbandry	76	7211	3721
渔 业	Fishery	63	4384	2337
农、林、牧、渔服务业	Service Activities for Agriculture, Forestry, Farming of Animals and Fishing	319	19443	9203
采矿业小计	**Mining**	**10**	**2035**	**1262**
煤炭开采和洗选业	Mining and Washing of Coal	6	439	113
有色金属矿采选业	Mining of Non-ferrous Metal Ores	3	1576	1130
其他采矿业	Other Minerals Mining and Dressing	1	20	19
制造业小计	**Manufacturing**	**358**	**27785**	**12952**
农副食品加工业	Processing of Food from Agricultural Products	38	2352	1089
食品制造业	Manufacture of Foods	11	466	204
酒、饮料和精制茶制造业	Manufacture of Liquor, Beverages and Refined Tea	2	162	36
烟草制品业	Manufacture of Tobacco	1	29	
纺织业	Manufacture of Textile	8	369	45
纺织服装、服饰业	Manufacture of Textile, Apparel and Accessories	6	133	23
皮革、毛皮、羽毛及其制品和制鞋业	Manufacture of Leather, Fur, Feather and Related Products and Shoes	2	35	8
木材加工和木、竹、藤、棕、草制品业	Processing of Timbers and Manufacture of Wood, Bamboo, Rattan, Palm and Straw	2	241	226
家具制造业	Manufacture of Furniture	1	21	12
造纸和纸制品业	Manufacture of Paper and Paper Products	2	98	33
印刷和记录媒介复制业	Printing,Reproduction of Recording Media	4	85	
文教、工美、体育和娱乐用品制造业	Manufacture of Artworks, and Articles for Culture, Education, Sports and Recreation	9	164	20
石油加工、炼焦及核燃料加工业	Processing of Petroleum ,Coking and Processing of Nucleus Fuel	2	45	41
化学原料和化学制品制造业	Manufacture of Chemical Raw Material and Chemical Products	40	3347	1884
医药制造业	Manufacture of Medicines	53	6931	4431
化学纤维制造业	Manufacture of Chemical Fiber	4	153	82
橡胶和塑料制品业	Manufacture of Rubber and Plastic	6	277	106
非金属矿物制品业	Manufacture of Non-metallic Mineral Products	20	1314	128
黑色金属冶炼和压延加工业	Manufacture and Processing of Ferrous Metals	4	149	46

开发机构R&D人员(2012年)

in which the R&D Institutions Served (2012)

#女性 Female	#博士毕业 Doctor	#硕士毕业 Master	#本科毕业 Under-graduate	#全时人员 Full-time Personnel	R&D人员全时当量(人年) Full-time Equivalent of R&D Personnel (man-year)	#研究人员 Researchers	基础研究 Basic Research	应用研究 Applied Research	试验发展 Experimental Development
127776	**56519**	**114388**	**143483**	**308785**	**343513**	**217803**	**56646**	**121380**	**165487**
17039	**5500**	**12361**	**20071**	**36366**	**42179**	**22475**	**4094**	**8201**	**29884**
10073	2761	7209	11826	21326	24625	13278	2216	4271	18138
1890	709	1107	2325	3637	4458	2214	207	674	3577
1343	419	922	1582	2728	3206	1611	325	884	1997
621	314	721	703	1568	1922	908	277	579	1066
3112	1297	2402	3635	7107	7968	4464	1069	1793	5106
384	**116**	**449**	**611**	**647**	**922**	**441**	**34**	**32**	**856**
17	2	10	61	41	74	35			74
356	113	433	542	590	829	396	28	19	782
11	1	6	8	16	19	10	6	13	
4703	**1950**	**3835**	**5427**	**8822**	**10738**	**5884**	**1519**	**3760**	**5459**
434	108	267	458	674	867	356	86	113	668
93	22	63	96	143	186	134	39	56	91
15	5	18	11	11	21	12	1	7	13
15		3	24	40	43	31			43
		1	16	19	19	10		13	6
4		1	7	8	8	2			8
92	27	42	100	216	221	110	33	55	133
3			9	12	12	8			12
12		4	25	26	31	10			31
7		2	6	12	15	9			15
12		6	16	39	41	17	15	15	11
632	354	501	748	1411	1569	832	543	660	366
2077	864	1310	1773	2814	3548	1947	621	1326	1601
35		6	38	75	78	43			78
30	5	21	62	69	81	40	10	6	65
42	3	34	63	93	107	56			107
14		1	30	31	40	8		9	31

3-5 续表 1

行 业	Industry	机构数（个） R&D Institutions (unit)	从业人员（人） Employed Persons (person)	R&D人员合计（人） R&D Personnel (person)
有色金属冶炼和压延加工业	Manufacture and Processing of Non-ferrous Metals	2	132	58
金属制品业	Manufacture of Metal Products	2	64	45
通用设备制造业	Manufacture of General Purpose Machinery	25	2328	192
专用设备制造业	Manufacture of Special Purpose Machinery	73	5802	2663
汽车制造业	Manufacture of Motor Vehicles	2	126	24
电气机械和器材制造业	Manufacture of Electrical Machinery and Equipment	4	93	66
计算机、通信和其他电子设备制造业	Manufacture of Computer, Communication and Other Electronic Equipment	20	1855	1091
仪器仪表制造业	Manufacture of Measuring Instrument and Meter	14	1012	399
其他制造业	Other Manufacturing	1	2	
电力、热力、燃气及水生产和供应业小计	**Production and Distribution of Electricity, Gas and Water**	**11**	**1872**	**599**
电力、热力的生产和供应业	Production and Supply of Electric Power and Heat Power	8	1684	547
燃气生产和供应业	Production and Distribution of Gas	2	173	52
水的生产和供应业	Production and Distribution of Water	1	15	
建筑业小计	**Construction**	**43**	**6932**	**1094**
房屋建筑业	Construction of Building	24	3814	366
土木工程建筑业	Construction of Civil Engineering	14	2938	655
建筑安装业	Construction Installation			
建筑装饰和其他建筑业	Building Decoration and Other Construction	5	180	73
批发和零售业小计	**Wholesale and Retail Trade**	**3**	**76**	**50**
批发业	Wholesale	2	44	26
零售业	Retail trade	1	32	24
交通运输、仓储和邮政业小计	**Traffic,Transport, Storage and Post**	**22**	**3042**	**1200**
铁路运输业	Railway Transportation	2	106	51
道路运输业	Transport via Road	15	2089	832
水上运输业	Water Transport	3	542	167
航空运输业	Air Transport	1	201	150
装卸搬运和运输代理业	Loading, Unloading, Portage and Other Transport Services	1	104	
信息传输、软件和信息技术服务业小计	**Information Transfer,Software and Information Technology Services**	**44**	**3739**	**2605**
电信、广播电视和卫星传输服务	Telecommunications, Broadcasting,Television and Satellite Transmission Services	16	1578	780
互联网和相关服务	Internet and Related Services	5	249	10
软件和信息技术服务业	Software and Information Technology Services	23	1912	1815

continued

#女性 Female	#博士毕业 Doctor	#硕士毕业 Master	#本科毕业 Under-graduate	#全时人员 Full-time Personnel	R&D人员全时当量(人年) Full-time Equivalent of R&D Personnel (man-year)	#研究人员 Researchers	基础研究 Basic Research	应用研究 Applied Research	试验发展 Experimental Development
18		5	50	23	46	18		10	36
11	4	8	23	45	45	38	13	18	14
58	24	57	87	111	146	69		18	128
652	156	839	1388	1710	2150	1234	9	454	1687
5		1	22	4	10	4			10
16	23	26	12	48	52	51	12	23	17
340	316	459	233	864	1022	615	111	852	59
86	39	160	130	324	380	230	26	125	229
185	**295**	**126**	**138**	**404**	**509**	**298**	**26**	**141**	**342**
171	293	112	109	364	464	265	26	141	297
14	2	14	29	40	45	33			45
258	**103**	**350**	**536**	**533**	**800**	**416**	**11**	**155**	**634**
68	19	96	220	227	299	148		45	254
160	70	224	291	271	457	231	11	108	338
30	14	30	25	35	44	37		2	42
12	**1**	**3**	**28**	**23**	**35**	**14**			**35**
11	1		7	23	26	12			26
1		3	21		9	2			9
420	**149**	**446**	**521**	**1052**	**1113**	**874**	**16**	**141**	**956**
9	4	11	31	42	44	29		1	43
268	87	290	391	724	773	652	16	118	639
80	16	86	59	148	154	136		6	148
63	42	59	40	138	142	57		16	126
850	**402**	**1042**	**1039**	**1479**	**1929**	**1195**	**242**	**863**	**824**
279	78	325	327	605	707	449		19	688
2		6	4	10	10	6			10
569	324	711	708	864	1212	740	242	844	126

3-5 续表 2

行 业	Industry	机构数(个) R&D Institutions (unit)	从业人员(人) Employed Persons (person)	R&D 人员合计(人) R&D Personnel (person)
金融业小计	**Finance**	**2**	**39**	**17**
货币金融服务	Monetary Financial Services	2	39	17
房地产业小计	**Real Estate**	**2**	**52**	
房地产业	Real Estate	2	52	
租赁和商务服务业小计	**Tenancy and Business Services**	**9**	**189**	**27**
商务服务业	Business Service	9	189	27
科学研究和技术服务业小计	**Scientific Research, Technical Service**	**1277**	**514487**	**289387**
研究和试验发展	Research and Experimental Development	723	461138	268282
专业技术服务业	Professional Technique Services	369	45699	18099
科技推广和应用服务业	Technique Generalization and Application Services	185	7650	3006
水利、环境和公共设施管理业小计	**Management of Water Conservancy, Environment and Public Establishment**	**223**	**21828**	**8581**
水利管理业	Management of Water Conservancy	81	8875	2826
生态保护和环境治理业	Environmental Management	128	11377	5574
公共设施管理业	Management of Public Establishment	14	1576	181
居民服务、修理和其他服务业小计	**Resident Services and Other Services**	**4**	**120**	**31**
居民服务业	Resident Services	2	71	26
机动车、电子产品和日用产品修理业	Repair of Motor Vehicles, Electronics and Household Appliances	2	49	5
教育小计	**Education**	**40**	**2537**	**727**
教 育	Education	40	2537	727
卫生和社会工作小计	**Sanitation and Social Works**	**242**	**44420**	**15999**
卫生	Sanitation	242	44420	15999
文化、体育和娱乐业小计	**Culture, Sports and Entertainment**	**88**	**4899**	**1712**
新闻和出版业	Journalism and Publishing Activities	2	193	81
广播、电视、电影和影视录音制作业	Broadcasting, Television,Movies,Videos and Sound Recording	1	46	19
文化艺术业	Culture and Art	54	3429	1110
体 育	Sports Activities	30	1123	408
娱乐业	Entertainment	1	108	94
公共管理、社会保障和社会组织小计	**Public Management and Social Organization**	**74**	**6675**	**2821**
中国共产党机关	Chinese Communist Party Organs	2	32	11
国家机构	Organ of State	70	6596	2810
群众团体、社会团体和其他成员组织	Mass Communities, Social Communities and Religion Organizations	2	47	

continued

#女性 Female	#博士毕业 Doctor	#硕士毕业 Master	#本科毕业 Under-graduate	#全时人员 Full-time Personnel	R&D人员全时当量(人年) Full-time Equivalent of R&D Personnel (man-year)	#研究人员 Researchers	基础研究 Basic Research	应用研究 Applied Research	试验发展 Experimental Development
6	**1**	**6**	**10**	**17**	**17**	**15**		**16**	**1**
6	1	6	10	17	17	15		16	1
13		**6**	**15**	**24**	**27**	**10**		**5**	**22**
13		6	15	24	27	10		5	22
90436	**42667**	**86838**	**103795**	**239093**	**260286**	**171549**	**46522**	**96860**	**116904**
83802	39076	80142	95628	224799	243145	161448	43930	90975	108240
5682	2873	5789	7099	12220	14739	8673	2445	4599	7695
952	718	907	1068	2074	2402	1428	147	1286	969
3063	**2040**	**3087**	**2671**	**6325**	**7208**	**4316**	**572**	**2706**	**3930**
703	339	1003	1122	1888	2228	1286	88	557	1583
2303	1676	2037	1482	4287	4815	2976	484	2105	2226
57	25	47	67	150	165	54		44	121
13	**3**	**17**	**8**	**24**	**28**	**8**		**12**	**16**
13	3	17	6	20	23	5		12	11
			2	4	5	3			5
338	**98**	**189**	**359**	**471**	**605**	**440**	**106**	**195**	**304**
338	98	189	359	471	605	440	106	195	304
8398	**2573**	**4389**	**6294**	**10406**	**13409**	**7562**	**2900**	**6534**	**3975**
8398	2573	4389	6294	10406	13409	7562	2900	6534	3975
629	**110**	**416**	**806**	**1251**	**1431**	**795**	**497**	**606**	**328**
41	4	25	45	56	64	55			64
8	1	12	5	10	12	8			12
365	42	208	535	849	968	489	474	415	79
177	50	145	173	248	297	188	17	151	129
38	13	26	48	88	90	55	6	40	44
1029	**511**	**828**	**1154**	**1848**	**2277**	**1511**	**107**	**1153**	**1017**
3	2	3	3	11	11	11		11	
1026	509	825	1151	1837	2266	1500	107	1142	1017

3-6 按隶属关系和学科分研究与开发

Intramural Expenditure on R&D of R&D Institutions

单位：万元

项　目	Item	R&D经费内部支出 Intramural Expenditure on R&D	基础研究 Basic Research	应用研究 Applied Research	试验发展 Experimental Development
总　计	**Total**	**15489322**	**1979252**	**4693020**	**8817050**
按隶属关系分组	**by Subordination**				
中央部门属	Subordinated to Central Level	13931784	1822507	4264356	7844922
#中国科学院	Chinese Academy of Sciences	3198910	1185913	1674129	338868
地方部门属	Subordinated to Local Level	1557537	156746	428664	972127
省级部门属	Provincial Level	1350065	151565	384720	813780
副省级城市部门属	Subprovincial Cities Level	43478	1613	16569	25296
地市级部门属	Miniciple Level	163995	3568	27375	133052
按门类学科分组	**by Subject**				
自然科学	Natural Sciences	2572473	1094949	1070697	406828
农业科学	Agricultural Sciences	1097947	94610	211638	791699
医药科学	Medical Sciences	525684	98167	224622	202896
工程与技术科学	Engineering and Technological Sciences	10968919	592511	3039328	7337080
人文与社会科学	Humanities and Social Sciences	324299	99017	146735	78547

机构R&D经费内部支出(2012年)
by Subordination and Subject (2012)

(10 000 yuan)

日常性支出 Routine Expenses	#人员劳务费 Labor Cost	资产性支出 Assets Expenditure	#仪器和设备支出 Equipment	政府资金 Government Funds	企业资金 Self-raised Funds by Enterprises	国外资金 Foreign Funds	其他资金 Other Funds
11636398	**3018005**	**3852924**	**2248718**	**12927122**	**474153**	**50528**	**2037519**
10366990	2444572	3564795	2043100	11692900	425386	43814	1769685
2221425	740599	977486	667271	2581191	170812	35052	411856
1269408	573433	288129	205618	1234222	48767	6713	267835
1090060	466658	260005	188059	1061472	44862	6703	237027
37632	20386	5846	4209	34247	537		8694
141716	86389	22279	13350	138504	3368	10	22113
1876473	612316	696000	469527	2184958	86526	20968	280021
885175	348341	212773	127253	944611	22815	6632	123890
411897	186156	113787	93869	398801	13058	9870	103955
8167088	1743241	2801830	1531349	9100146	342173	10359	1516241
295764	127951	28535	26721	298606	9581	2700	13412

3-7 各地区研究与开发机构R&D

Intramural Expenditure on R&D of R&D

单位：万元

地 区	Region	R&D经费内部支出 Intramural Expenditure on R&D	基础研究 Basic Research	应用研究 Applied Research	试验发展 Experimental Development
全 国	**National Total**	**15489322**	**1979252**	**4693020**	**8817050**
东部地区	Eastern Region	9310021	1304036	2893734	5112251
中部地区	Middle Region	1518132	161232	514802	842098
西部地区	Western Region	3701287	369334	920059	2411895
东北地区	Northeast Region	959881	144651	364425	450806
北 京	Beijing	4885351	750380	1404913	2730058
天 津	Tianjin	289854	8754	75775	205326
河 北	Hebei	286490	15705	210358	60427
山 西	Shanxi	116000	8318	47872	59810
内蒙古	Inner Mongolia	63727	8861	21869	32998
辽 宁	Liaoning	533182	55526	220942	256714
吉 林	Jilin	248269	22206	98847	127217
黑龙江	Heilongjiang	178431	66920	44636	66876
上 海	Shanghai	1809801	248024	493392	1068385
江 苏	Jiangsu	920347	49670	299377	571300
浙 江	Zhejiang	218275	12785	83593	121897
安 徽	Anhui	271472	61152	103556	106764
福 建	Fujian	92199	27359	45488	19353
江 西	Jiangxi	90599	1401	22109	67089
山 东	Shandong	373626	78193	134588	160845
河 南	Henan	335597	2406	47682	285509
湖 北	Hubei	500976	82567	263681	154727
湖 南	Hunan	203490	5388	29902	168200
广 东	Guangdong	391156	95609	134389	161159
广 西	Guangxi	138724	17401	47394	73929
海 南	Hainan	42922	17556	11863	13502
重 庆	Chongqing	183155	28311	102484	52360
四 川	Sichuan	1538182	111788	395650	1030744
贵 州	Guizhou	42733	19317	3305	20111
云 南	Yunnan	179265	46334	45751	87179
西 藏	Tibet	7992	1128	2106	4757
陕 西	Shaanxi	1277929	50668	228207	999055
甘 肃	Gansu	175303	60648	47056	67599
青 海	Qinghai	16109	8155	3572	4382
宁 夏	Ningxia	8691	1400	1723	5568
新 疆	Xinjiang	69477	15322	20943	33212

经费内部支出(2012年)

Institutions by Region (2012)

(10 000 yuan)

日常性支出 Routine Expenses	#人员劳务费 Labor Cost	资产性支出 Assets Expenditure	#仪器和设备支出 Equipment	政府资金 Government Funds	企业资金 Self-raised Funds by Enterprises	国外资金 Foreign Funds	其他资金 Other Funds
11636398	**3018005**	**3852924**	**2248718**	**12927122**	**474153**	**50528**	**2037519**
7171505	1785457	2138516	1344456	7745956	207280	30286	1326499
1114515	343380	403618	250862	1106465	98879	5886	306902
2652820	657112	1048468	474406	3220086	121536	8844	350822
697559	232057	262323	178994	854615	46458	5511	53297
3879542	882732	1005809	642531	4208980	75393	15298	585680
221164	55245	68691	41975	250428	8112	17	31297
229032	60646	57457	37073	264912	130		21448
83989	30230	32011	18529	85306	9342	483	20869
52365	19127	11362	5590	51175	472	6	12075
405633	130302	127549	96381	473541	43051	2691	13899
180794	58202	67475	42279	218954	2347	1391	25577
111132	43552	67300	40334	162120	1060	1429	13822
1331154	308016	478647	329936	1475254	38465	10166	285916
712904	163758	207443	118790	686448	32874	1041	199984
163676	42226	54599	28006	152427	12288	128	53433
206185	53824	65287	42887	211699	11622	3632	44519
64753	31030	27446	17234	79919	5426	59	6795
70272	28258	20327	7416	80382	166	32	10019
257600	99551	116026	51176	321845	16646	781	34353
248492	81014	87105	66295	230034	1654		103910
356165	110322	144811	75698	403381	15422	1570	80603
149413	39732	54077	40038	95664	60675	170	46982
278886	124958	112270	70530	274719	17943	2797	95697
110106	38451	28618	22269	99413	3512	125	35675
32795	17296	10127	7207	31024	3		11895
128786	24334	54369	25218	93766	10449	206	78735
1002698	237671	535485	209681	1406909	54983	1630	74661
32027	14215	10706	3806	23452	850	148	18283
139253	40712	40012	28657	138184	12781	3703	24597
7393	5612	599	599	7992			
975457	205501	302473	129692	1170368	23538		84023
129053	38613	46249	33381	148510	12933	588	13272
12869	6188	3241	2260	12515	834	26	2733
7592	3705	1099	1059	8261	342		89
55221	22984	14256	12196	59541	843	2411	6681

3-8 各地区地方部门属研究与开发

Intramural Expenditure on R&D in Local

单位：万元

地 区	Region	R&D经费内部支出 Intramural Expenditure on R&D	基础研究 Basic Research	应用研究 Applied Research	试验发展 Experimental Development
全 国	**National Total**	**1557537**	**156746**	**428664**	**972127**
东部地区	Eastern Region	750892	75350	238170	437373
中部地区	Middle Region	183476	14866	41942	126668
西部地区	Western Region	446938	55083	119124	272731
东北地区	Northeast Region	176232	11447	29428	135356
北 京	Beijing	104940	17825	30309	56806
天 津	Tianjin	41951	3671	10357	27923
河 北	Hebei	26161	1612	5042	19508
山 西	Shanxi	29763	3775	8250	17738
内蒙古	Inner Mongolia	33742	3180	7086	23476
辽 宁	Liaoning	49915	735	5992	43188
吉 林	Jilin	45437	2224	5686	37527
黑龙江	Heilongjiang	80880	8489	17750	54641
上 海	Shanghai	66458	8024	29832	28603
江 苏	Jiangsu	115453	715	31130	83608
浙 江	Zhejiang	74139	8509	21847	43783
安 徽	Anhui	28803	4669	10138	13996
福 建	Fujian	29851	2461	9481	17908
江 西	Jiangxi	25648	858	5455	19335
山 东	Shandong	135223	14827	49828	70569
河 南	Henan	26792	1332	2301	23159
湖 北	Hubei	31616	2053	9077	20486
湖 南	Hunan	40855	2179	6722	31954
广 东	Guangdong	154776	17707	49414	87654
广 西	Guangxi	116003	14140	40303	61559
海 南	Hainan	1941		930	1011
重 庆	Chongqing	66091	2973	18836	44282
四 川	Sichuan	42679	1388	4974	36317
贵 州	Guizhou	12018	1977	2249	7792
云 南	Yunnan	62641	7066	19530	36044
西 藏	Tibet	7992	1128	2106	4757
陕 西	Shaanxi	21329	11924	2694	6711
甘 肃	Gansu	32538	3572	10936	18030
青 海	Qinghai	3440	1736	919	784
宁 夏	Ningxia	8691	1400	1723	5568
新 疆	Xinjiang	39775	4596	7769	27410

机构R&D经费内部支出(2012年)
R&D Institutions by Region (2012)

(10 000 yuan)

日常性支出 Routine Expenses	#人员劳务费 Labor Cost	资产性支出 Assets Expenditure	#仪器和设备支出 Equipment	政府资金 Government Funds	企业资金 Self-raised Funds by Enterprises	国外资金 Foreign Funds	其他资金 Other Funds
1269408	**573433**	**288129**	**205618**	**1234222**	**48767**	**6713**	**267835**
604386	260227	146506	106495	562261	22239	2941	163451
155903	82776	27572	21392	152079	7832	119	23446
354367	154145	92571	58235	360568	16760	1951	67659
154752	76285	21480	19496	159315	1936	1701	13280
84475	29947	20464	20061	96722	2550	515	5152
37353	14119	4597	4477	26161	258	17	15514
22554	8850	3607	3439	24040	130		1992
25474	12530	4289	3484	24903	3052		1807
29932	14187	3810	3113	31429	472	6	1835
43978	22408	5937	5701	48954		86	875
39781	19967	5656	5080	41637	1076	295	2429
70993	33910	9887	8715	68723	860	1321	9976
57035	31113	9423	8923	52396	1053	1170	11840
90029	32371	25424	17262	83223	7030	488	24713
60204	19807	13935	6218	56116	4396	115	13512
25416	11854	3387	2815	23695	1963		3145
26119	15040	3732	3676	26739	167	59	2887
21265	11396	4383	3275	23420	166	32	2031
109956	53665	25267	22226	106593	3544	58	25028
21583	10864	5209	3889	23686	386		2720
28126	15351	3490	2768	26606	683	7	4319
34039	20781	6815	5161	29769	1582	80	9424
114798	54148	39977	20145	88333	3113	520	62810
91614	32337	24389	18659	87324	1912	125	26642
1862	1168	79	69	1939			2
37392	15755	28699	9139	37339	6376	206	22170
34444	14098	8235	6790	39367	250		3063
9959	6449	2060	1558	11442	67		509
54597	20236	8045	5885	48092	6590	1605	6354
7393	5612	599	599	7992			
19715	12097	1614	685	20092			1238
27414	13449	5124	3911	31144	494	9	891
2952	1573	488	488	2956			484
7592	3705	1099	1059	8261	342		89
31365	14647	8410	6350	35132	258		4386

3-9 按服务的国民经济行业分研究与

Intramural Expenditure on R&D of R&D Institutions by

单位：万元

行业	Industry	R&D经费内部支出 Intramural Expenditure on R&D	基础研究 Basic Research	应用研究 Applied Research
总　计	**Total**	**15489322**	**1979252**	**4693020**
农、林、牧、渔业小计	**Farming, Forestry, Animal Husbandry and Fishery**	**1060115**	**97493**	**201059**
农　业	Farming	601861	52422	100092
林　业	Forestry	95480	6089	18534
畜牧业	Animal Husbandry	75571	4887	15841
渔　业	Fishery	62518	10725	18206
农、林、牧、渔服务业	Service Activities for Agriculture, Forestry, Farming of Animals and Fishing	224686	23370	48387
采矿业小计	**Mining**	**22941**	**763**	**227**
煤炭开采和洗选业	Mining and Washing of Coal	885		
有色金属矿采选业	Mining of Non-ferrous Metal Ores	21968	735	168
其他采矿业	Other Minerals Mining and Dressing	88	29	59
制造业小计	**Manufacturing**	**351224**	**57201**	**124949**
农副食品加工业	Processing of Food from Agricultural Products	18951	644	2746
食品制造业	Manufacture of Foods	5423	1114	1162
酒、饮料和精制茶制造业	Manufacture of Liquor, Beverages and Refined Tea	770	5	88
纺织业	Manufacture of Textile	419		
纺织服装、服饰业	Manufacture of Textile, Apparel and Accessories	81		45
皮革、毛皮、羽毛及其制品和制鞋业	Manufacture of Leather, Fur, Feather and Related Products and Shoes	40		
木材加工和木、竹、藤、棕、草制品业	Processing of Timbers and Manufacture of Wood, Bamboo, Rattan, Palm and Straw	5400	548	542
家具制造业	Manufacture of Furniture	117		
造纸和纸制品业	Manufacture of Paper and Paper Products	346		
文教、工美、体育和娱乐用品制造业	Manufacture of Artworks, and Articles for Culture, Education, Sports and Recreation	115		
石油加工、炼焦及核燃料加工业	Processing of Petroleum ,Coking and Processing of Nucleus Fuel	417	134	138
化学原料和化学制品制造业	Manufacture of Chemical Raw Material and Chemical Products	54768	21622	25321
医药制造业	Manufacture of Medicines	114443	17945	32529
化学纤维制造业	Manufacture of Chemical Fiber	488		
橡胶和塑料制品业	Manufacture of Rubber and Plastic	927	89	37
非金属矿物制品业	Manufacture of Non-metallic Mineral Products	1875		
黑色金属冶炼和压延加工业	Manufacture and Processing of Ferrous Metals	387		72
有色金属冶炼和压延加工业	Manufacture and Processing of Non-ferrous Metals	746		410
金属制品业	Manufacture of Metal Products	377	25	85
通用设备制造业	Manufacture of General Purpose Machinery	5194		192
专用设备制造业	Manufacture of Special Purpose Machinery	84487	67	25399
汽车制造业	Manufacture of Motor Vehicles	54		
电气机械和器材制造业	Manufacture of Electrical Machinery and Equipment	924	193	443
计算机、通信和其他电子设备制造业	Manufacture of Computer, Communication and Other Electronic Equipment	48621	14577	33369
仪器仪表制造业	Manufacture of Measuring Instrument and Meter	5855	240	2372
电力、热力、燃气及水生产和供应业小计	**Production and Distribution of Electricity, Gas and Water**	**24200**	**556**	**4056**
电力、热力生产和供应业	Production and Supply of Electric Power and Heat Power	23108	556	4056
燃气生产和供应业	Production and Distribution of Gas	1092		

开发机构R&D经费内部支出(2012年)

Industrial Sector in which the R&D Institutions Served (2012)

(10 000 yuan)

试验发展 Experimental Development	日常性支出 Routine Expenses	#人员劳务费 Labor Cost	资产性支出 Assets Expenditure	#仪器和设备支出 Equipment	政府资金 Government Funds	企业资金 Self-raised Funds by Enterprises	国外资金 Foreign Funds	其他资金 Other Funds
8817050	**11636398**	**3018005**	**3852924**	**2248718**	**12927122**	**474153**	**50528**	**2037519**
761564	**853412**	**332757**	**206703**	**124505**	**915710**	**23682**	**6857**	**113866**
449348	498832	201252	103030	70232	516001	16934	5559	63367
70857	80352	31509	15128	8912	86168	990	575	7747
54843	59307	21716	16264	9023	70870	387	14	4300
33587	49447	20854	13070	8040	56410	1364	307	4436
152929	165474	57425	59212	28298	186261	4005	403	34016
21951	**16425**	**10258**	**6516**	**6387**	**10595**	**2419**		**9927**
885	783	679	102	102	567	319		
21066	15597	9552	6371	6242	9941	2100		9927
	45	27	43	43	88			
169074	**267258**	**101320**	**83967**	**72771**	**281593**	**15633**	**3935**	**50063**
15561	14556	5888	4395	3961	12072	3388		3490
3147	5152	2580	272	262	2498			2925
677	327	252	443	43	584	80		106
419	419	168			120			299
36	70	58	12	12	57			24
40	40	35						40
4311	4663	707	737	737	5318			82
117	47	27	70	70				117
346	346	207			102	244		
115	105	76	10	10	93			22
145	299	118	118	118	417			
7825	44747	18978	10021	8230	50436	1386	1314	1633
63969	88380	29747	26063	18207	93371	6190	2621	12261
488	479	336	9	9	172			316
802	785	477	142	142	831	25		71
1875	1228	939	647	647	1771	7		97
315	330	219	57	52	152	69		166
336	226	114	520	520	632	114		
267	277	171	101	101	362			15
5002	4109	1203	1085	1085	3839	287		1068
59022	64025	26971	20462	19762	57749	1494		25244
54	54	39			44	11		
288	575	375	350	350	773			151
675	31264	8859	17357	17357	45379	1948		1294
3243	4757	2777	1098	1098	4821	393		641
19589	**17434**	**4400**	**6766**	**5413**	**20937**	**2543**		**720**
18497	16523	3980	6586	5232	19978	2497		634
1092	911	420	181	181	959	47		87

3-9 续表

单位：万元

行 业	Industry	R&D经费内部支出 Intramural Expenditure on R&D	基础研究 Basic Research	应用研究 Applied Research
建筑业小计	**Construction**	**16061**	**60**	**2505**
房屋建筑业	Construction of Building	2111		181
土木工程建筑业	Construction of Civil Engineering	11825	60	2247
建筑装饰和其他建筑业	Building Decoration and Other Construction	2126		77
批发和零售业小计	**Wholesale and Retail Trade**	**361**		
批发业	Wholesale	234		
零售业	Retail trade	128		
交通运输、仓储和邮政业小计	**Traffic,Transport, Storage and Post**	**53595**	**180**	**5949**
铁路运输业	Railway Transportation	964		18
道路运输业	Transport via Road	44034	180	5473
水上运输业	Water Transport	7052		267
航空运输业	Air Transport	1545		192
信息传输、软件和信息技术服务业小计	**Information Transfer,Software and Information Technology Services**	**114996**	**7607**	**46918**
电信、广播电视和卫星传输服务	Telecommunications, Broadcasting,Television and Satellite Transmission Services	58606		845
互联网和相关服务	Internet and Related Services	94		
软件和信息技术服务业	Software and Information Technology Services	56295	7607	46073
金融业小计	**Finance**	**267**		**248**
货币金融服务	Monetary Financial Services	267		248
租赁和商务服务业小计	**Tenancy and Business Services**	**416**		**75**
商务服务业	Business Service	416		75
科学研究和技术服务业小计	**Scientific Research, Technical Service**	**13134327**	**1724026**	**4007314**
研究和试验发展	Research and Experimental Development	12332063	1586055	3717211
专业技术服务业	Professional Technique Services	680510	132812	198961
科技推广和应用服务业	Technique Generalization and Application Services	121754	5159	91142
水利、环境和公共设施管理业小计	**Management of Water Conservancy, Environment and Public Establishment**	**263667**	**16008**	**101854**
水利管理业	Management of Water Conservancy	82925	2700	25138
生态保护和环境治理业	Environmental Management	177105	13308	76376
公共设施管理业	Management of Public Establishment	3638		340
居民服务、修理和其他服务业小计	**Resident Services and Other Services**	**832**		**300**
居民服务业	Resident Services	812		300
机动车、电子产品和日用产品修理业	Repair of Motor Vehicles, Electronics and Household Appliances	20		
教育小计	**Education**	**12124**	**520**	**5320**
教 育	Education	12124	520	5320
卫生和社会工作小计	**Sanitation and Social Works**	**324586**	**52925**	**147993**
卫生	Sanitation	324586	52925	147993
文化、体育和娱乐业小计	**Culture, Sports and Entertainment**	**41597**	**16151**	**15194**
新闻和出版业	Journalism and Publishing Activities	2193		
广播、电视、电影和影视录音制作业	Broadcasting, Television,Movies,Videos and Sound Recording	670		
文化艺术业	Culture and Art	30047	15599	10466
体 育	Sports Activities	7483	489	4129
娱乐业	Entertainment	1203	63	600
公共管理、社会保障和社会组织小计	**Public Management and Social Organization**	**68012**	**5763**	**29059**
中国共产党机关	Chinese Communist Party Organs	521		521
国家机构	Organ of State	67492	5763	28538

continued

(10 000 yuan)

试验发展 Experimental Development	日常性支出 Routine Expenses	#人员劳务费 Labor Cost	资产性支出 Assets Expenditure	#仪器和设备支出 Equipment	政府资金 Government Funds	企业资金 Self-raised Funds by Enterprises	国外资金 Foreign Funds	其他资金 Other Funds
13496	**14738**	**6397**	**1324**	**1280**	**9665**	**1737**		**4660**
1929	1617	759	494	450	706	44		1360
9517	11046	4766	779	779	6907	1693		3225
2049	2075	871	51	51	2051			75
361	**356**	**274**	**5**	**5**	**361**			
234	233	195	1	1	234			
128	124	80	4	4	128			
47466	**43010**	**15984**	**10585**	**8441**	**50604**	**1147**	**34**	**1810**
946	896	429	68	68	108	838		18
38380	34541	12774	9493	7467	42362	294	34	1343
6786	6358	2124	695	576	6589	15		449
1354	1216	657	330	330	1545			
60470	**84005**	**28540**	**30990**	**23164**	**87658**	**5812**	**56**	**21470**
57761	40266	14920	18340	18338	49126	257		9223
94	94	61			94			
2615	43645	13559	12651	4826	38437	5555	56	12246
19	**255**	**137**	**12**	**12**	**267**			
19	255	137	12	12	267			
341	**196**	**191**	**220**	**220**	**416**			
341	196	191	220	220	416			
7402988	**9756869**	**2272459**	**3377458**	**1901954**	**11014424**	**386015**	**36191**	**1697698**
7028797	9219817	2094298	3112246	1775735	10310931	362070	35879	1623182
348737	484439	159019	196071	114950	612936	15031	35	52508
25453	52613	19143	69141	11269	90557	8914	276	22008
145806	**215834**	**73227**	**47834**	**30167**	**198449**	**28823**	**645**	**35750**
55087	68670	24008	14255	8346	42955	23271		16699
87421	144201	47711	32904	21308	152364	5525	645	18570
3298	2963	1508	675	512	3130	27		480
531	**531**	**193**	**301**	**301**	**812**			**20**
511	512	173	300	300	812			
20	19	19	1	1				20
6284	**11435**	**6664**	**690**	**690**	**10095**		**471**	**1558**
6284	11435	6664	690	690	10095		471	1558
123668	**261417**	**127150**	**63169**	**58192**	**238708**	**2370**	**1835**	**81672**
123668	261417	127150	63169	58192	238708	2370	1835	81672
10252	**37582**	**13430**	**4016**	**3984**	**36231**	**3241**	**25**	**2100**
2193	2138	770	56	56	2193			
670	346	187	325	325	670			
3983	28261	9512	1786	1774	25027	3241		1779
2865	5766	2171	1717	1697	7445		25	14
540	1071	790	132	132	896			307
33191	**55643**	**24624**	**12369**	**11234**	**50599**	**729**	**478**	**16207**
	512	251	9	9	521			
33191	55132	24373	12360	11225	50078	729	478	16207

3-10 按隶属关系和学科分研究与开发机构R&D经费外部支出(2012年)

External Expenditure on R&D of R&D Institutions by Subordination and Subject (2012)

单位：万元 (10 000 yuan)

项　目	Item	R&D经费外部支出 External Expenditure on R&D	对境内研究机构支出 to Domestic Research Institutions	对境内高等学校支出 to Domestic Higher Education	对境内企业支出 to Domestic Enterprises	对境外机构支出 to Foreign Institutions
总　计	**Total**	**605645**	**267524**	**49798**	**85266**	**507**
按隶属关系分组	**by Subordination**					
中央部门属	Subordinated to Central Level	575950	249672	45538	77793	497
#中国科学院	Chinese Academy of Sciences	30124	10650	4334	2469	
地方部门属	Subordinated to Local Level	29696	17852	4260	7473	10
省级部门属	Provincial Level	28046	16887	3871	7191	
副省级城市部门属	Subprovincial Cities Level	792	245	301	236	10
地市级部门属	Miniciple Level	858	720	89	46	
按门类学科分组	**by Subject**					
自然科学	Natural Sciences	73552	40117	12880	9047	497
农业科学	Agricultural Sciences	23993	15466	4426	3884	
医药科学	Medical Sciences	37781	26006	6390	5347	10
工程与技术科学	Engineering and Technological Sciences	461360	177938	25915	66216	
人文与社会科学	Humanities and Social Sciences	8959	7998	187	771	

3-11 各地区研究与开发机构R&D经费外部支出(2012年)
External Expenditure on R&D of R&D Institutions by Region (2012)

单位：万元 (10 000 yuan)

地　区	Region	R&D经费外部支出 External Expenditure on R&D	对境内研究机构支出 to Domestic Research institutions	对境内高等学校支出 to Domestic Higher Education	对境内企业支出 to Domestic Enterprises	对境外机构支出 to Foreign Institutions
全　国	**National Total**	**605645**	**267524**	**49798**	**85266**	**507**
东部地区	Eastern Region	433368	222696	32365	54495	507
中部地区	Middle Region	73229	17254	9917	21675	
西部地区	Western Region	75052	17212	3117	5006	
东北地区	Northeast Region	23997	10363	4398	4089	
北　京	Beijing	371765	200200	19478	32256	
天　津	Tianjin	3613	635	677	1153	
河　北	Hebei	1847	476	1364	7	
山　西	Shanxi	2457	390	1179	71	
内蒙古	Inner Mongolia	1396	223	325		
辽　宁	Liaoning	22714	9695	4130	4083	
吉　林	Jilin	270	116	148	6	
黑龙江	Heilongjiang	1013	553	121		
上　海	Shanghai	24543	6201	2617	13698	
江　苏	Jiangsu	5838	1691	541	3427	
浙　江	Zhejiang	8942	4930	2558	956	497
安　徽	Anhui	544	341	100	103	
福　建	Fujian	625	142	137	346	
江　西	Jiangxi	22018	1460	494	19884	
山　东	Shandong	11903	5945	4049	1909	
河　南	Henan	1007	494	329	184	
湖　北	Hubei	41245	13877	6874	860	
湖　南	Hunan	5958	692	941	573	
广　东	Guangdong	4293	2475	946	743	10
广　西	Guangxi	2624	2608	12	5	
海　南	Hainan					
重　庆	Chongqing	5446	914	1629	2885	
四　川	Sichuan	14596	11351	487	1491	
贵　州	Guizhou	285	207	47	31	
云　南	Yunnan	1267	1153	95	16	
西　藏	Tibet					
陕　西	Shaanxi	48771	257	430	579	
甘　肃	Gansu	45	32	13		
青　海	Qinghai					
宁　夏	Ningxia	178	138			
新　疆	Xinjiang	444	330	79		

3-12 按隶属关系和学科分研究与开发机构R&D课题(2012年)
R&D Projects of R&D Institutions by Subordination and Subject (2012)

项　目	Item	R&D课题数 (项) R&D Projects (item)	投入人员 (人年) Input of Personnel (man-year)	投入经费 (万元) Input of Funds (10 000 yuan)
总　计	**Total**	**79343**	**310505**	**10782978**
按隶属关系分组	**by Subordination**			
中央部门属	Subordinated to Central Level	52545	249726	10046133
#中国科学院	Chinese Academy of Sciences	30758	57136	1944461
地方部门属	Subordinated to Local Level	26798	60778	736845
省级部门属	Provincial Level	22748	48247	627599
副省级城市部门属	Subprovincial Cities Level	801	1834	21339
地市级部门属	Miniciple Level	3249	10697	87907
按门类学科分组	**by Subject**			
自然科学	Natural Sciences	25666	49419	1571471
农业科学	Agricultural Sciences	18348	37398	548165
医药科学	Medical Sciences	6877	18166	265650
工程与技术科学	Engineering and Technological Sciences	21754	193782	8236192
人文与社会科学	Humanities and Social Sciences	6698	11740	161500

3-13 各地区研究与开发机构R&D课题(2012年)
R&D Projects of R&D Institutions by Region (2012)

地　区	Region	R&D课题数 (项) R&D Projects (item)	投入人员 (人年) Input of Personnel (man-year)	投入经费 (万元) Input of Funds (10 000 yuan)
全　国	**National Total**	**79343**	**310505**	**10782978**
东部地区	Eastern Region	51553	167832	6805783
中部地区	Middle Region	7854	45002	1045735
西部地区	Western Region	14308	74392	2411654
东北地区	Northeast Region	5628	23278	519806
北　京	Beijing	24462	86225	3938345
天　津	Tianjin	1229	7571	198251
河　北	Hebei	631	6472	192727
山　西	Shanxi	1144	5383	63943
内蒙古	Inner Mongolia	674	2725	39762
辽　宁	Liaoning	1848	11459	315734
吉　林	Jilin	2030	5829	143532
黑龙江	Heilongjiang	1750	5991	60540
上　海	Shanghai	6732	24380	1201821
江　苏	Jiangsu	4831	16638	703079
浙　江	Zhejiang	2118	4922	137118
安　徽	Anhui	1232	7659	203859
福　建	Fujian	2186	2442	58170
江　西	Jiangxi	699	4684	62463
山　东	Shandong	3860	9659	164524
河　南	Henan	716	7883	237114
湖　北	Hubei	2773	12981	336454
湖　南	Hunan	1290	6414	141902
广　东	Guangdong	4884	8718	198417
广　西	Guangxi	1887	3492	49346
海　南	Hainan	620	804	13333
重　庆	Chongqing	1136	4082	106603
四　川	Sichuan	1875	21931	970555
贵　州	Guizhou	1093	2246	25918
云　南	Yunnan	1661	4925	83986
西　藏	Tibet	77	317	6561
陕　西	Shaanxi	1877	25851	953315
甘　肃	Gansu	1939	5204	116657
青　海	Qinghai	306	532	9499
宁　夏	Ningxia	211	357	4170
新　疆	Xinjiang	1572	2730	45282

3-14 各地区地方部门属研究与开发机构R&D课题(2012年)
R&D Projects Taken by Local R&D Institutions by Region (2012)

地　区	Region	R&D课题数 (项) R&D Projects (item)	投入人员 (人年) Input of Personnel (man-year)	投入经费 (万元) Input of Funds (10 000 yuan)
全　国	**National Total**	**26798**	**60778**	**736845**
东部地区	Eastern Region	12183	24077	406029
中部地区	Middle Region	4238	11487	91118
西部地区	Western Region	7548	16807	164636
东北地区	Northeast Region	2829	8407	75063
北　京	Beijing	1265	2836	55087
天　津	Tianjin	521	1204	19820
河　北	Hebei	501	935	11691
山　西	Shanxi	710	1605	12292
内蒙古	Inner Mongolia	454	1512	18391
辽　宁	Liaoning	444	2064	16793
吉　林	Jilin	907	2289	20574
黑龙江	Heilongjiang	1478	4055	37696
上　海	Shanghai	1340	2222	32618
江　苏	Jiangsu	1906	3496	99399
浙　江	Zhejiang	1230	1835	31811
安　徽	Anhui	593	1375	13281
福　建	Fujian	1245	1563	17246
江　西	Jiangxi	672	2063	13065
山　东	Shandong	2238	5919	67291
河　南	Henan	457	1408	14474
湖　北	Hubei	732	1717	15708
湖　南	Hunan	1074	3319	22297
广　东	Guangdong	1853	3929	69221
广　西	Guangxi	1790	2738	32617
海　南	Hainan	84	139	1844
重　庆	Chongqing	913	1698	15895
四　川	Sichuan	710	1656	16741
贵　州	Guizhou	676	1006	5575
云　南	Yunnan	700	2460	24299
西　藏	Tibet	77	317	6561
陕　西	Shaanxi	303	926	4797
甘　肃	Gansu	613	2152	11196
青　海	Qinghai	46	123	2270
宁　夏	Ningxia	211	357	4170
新　疆	Xinjiang	1055	1863	22124

3-15 按服务的国民经济行业分研究与开发机构R&D课题(2012年)
R&D Projects of R&D Institutions by Industrial Sector in which the R&D Institutions Served(2012)

行　业	Industry	R&D课题数(项) R&D Projects (item)	投入人员(人年) Input of Personnel (man-year)	投入经费(万元) Input of Funds (10 000 yuan)
总　计	**Total**	**79343**	**310505**	**10782978**
农、林、牧、渔业小计	**Farming, Forestry, Animal Husbandry and Fishery**	**17387**	**35532**	**524769**
农业	Farming	9896	20737	308436
林业	Forestry	1382	3018	39803
畜牧业	Animal Husbandry	1219	2841	38490
渔业	Fishery	723	1353	22200
农、林、牧、渔服务业	Service Activities for Agriculture, Forestry, Farming of Animals and Fishing	4167	7583	115840
采矿业小计	**Mining**	**350**	**877**	**21037**
煤炭开采和洗选业	Mining and Washing of Coal	32	168	1111
石油和天然气开采业	Extraction of Petroleum and Natural Gas	54	134	6377
黑色金属矿采选业	Mining of Ferrous Metal Ores	42	74	1678
有色金属矿采选业	Mining of Non-ferrous Metal Ores	137	331	8491
非金属矿采选业	Mining and Processing of Nonmetal Ores	12	39	935
开采辅助活动	Mining Support Service Activities	61	89	1654
其他采矿业	Other Minerals Mining and Dressing	12	43	792
制造业小计	**Manufacturing**	**7502**	**18571**	**563624**
农副食品加工业	Processing of Food from Agricultural Products	466	905	13848
食品制造业	Manufacture of Foods	163	335	4735
酒、饮料和精制茶制造业	Manufacture of Liquor, Beverages and Refined Tea	122	184	3751
烟草制品业	Manufacture of Tobacco	33	68	1425
纺织业	Manufacture of Textile	23	87	491
纺织服装、服饰业	Manufacture of Textile, Apparel and Accessories	7	5	84
皮革、毛皮、羽毛及其制品和制鞋业	Manufacture of Leather, Fur, Feather and Related Products and Shoes	8	16	129
木材加工和木、竹、藤、棕、草制品业	Processing of Timbers and Manufacture of Wood,Bamboo, Rattan, Palm and Straw	154	302	3521
家具制造业	Manufacture of Furniture	11	36	201
造纸和纸制品业	Manufacture of Paper and Paper Products	17	42	280
印刷和记录媒介复制业	Printing,Reproduction of Recording Media	14	24	410
文教、工美、体育和娱乐用品制造业	Manufacture of Artworks, and Articles for Culture, Education, Sports and Recreation	5	8	97
石油加工、炼焦和核燃料加工业	Processing of Petroleum ,Coking and Processing of Nucleus Fuel	84	182	3359
化学原料和化学制品制造业	Manufacture of Chemical Raw Material and Chemical Products	829	1887	49656
医药制造业	Manufacture of Medicines	1622	3445	81999
化学纤维制造业	Manufacture of Chemical Fiber	34	101	1816
橡胶和塑料制品业	Manufacture of Rubber and Plastic	46	126	853
非金属矿物制品业	Manufacture of Non-metallic Mineral Products	183	356	12179
黑色金属冶炼和压延加工业	Manufacture and Processing of Ferrous Metals	34	109	2566
有色金属冶炼和压延加工业	Manufacture and Processing of Non-ferrous Metals	76	101	2770
金属制品业	Manufacture of Metal Products	87	287	5717
通用设备制造业	Manufacture of General Purpose Machinery	295	898	25986
专用设备制造业	Manufacture of Special Purpose Machinery	713	1919	45669
汽车制造业	Manufacture of Motor Vehicles	68	257	5150
铁路、船舶、航空航天和其他运输设备制造业	Manufacture of Railway Equipment, Ships, Aerospace Equipment and Other Transport Equipment	330	1302	61506
电气机械和器材制造业	Manufacture of Electrical Machinery and Equipment	307	673	18199
计算机、通信和其他电子设备制造业	Manufacture of Computer, Communication and Other Electronic Equipment	1041	2736	123884
仪器仪表制造业	Manufacture of Measuring Instrument and Meter	626	1876	89125
其他制造业	Other Manufacturing	85	249	3694
废弃资源综合利用业	Waste Recycling and Recovery	16	48	356
金属制品、机械和设备修理业	Repaire Service of Metal Products, Machinery and Equipment	3	8	169
电力、热力、燃气及水生产和供应业小计	**Production and Distribution of Electricity, Gas and Water**	**460**	**1120**	**47099**
电力、热力生产和供应业	Production and Supply of Electric Power and Heat Power	300	782	37427
燃气生产和供应业	Production and Distribution of Gas	55	130	4834
水的生产和供应业	Production and Distribution of Water	105	208	4838
建筑业小计	**Construction**	**343**	**787**	**10098**
房屋建筑业	Construction of Building	67	199	1164
土木工程建筑业	Construction of Civil Engineering	249	521	8365
建筑安装业	Construction Installation	2	7	14
建筑装饰和其他建筑业	Building Decoration and Other Construction	25	60	556
批发和零售业小计	**Wholesale and Retail Trade**	**34**	**106**	**783**
批发业	Wholesale	27	89	643
零售业	Retail trade	7	17	140

3-15 续表 continued

行 业	Industry	R&D课题数（项） R&D Projects (item)	投入人员（人年） Input of Personnel (man-year)	投入经费（万元） Input of Funds (10 000 yuan)
交通运输、仓储和邮政业小计	**Traffic,Transport, Storage and Post**	**639**	**1207**	**30566**
铁路运输业	Railway Transportation	31	74	1511
道路运输业	Transport via Road	318	614	16471
水上运输业	Water Transport	230	313	10911
航空运输业	Air Transport	25	135	1023
仓储业	Storage	11	37	412
邮政业	Post	24	34	237
住宿和餐饮业小计	**Accommodation and Restaurants**	**26**	**91**	**1094**
住宿业	Accommodation	7	20	223
餐饮业	Restaurants	19	71	870
信息传输、软件和信息技术服务业小计	**Information Transfer,Software and Information Technology Services**	**918**	**2485**	**85428**
电信、广播电视和卫星传输服务	Telecommunications, Broadcasting,Television and Satellite Transmission Services	301	813	47509
互联网和相关服务	Internet and Related Services	82	176	4442
软件和信息技术服务业	Software and Information Technology Services	535	1496	33477
金融业小计	**Finance**	**76**	**132**	**2666**
货币金融服务	Monetary financial services	46	72	1557
资本市场服务	Capital Market Services	17	32	480
保险业	Insurance	2	5	134
其他金融业	Other Financial Services	11	23	495
房地产业小计	**Real Estate**	**8**	**11**	**361**
房地产业	Real Estate	8	11	361
租赁和商务服务业小计	**Tenancy and Business Services**	**61**	**99**	**1231**
商务服务业	Business Service	61	99	1231
科学研究和技术服务业小计	**Scientific Research, Technical Service**	**41522**	**224617**	**9083693**
研究和试验发展	Research and Experimental Development	34833	209684	8720062
专业技术服务业	Professional Technique Services	5445	11690	305325
科技推广和应用服务业	Technique Generalization and Application Services	1244	3243	58306
水利、环境和公共设施管理业小计	**Management of Water Conservancy, Environment and public Establishment**	**3899**	**7922**	**200544**
水利管理业	Management of Water Conservancy	864	1701	49514
生态保护和环境治理业	Environmental Management	2468	5487	126966
公共设施管理业	Management of Public Establishment	567	734	24064
居民服务、修理和其他服务业小计	**Resident Services and Other Services**	**197**	**463**	**8130**
居民服务业	Resident Services	91	212	3715
机动车、电子产品和日用产品修理业	Repair of Motor Vehicles, Electronics and Household Appliances	55	103	1674
其他服务业	Other Services	51	147	2741
教育小计	**Education**	**427**	**688**	**7496**
教育	Education	427	688	7496
卫生和社会工作小计	**Sanitation and Social Works**	**4041**	**11373**	**139960**
卫生	Sanitation	4033	11345	139745
社会工作	Social Works	8	28	215
文化、体育和娱乐业小计	**Culture, Sports and Entertainment**	**469**	**1424**	**17214**
新闻和出版业	Journalism and Publishing Activities	80	190	2908
广播、电视、电影和影视录音制作业	Broadcasting, Television,Movies,Videos and Sound Recording	15	44	796
文化艺术业	Culture and Art	306	973	10463
体育	Sports Activities	59	199	2206
娱乐业	Entertainment	9	19	842
公共管理、社会保障和社会组织小计	**Public Management and Social Organization**	**979**	**2995**	**37106**
中国共产党机关	Chinese Communist Party Organs	19	47	248
国家机构	Organ of State	649	1939	26132
人民政协、民主党派	People's Political Consultative Conference and Democratic Prties	35	55	577
社会保障	Social Security	67	170	1502
群众团体、社会团体和其他成员组织	Mass Communities, Social Organizations and other Membership Organizations	208	783	8644
基层群众自治组织	Grass Roots Self-government Organizations	1	1	5
国际组织小计	**International Organizations**	**5**	**5**	**80**
国际组织	International Organizations	5	5	80

3-16 按学科分组的R&D课题(2012年)
R&D Projects Taken by R&D Institutions by Discipline (2012)

学 科	Discipline	R&D课题数 (项) R&D Projects (item)	投入人员 (人年) Input of Personnel (man-year)	投入经费 (万元) Input of Funds (10 000 yuan)
全 国	**National Total**	**79343**	**310505**	**10782978**
数 学	Mathematics	447	807	18905
信息科学与系统科学	Information & System Science	752	4045	82057
力 学	Mechanics	414	997	38491
物理学	Physics	3444	7996	326172
化 学	Chemistry	2924	6572	173498
天文学	Astronomy	919	1133	54470
地球科学	Earth Science	8129	13760	424359
生物学	Biology	6856	12230	321183
心理学	Psychology	143	425	6607
农 学	Agriculture	12513	24882	386099
林 学	Forestry	2223	4723	65606
畜牧、兽医科学	Livestock, Veterinary Medicine	2320	5178	72396
水产学	Aquatic	1313	2100	37905
基础医学	Basic Medicine	990	2628	42513
临床医学	Clinic Medicine	2153	6259	81306
预防医学与卫生学	Protective Medicine	834	2998	37556
军事医学与特种医学	Military Medicine & Special Medicine	32	80	953
药 学	Pharmacy	828	2056	45169
中医学与中药学	Traditional Chinese Medicine	2032	3930	51790
工程与技术科学基础学科	Engineering & Basic Technology Science	1905	21491	535252
信息与系统科学相关工程与技术	Information and System Science,Engineering and Technology Related	430	1704	44615
自然科学相关工程与技术	Science and Technology Related Projects	934	2067	41812
测绘科学技术	Surveying & Mapping	911	1723	64341
材料科学	Material Science	2583	8552	235619
矿山工程技术	Mining	160	507	10006
冶金工程技术	Metallurgy	158	368	8359
机械工程	Mechanical Engineering	444	2039	42513
动力与电气工程	Power & Electrical Engineering	567	3794	96783
能源科学技术	Energy Technology	613	1251	40492
核科学技术	Nuclear Technology	536	12074	552925
电子、通信与自动控制技术	Electronics, Communication & Automation	3278	43695	1725265

3-16 续表 continued

学 科	Discipline	R&D课题数 (项) R&D Projects (item)	投入人员 (人年) Input of Personnel (man-year)	投入经费 (万元) Input of Funds (10 000 yuan)
计算机科学技术	Computer Technology	1379	6094	154160
化学工程	Chemical Engineering	636	1212	32223
产品应用相关工程与技术	Engineering and Technology Related Products Application	136	327	4647
纺织科学技术	Textile Technology	38	129	905
食品科学技术	Food Technology	422	938	13669
土木建筑工程	Civil Construction	272	672	14701
水利工程	Water Conservancy	1030	1657	51995
交通运输工程	Transportaiton Engineering	917	3746	111518
航空、航天科学技术	Aviation and Aerospace	2146	73045	4382138
环境科学技术	Environment	2901	6230	137448
安全科学技术	Security	522	1607	35072
管理学	Management	592	1111	12832
马克思主义	Marxism	194	186	3282
哲 学	Phylosophy	169	282	4331
宗教学	Religion	129	214	2754
语言学	Linguistics	144	164	3319
文 学	Literature	224	369	6054
艺术学	Arts	128	434	2735
历史学	Histry	611	912	14936
考古学	Archaeology	267	755	15244
经济学	Economics	1881	3384	51791
政治学	Politics	454	528	7712
法 学	Law	414	572	9170
军事学	Military	10	31	3112
社会学	Sociology	633	975	9990
民族学	Ethnography	270	427	4263
新闻学与传播学	Journalism	90	119	1906
图书馆、情报与文献学	Library and Information Literature	424	1378	15634
教育学	Education	385	618	6253
体育科学	Physical Science	107	275	2565
统计学	Statistics	33	53	1602

3-17 按来源和合作形式分研究与开发机构R&D课题(2012年)

R&D Projects of R&D Institutions by Sources and Cooperation Modality (2012)

项　目	Item	R&D课题数 (项) R&D Projects (item)	投入人员 (人年) Input of Personnel (man-year)	投入经费 (万元) Input of Funds (10 000 yuan)
总　计	**Total**	**79343**	**310505**	**10782978**
按课题来源分组	**by Sources of Topics**			
国家科技项目	National S&T Projects	40828	214674	8406326
地方科技项目	Local S&T Projects	21064	42496	535563
企业委托科技项目	S&T Projects Entrusted by Enterprise	3846	9485	319109
自选科技项目	S&T Projects Chosen by Enterprise	6046	15625	359479
来自国外的科技项目	Oversease S&T Projects	1047	2148	103053
其它科技项目	Others	6512	26078	1059449
按合作形式分组	**by Cooperation Modality**			
与境外机构合作	Cooperation with Oversea Institutes	1070	2697	66862
与国内高校合作	Cooperation with Higher Education	3136	11214	316266
与国内独立研究机构合作	Cooperation with Independent Research Institutes	7380	30868	947288
与境内注册的外商独资企业合作	Cooperation with Sole Foreign Enterprise	67	103	1248
与境内注册的其他企业合作	Cooperation with Other Enterprise	2598	8167	267853
独立完成	Independent Implementation	63289	246601	8848493
其　他	Others	1803	10856	334969

3-18 按隶属关系和学科分研究与
S&T Output of R&D Institutions by

项目	Item	发表科技论文（篇）Scientific Papers Issued (piece)	#国外发表 Published in Foreign Periodicals	出版科技著作（种）Publication on S&T (kind)
总计	**Total**	**158647**	**35173**	**4458**
按隶属关系分组	**by Subordination**			
中央部门属	Subordinated to Central Level	96898	30180	2215
#中国科学院	Chinese Academy of Sciences	37606	22550	397
地方部门属	Subordinated to Local Level	61749	4993	2243
省级部门属	Provincial Level	50930	4652	1909
副省级城市部门属	Subprovincial Cities Level	2407	59	104
地市级部门属	Miniciple Level	8412	282	230
按门类学科分组	**by Subject**			
自然科学	Natural Sciences	33677	16998	436
农业科学	Agricultural Sciences	31638	3678	839
医药科学	Medical Sciences	19118	3844	530
工程与技术科学	Engineering and Technological Sciences	49861	9785	806
人文与社会科学	Humanities and Social Sciences	24353	868	1847

开发机构科技产出(2012年)
Subordination and Subject(2012)

专利申请数(件) Patent Applications (piece)	#发明专利 Invetions	有效发明专利(件) Inventions in Force (piece)	专利所有权转让及许可数(件) Number of Transfer and Licensing of Patent Ownership (piece)	专利所有权转让及许可收入(万元) Revenue from Transfer and Licensing of Patent Ownership (10 000 yuan)	形成国家或行业标准数(项) Number of National and Industrial Standard (item)
30418	**23406**	**42908**	**1095**	**42403**	**4862**
25489	20313	36425	927	41244	3935
10688	9647	22011	567	32185	64
4929	3093	6483	168	1159	927
4408	2874	5907	122	955	719
124	64	189	4		36
397	155	387	42	204	172
6070	5426	12414	251	12848	108
3996	2730	4930	134	2246	581
931	765	2087	48	3315	1835
19294	14436	23400	660	23989	2294
127	49	77	2	5	44

3-19 各地区研究与开发

S&T Output of R&D Institutions

地 区	Region	发表科技论文（篇） Scientific Papers Issued (piece)	#国外发表 Published in Foreign Periodicals	出版科技著作（种） Publication on S&T (kind)
全 国	**National Total**	**158647**	**35173**	**4458**
东部地区	Eastern Region	97007	25239	2794
中部地区	Middle Region	17488	2625	535
西部地区	Western Region	31035	4481	851
东北地区	Northeast Region	13117	2828	278
北 京	Beijing	50563	14510	1710
天 津	Tianjin	2628	211	59
河 北	Hebei	2166	126	91
山 西	Shanxi	2504	272	80
内蒙古	Inner Mongolia	997	93	18
辽 宁	Liaoning	4993	1206	88
吉 林	Jilin	4823	1424	104
黑龙江	Heilongjiang	3301	198	86
上 海	Shanghai	9275	3599	229
江 苏	Jiangsu	9555	1653	137
浙 江	Zhejiang	4307	705	130
安 徽	Anhui	2849	958	36
福 建	Fujian	3006	647	60
江 西	Jiangxi	1618	54	48
山 东	Shandong	7281	1502	196
河 南	Henan	3488	159	118
湖 北	Hubei	5358	1033	175
湖 南	Hunan	1671	149	78
广 东	Guangdong	7030	2057	152
广 西	Guangxi	3026	166	45
海 南	Hainan	1196	229	30
重 庆	Chongqing	1596	66	35
四 川	Sichuan	5960	966	182
贵 州	Guizhou	1649	230	15
云 南	Yunnan	3681	906	152
西 藏	Tibet	173	17	7
陕 西	Shaanxi	5733	584	77
甘 肃	Gansu	4158	1094	103
青 海	Qinghai	597	128	88
宁 夏	Ningxia	323	6	7
新 疆	Xinjiang	3142	225	122

机构科技产出(2012年)

by Region(2012)

专利申请数(件) Patent Applications (piece)	#发明专利 Invetions	有效发明专利(件) Inventions in Force (piece)	专利所有权转让及许可数(件) Number of Transfer and Licensing of Patent Ownership (piece)	专利所有权转让及许可收入(万元) Revenue from Transfer and Licensing of Patent Ownership (10 000 yuan)	形成国家或行业标准数(项) Number of National and Industrial Standard (item)
30418	**23406**	**42908**	**1095**	**42403**	**4862**
19163	15135	27593	704	28796	3968
3409	2350	4428	115	4746	211
5150	3649	6068	199	5757	493
2696	2272	4819	77	3105	190
9049	7672	13911	431	19297	3288
681	453	723	6		40
393	206	562	28	1024	14
431	332	776			17
107	99	152			12
1569	1362	2240	60	3100	43
740	711	2195	4	1	93
387	199	384	13	4	54
3168	2489	4201	71	4813	192
1878	1404	1973	31	1742	120
823	593	1065	31	978	60
675	506	774	15	4151	80
379	290	342	20	36	33
146	91	187			11
1170	822	1565	42	561	100
618	462	684	86	220	16
1139	737	1778	13	321	41
400	222	229	1	54	46
1467	1116	3105	44	346	109
243	180	137	1	20	21
155	90	146			12
294	192	303			37
1494	987	1762	91	718	171
164	88	173	3	66	5
295	249	500	6	20	24
11	10	9			10
1745	1279	1363	4	49	117
400	305	906	75	4741	27
57	57	278			2
18	8	36			27
322	195	449	19	143	40

3-20 各地区地方部门属研究与

S&T Output in R&D Institutions of

地 区	Region	发表科技论文（篇）Scientific Papers Issued (piece)	#国外发表 Published in Foreign Periodicals	出版科技著作（种）Publication on S&T (kind)
全 国	**National Total**	**61749**	**4993**	**2243**
东部地区	Eastern Region	28667	3329	926
中部地区	Middle Region	9346	736	389
西部地区	Western Region	16698	734	686
东北地区	Northeast Region	7038	194	242
北 京	Beijing	3477	779	135
天 津	Tianjin	1599	63	40
河 北	Hebei	1445	82	79
山 西	Shanxi	1754	79	76
内蒙古	Inner Mongolia	710	58	17
辽 宁	Liaoning	2375	75	76
吉 林	Jilin	1927	40	90
黑龙江	Heilongjiang	2736	79	76
上 海	Shanghai	3459	616	159
江 苏	Jiangsu	5064	487	85
浙 江	Zhejiang	2842	313	100
安 徽	Anhui	1218	356	34
福 建	Fujian	2226	69	48
江 西	Jiangxi	1380	54	47
山 东	Shandong	5255	591	166
河 南	Henan	1857	79	90
湖 北	Hubei	1853	89	93
湖 南	Hunan	1284	79	49
广 东	Guangdong	3034	283	105
广 西	Guangxi	2801	159	44
海 南	Hainan	266	46	9
重 庆	Chongqing	1308	56	33
四 川	Sichuan	1751	56	111
贵 州	Guizhou	1248	95	13
云 南	Yunnan	2322	180	140
西 藏	Tibet	173	17	7
陕 西	Shaanxi	1480	14	63
甘 肃	Gansu	1882	45	54
青 海	Qinghai	252	2	83
宁 夏	Ningxia	323	6	7
新 疆	Xinjiang	2448	46	114

开发机构科技产出(2012年)

Local Governments by Region(2012)

专利申请数 (件) Patent Applications (piece)	#发明专利 Invetions	有效发明专利 (件) Inventions in Force (piece)	专利所有权转让及许可数 (件) Number of Transfer and Licensing of Patent Ownership (piece)	专利所有权转让及许可收入 (万元) Revenue from Transfer and Licensing of Patent Ownership (10 000 yuan)	形成国家或行业标准数 (项) Number of National and Industrial Standard (item)
4929	**3093**	**6483**	**168**	**1159**	**927**
2823	1866	4166	90	694	420
577	358	658	10	364	116
1133	668	1173	50	100	222
396	201	486	18	1	169
302	176	274	7	7	47
171	101	298			7
108	83	171	23	229	13
139	72	125			12
3	2	11			3
90	44	156	3		34
69	50	97	4	1	93
237	107	233	11		42
245	191	282	4	22	111
605	429	723	2	32	50
249	149	574	6	105	36
98	57	108	4	25	34
183	112	183	9	22	33
67	48	90			9
728	472	1006	35	217	80
70	48	92	2	220	7
107	54	91	3	65	22
96	79	152	1	54	32
223	149	643	4	60	39
228	173	132	1	20	21
9	4	12			4
146	96	238			25
165	69	194	37		37
119	60	108	3	66	5
106	73	50	4		16
11	10	9			10
20	19	50	1	4	11
99	54	72			26
4	4	4			2
18	8	36			27
214	100	269	4	10	39

3-21 按服务的国民经济行业分研究与

S&T Output of R&D Institutions by Industrial Sector

行　业	Industry	发表科技论文（篇） Scientific Papers Issued (piece)	#国外发表 Published in Foreign Periodicals	出版科技著作（种） Publication on S&T (kind)
总　计	**Total**	**158647**	**35173**	**4458**
农、林、牧、渔业小计	**Farming, Forestry, Animal Husbandry and Fishery**	**30366**	**3445**	**813**
农业	Farming	15716	1440	443
林业	Forestry	3392	392	87
畜牧业	Animal Husbandry	2835	399	72
渔业	Fishery	1996	266	53
农、林、牧、渔服务业	Service Activities for Agriculture, Forestry, Farming of Animals and Fishing	6427	948	158
采矿业小计	**Mining**	**343**	**18**	**2**
煤炭开采和洗选业	Mining and Washing of Coal	25		
有色金属矿采选业	Mining of Non-ferrous Metal Ores	312	17	2
其他矿采选业	Other Minerals Mining and Dressing	6	1	
制造业小计	**Manufacturing**	**6581**	**1619**	**99**
农副食品加工业	Processing of Food from Agricultural Products	538	94	12
食品制造业	Manufacture of Foods	175	48	4
酒、饮料和精制茶制造业	Manufacture of Liquor, Beverages and Refined Tea	51	2	
烟草制品业	Manufacture of Tobacco	15		3
纺织业	Manufacture of Textile	25		1
纺织服装、服饰业	Manufacture of Textile, Apparel and Accessories	6		
皮革、毛皮、羽毛及其制品和制鞋业	Manufacture of Leather, Fur, Feather and Related Products and Shoes	6		
木材加工和木、竹、藤、棕、草制品业	Processing of Timbers and Manufacture of Wood,Bamboo, Rattan, Palm and Straw	181	49	4
家具制造业	Manufacture of Furniture			
造纸和纸制品业	Manufacture of Paper and Paper Products	8		1
印刷和记录媒介复制业	Printing,Reproduction of Recording Media			
文教、工美、体育和娱乐用品制造业	Manufacture of Artworks, and Articles for Culture, Education, Sports and Recreation	4		
石油加工、炼焦及核燃料加工业	Processing of Petroleum ,Coking and Processing of Nucleus Fuel	4		
化学原料和化学制品制造业	Manufacture of Chemical Raw Material and Chemical Products	717	353	20
医药制造业	Manufacture of Medicines	2885	684	38
化学纤维制造业	Manufacture of Chemical Fiber	1		
橡胶和塑料制品业	Manufacture of Rubber and Plastic	132	24	
非金属矿物制品业	Manufacture of Non-metallic Mineral Products	79	2	2
黑色金属冶炼和压延加工业	Manufacture and Processing of Ferrous Metals	8		

开发机构科技产出(2012年)

in which the R&D Institutions Served (2012)

专利申请数 (件) Patent Applications (piece)	#发明专利 Invetions	有效发明专利 (件) Inventions in Force (piece)	专利所有权转让及许可数 (件) Number of Transfer and Licensing of Patent Ownership (piece)	专利所有权转让及许可收入 (万元) Revenue from Transfer and Licensing of Patent Ownership (10 000 yuan)	形成国家或行业标准数 (项) Number of National and Industrial Standard (item)
30418	**23406**	**42908**	**1095**	**42403**	**4862**
3738	**2654**	**4468**	**126**	**1709**	**517**
1773	1274	2041	80	972	219
282	205	254			84
245	166	357	14	548	61
496	317	358	1	2	61
942	692	1458	31	187	92
68	**59**	**94**	**5**	**4**	**10**
3	2	7			
61	53	82	5	4	10
4	4	5			
2277	**1830**	**2569**	**150**	**2435**	**1820**
96	84	110			20
39	37	212	2	40	4
16	5	9			14
5	5	1			1
3	3				
					2
35	20	64	1	61	28
2	2	2			
1					
200	188	574	15	860	11
429	407	671	33	1141	1656
					2
23	19	37	2	18	
13	3	16			16
1		2			

3-21 续表 1

行　业	Industry	发表科技论文（篇） Scientific Papers Issued (piece)	#国外发表 Published in Foreign Periodicals	出版科技著作（种） Publication on S&T (kind)
有色金属冶炼和压延加工业	Manufacture and Processing of Non-ferrous Metals	3		
金属制品业	Manufacture of Metal Products	17	2	
通用设备制造业	Manufacture of General Purpose Machinery	192	14	2
专用设备制造业	Manufacture of Special Purpose Machinery	897	84	9
电气机械和器材制造业	Manufacture of Electrical Machinery and Equipment	37	15	
计算机、通信和其他电子设备制造业	Manufacture of Computer, Communication and Other Electronic Equipment	370	207	3
仪器仪表制造业	Manufacture of Measuring Instrument and Meter	230	41	
电力、热力、燃气及水生产和供应业小计	**Production and Distribution of Electricity, Gas and Water**	**1001**	**222**	**57**
电力、热力的生产和供应业	Production and Supply of Electric Power and Heat Power	997	222	57
燃气生产和供应业	Production and Distribution of Gas	4		
建筑业小计	**Construction**	**1131**	**52**	**16**
房屋建筑业	Construction of Building	379	5	16
土木工程建筑业小计	**Construction of Civil Engineering**	**723**	**47**	**9**
建筑装饰和其他建筑业	Building Decoration and Other Construction	29		3
交通运输、仓储和邮政业小计	**Traffic,Transport, Storage and Post**	**1226**	**228**	**48**
铁路运输业	Railway Transportation	102	20	
道路运输业	Transport via Road	879	190	42
水上运输业	Water Transport	137	8	1
航空运输业	Air Transport	99	5	1
装卸搬运和运输代理业	Loading, Unloading, Portage and Other Transport Services	9	5	4
信息传输、软件和信息技术服务业小计	**Information Transfer,Software and Information Technology Services**	**1001**	**438**	**12**
电信、广播电视和卫星传输服务	Telecommunications, Broadcasting,Television and Satellite Transmission Services	269	26	5
互联网和相关服务	Internet and Related Services	32	1	
软件和信息技术服务业	Software and Information Technology Services	700	411	7

continued

专利申请数 (件) Patent Applications (piece)	#发明专利 Invetions	有效发明专利 (件) Inventions in Force (piece)	专利所有权转让及许可数 (件) Number of Transfer and Licensing of Patent Ownership (piece)	专利所有权转让及许可收入 (万元) Revenue from Transfer and Licensing of Patent Ownership (10 000 yuan)	形成国家或行业标准数 (项) Number of National and Industrial Standard (item)
3	3	4			8
59	23	35			5
372	136	170	1	310	53
5	4	20			
874	834	514	95	5	
101	57	128	1		
69	**30**	**236**	**2**		**28**
58	26	232	2		24
11	4	4			4
79	**43**	**103**	**5**	**6**	**26**
9	5	24			12
67	**38**	**76**	**5**	**6**	**10**
3		3			4
68	**23**	**121**			**85**
63	20	111			64
		10			13
5	3				6
					2
261	**234**	**1529**	**96**	**500**	**121**
51	42	72			120
210	192	1457	96	500	1

3-21 续表 2

行　业	Industry	发表科技论文（篇） Scientific Papers Issued (piece)	#国外发表 Published in Foreign Periodicals	出版科技著作（种） Publication on S&T (kind)
金融业小计	**Finance**	**11**		**1**
货币金融服务	Monetary Financial Services	11		1
租赁和商务服务业小计	**Tenancy and Business Services**	**24**	**5**	**6**
商务服务业	Business Service	24	5	6
科学研究和技术服务业小计	**Scientific Research, Technical Service**	**90425**	**25294**	**2351**
研究和试验发展	Research and Experimental Development	78595	23432	2042
专业技术服务业	Professional Technique Services	10523	1575	238
科技推广和应用服务业	Technique Generalization and Application Services	1307	287	71
水利、环境和公共设施管理业小计	**Management of Water Conservancy, Environment and Public Establishment**	**6100**	**1144**	**218**
水利管理业	Management of Water Conservancy	2136	171	53
生态保护和环境治理业	Environmental Management	3724	938	161
公共设施管理业	Management of Public Establishment	240	35	4
居民服务、修理和其他服务业小计	**Resident Services and Other Services**	**10**		**1**
居民服务业	Resident Services	7		1
机动车、电子产品和日用产品修理业	Repair of Motor Vehicles, Electronics and Household Appliances	3		
教育小计	**Education**	**989**	**18**	**113**
教　育	Education	989	18	113
卫生和社会工作小计	**Sanitation and Social Works**	**14384**	**2390**	**359**
卫生	Sanitation	14384	2390	359
文化、体育和娱乐业小计	**Culture, Sports and Entertainment**	**1078**	**25**	**85**
新闻和出版业	Journalism and Publishing Activities	15		
广播、电视、电影和影视录音制作业	Broadcasting, Television,Movies,Videos and Sound Recording	16		
文化艺术业	Culture and Art	776	14	82
体　育	Sports Activities	271	11	3
娱乐业	Entertainment			
公共管理、社会保障和社会组织小计	**Public Management and Social Organization**	**3977**	**275**	**277**
中国共产党机关	Chinese Communist Party Organs	141		4
国家机构	Organ of State	3836	275	273

continued

专利申请数 (件) Patent Applications (piece)	#发明专利 Invetions	有效发明专利 (件) Inventions in Force (piece)	专利所有权转让及许可数 (件) Number of Transfer and Licensing of Patent Ownership (piece)	专利所有权转让及许可收入 (万元) Revenue from Transfer and Licensing of Patent Ownership (10 000 yuan)	形成国家或行业标准数 (项) Number of National and Industrial Standard (item)
					1
					1
22700	**17851**	**31966**	**691**	**37008**	**2050**
21442	17032	30407	660	36143	1555
961	583	1308	22	865	484
297	236	251	9		11
649	**355**	**1010**	**9**	**671**	**71**
186	59	203	2	1	14
446	283	775	6	664	52
17	13	32	1	6	5
3	**2**	**29**			**2**
3	2	29			2
			1	**5**	**1**
			1	5	1
389	**251**	**615**	**10**	**66**	**86**
389	251	615	10	66	86
23	**10**	**31**			**20**
					17
1	1	2			2
7	4	8			1
15	5	21			
94	**64**	**137**			**24**
94	64	137			24

四、高等学校

Higher Education

4-1　高等学校科技活动情况

Basic Statistics on Higher Education for Science and technology Activities

指　标	Item	2005	2006	2007	2008	2009	2010	2011	2012
高等学校基本情况	**Basic Statistics on Higher Education**								
学校数（个）	Number of Institutions(unit)	1792	1867	1908	2263	2305	2358	2409	2442
#理工农医①	Natural Sciences & Technology	786	800	786	827	1003	970	975	1039
#人文社科	Social Sciences & Humanities	815	843	840	869	954	963	997	1090
R&D机构（个）	R&D Institutions(unit)	3936	4154	4502	5159	6082	7833	8630	9225
研究与试验发展(R&D)投入情况	**Statistics on R&D Input**								
R&D人员（万人）	R&D Personnel(10 000 persons)	38.7	42.1	44.8	47.8	50.9	59.4	63.2	67.8
R&D人员全时当量(万人年)	Full-time Equivalent of R&D Personnel (10 000 man-year)	22.7	24.2	25.4	26.6	27.5	29.0	29.9	31.4
#基础研究	Basic Research	7.8	9.0	9.4	10.9	11.3	12.0	12.9	14.0
应用研究	Applied Research	11.1	11.3	12.0	13.7	14.1	14.8	15.0	15.4
试验发展	Experimental Development	3.9	3.9	4.0	2.0	2.1	2.1	2.0	1.9
R&D经费内部支出(亿元)	Intramural Expenditure on R&D (100 million yuan)	242.3	276.8	314.7	390.2	468.2	597.3	688.8	780.6
#基础研究	Basic Research	56.7	71.4	86.8	114.8	145.5	179.9	226.7	275.7
应用研究	Applied Research	125.0	137.3	161.8	208.9	250.0	337.0	372.4	402.7
试验发展	Experimental Development	60.6	68.2	66.1	66.5	72.6	80.3	89.8	102.2
#政府资金	Government Funds	133.1	151.5	177.7	225.5	262.2	358.8	405.1	474.1
企业资金	Self-raised Funds by Enterprises	88.9	101.2	110.3	134.9	171.7	198.5	242.9	260.5
研究与试验发展(R&D)项目(课题)情况	**Statistics on R&D Projects**								
R&D项目(课题)数（项）	R&D Projects(item)	280327	365294	375425	429096	476708	547717	604107	657027
R&D项目(课题)人员全时当量(万人年)	Participants(10 000 man-year)	22.5	26.8	25.2	26.6	27.4	28.9	29.9	31.3
R&D项目(课题)经费内部支出(亿元)	Intramural Expenditure(100 million yuan)	193.5	287.0	258.2	323.2	363.5	467.0	535.3	607.3
科技产出及成果情况	**Statistics on S&T Outputs and Results**								
发表科技论文(篇)	Scientific Papers Issued(piece)	728082	830948	905985	964877	1016354	1062512	1109965	1117742
#国外发表	Published in Foreign Periodicals	69857	90722	108727	134058	156750	182247	218301	226097
出版科技著作（种）	Publication on Science and Technology (kind)	33064	34633	35733	37541	40919	38101	37472	38760
专利申请受理数（件）	Number of Patent Applications Accepted (piece)	20094	24490	29860	40610	56641	72744	95592	113430
#发明专利	Inventions	14673	18059	21864	29337	36241	44132	54362	66755
专利申请授权数（件）	Number of Patent Applications Granted (piece)	8843	12043	14111	19248	25570	37490	53055	74550
#发明专利	Inventions	4715	6650	8251	10216	14408	18055	25064	34441

注：理工农医学校数不包括附属医院个数。

Note: Number of Natural Sciences & Technology Institutions don't include affiliated hospitals.

4-2 各地区高等

R&D Personnel in Higher

地　区	Region	学校数（个）Number of Institutions (unit)	从业人员（人）Employed Persons (person)	R&D人员合计（人）R&D Personnel (person)	#女性 Female	#博士毕业 Doctor
全　国	**National Total**	**2442**	**2736422**	**677787**	**254407**	**163800**
东部地区	Eastern Region	955	1157097	317798	122200	90270
中部地区	Middle Region	644	661529	128351	44895	26162
西部地区	Western Region	595	628822	141058	50584	27244
东北地区	Northeast Region	248	288974	90580	36728	20124
北　京	Beijing	89	171015	69615	28389	25070
天　津	Tianjin	55	56127	20044	8043	5736
河　北	Hebei	113	114782	19923	9537	2893
山　西	Shanxi	75	67359	14084	6126	2624
内蒙古	Inner Mongolia	48	45123	7165	2530	1271
辽　宁	Liaoning	112	118227	33081	13635	7656
吉　林	Jilin	57	78111	30727	12165	6448
黑龙江	Heilongjiang	79	92636	26772	10928	6020
上　海	Shanghai	67	91419	38348	13013	13370
江　苏	Jiangsu	153	198872	48634	18689	12757
浙　江	Zhejiang	102	106070	33481	12837	8572
安　徽	Anhui	118	97545	23829	7278	4050
福　建	Fujian	86	75374	14414	4893	3360
江　西	Jiangxi	88	83733	10779	3603	1900
山　东	Shandong	136	169830	30123	10863	6693
河　南	Henan	120	144196	18213	7882	2981
湖　北	Hubei	122	151038	30857	9886	8743
湖　南	Hunan	121	117658	30589	10120	5864
广　东	Guangdong	137	155711	40557	14843	11273
广　西	Guangxi	70	64584	21293	7208	3475
海　南	Hainan	17	17897	2659	1093	546
重　庆	Chongqing	60	67440	16180	5814	3953
四　川	Sichuan	99	129595	31499	10077	6627
贵　州	Guizhou	49	41501	8529	3826	1124
云　南	Yunnan	66	59103	12850	5602	1971
西　藏	Tibet	6	4527	1217	402	119
陕　西	Shaanxi	91	117503	21704	7199	5823
甘　肃	Gansu	42	42358	7294	2637	1297
青　海	Qinghai	9	8360	1169	471	125
宁　夏	Ningxia	16	12948	3091	1057	342
新　疆	Xinjiang	39	35780	9067	3761	1117

学校R&D人员(2012年)

Education by Region (2012)

#硕士毕业 Master	#本科毕业 Undergraduate	#全时人员 Full-time Personnel	R&D人员全时当量 (人年) Full-time Equivalent of R&D Personnel (man-year)	#研究人员 Researchers	基础研究 Basic Research	应用研究 Applied Research	试验发展 Experimental Development
249893	**214540**	**284707**	**313520**	**262052**	**140055**	**154295**	**19170**
111130	93010	131103	146226	122770	63045	74933	8248
50507	43122	51141	57799	47555	24353	29144	4302
53395	49680	57184	63463	53397	30132	29105	4226
34861	28728	45279	46031	38330	22525	21113	2394
21358	17733	28263	31240	26016	11879	18276	1085
7526	5258	8328	9544	8149	4132	4855	557
8502	7603	6882	8285	7197	3737	4261	288
5697	4973	5482	6105	4944	2615	3380	110
2793	2549	4162	3972	3434	1867	1697	407
13277	9999	15897	16414	14285	6361	8620	1434
11950	9777	14260	14691	11603	7885	6268	538
9634	8952	15122	14926	12442	8279	6224	422
11121	10036	20812	21171	17351	9801	9868	1502
18701	15348	18223	20880	18334	9091	10016	1772
12446	10514	10616	13429	11663	5911	6786	733
10092	7993	11030	11867	9561	6174	5087	606
5125	4731	5330	6326	5056	1841	4149	335
4069	3717	4621	4978	3752	2039	2484	454
11525	9433	15669	16075	13477	7757	7319	999
8503	5931	4942	6565	5363	3022	2595	947
10718	9318	13895	15201	12853	5079	8763	1359
11428	11190	11171	13083	11082	5424	6834	825
13729	11399	16403	18426	14810	8393	9077	956
7986	7198	9943	10204	8204	4675	5025	504
1097	955	577	853	717	503	328	22
6244	4995	4945	6591	5497	2979	3118	494
11100	11134	12951	14169	11756	6760	6212	1196
3293	3680	2630	3298	3078	1968	1242	88
5086	5081	4400	5269	4153	2684	2453	132
522	539	381	506	437	302	200	5
7680	6710	10036	10485	9201	4842	4504	1140
3069	2784	2831	3300	2764	983	2203	114
408	503	470	559	455	234	309	16
1203	1275	1477	1557	1251	915	593	49
4011	3232	2958	3554	3167	1923	1549	82

4-3 各地区理工农医类高等

R&D Personnel in Higher Education in Natural

地 区	Region	学校数 (个) Number of Institutions (unit)	从业人员 (人) Employed Persons (person)	R&D人员合计 (人) R&D Personnel (person)	#女性 Female	#博士毕业 Doctor
全 国	**National Total**	**1253**	**2254372**	**347988**	**98858**	**93318**
东部地区	Eastern Region	459	953085	159549	48135	49016
中部地区	Middle Region	308	549576	62219	15206	14424
西部地区	Western Region	334	515112	70109	18253	15688
东北地区	Northeast Region	152	236599	56111	17264	14190
北 京	Beijing	64	138776	34371	11875	13488
天 津	Tianjin	22	46513	10143	3188	3006
河 北	Hebei	45	98815	8409	2824	1455
山 西	Shanxi	21	58146	6718	2201	1448
内 蒙 古	Inner Mongolia	18	38057	5135	1413	914
辽 宁	Liaoning	57	96584	19641	6052	4825
吉 林	Jilin	41	62505	17632	5007	4294
黑 龙 江	Heilongjiang	54	77510	18838	6205	5071
上 海	Shanghai	38	73348	24844	7329	8007
江 苏	Jiangsu	102	163592	22707	6707	7403
浙 江	Zhejiang	39	83843	13011	3236	4973
安 徽	Anhui	84	75411	13423	2964	2871
福 建	Fujian	26	62513	6482	1454	1331
江 西	Jiangxi	28	71620	5718	1532	1036
山 东	Shandong	47	142370	18999	5349	4389
河 南	Henan	44	120156	6175	1642	1225
湖 北	Hubei	60	127921	16740	3860	4894
湖 南	Hunan	71	96322	13445	3007	2950
广 东	Guangdong	60	130127	19862	5975	4801
广 西	Guangxi	25	53344	12417	3228	2111
海 南	Hainan	16	13188	721	198	163
重 庆	Chongqing	39	52932	5725	1504	1488
四 川	Sichuan	44	110033	15773	3621	4135
贵 州	Guizhou	39	32153	3266	1267	401
云 南	Yunnan	42	44901	5427	1768	1021
西 藏	Tibet	4	3485	473	97	48
陕 西	Shaanxi	41	100881	12374	2825	3949
甘 肃	Gansu	29	34571	3504	995	868
青 海	Qinghai	9	6668	550	172	54
宁 夏	Ningxia	15	10202	1822	336	222
新 疆	Xinjiang	29	27885	3643	1027	477

学校R&D人员(2012年)
Sciences & Technology by Region (2012)

#硕士毕业 Master	#本科毕业 Undergraduate	#全时人员 Full-time Personnel	R&D人员全时当量(人年) Full-time Equivalent of R&D Personnel (man-year)	#研究人员 Researchers	基础研究 Basic Research	应用研究 Applied Research	试验发展 Experimental Development
108538	**105725**	**278306**	**231900**	**194666**	**96606**	**116774**	**18521**
46285	45062	127621	106339	89551	43660	54675	8005
20309	20816	49744	41451	34581	15492	21904	4054
22937	22868	56071	46721	39556	20243	22383	4094
19007	16979	44870	37390	30977	17211	17812	2368
7950	7973	27491	22909	19233	8510	13367	1032
3115	2662	8116	6761	5827	2877	3363	521
3063	3114	6725	5604	4926	2357	2994	253
2301	2246	5372	4476	3697	1987	2390	99
1786	1900	4107	3422	2942	1495	1530	396
7278	5743	15707	13087	11404	4760	6900	1427
5967	5209	14103	11752	9255	6211	5023	518
5762	6027	15060	12551	10318	6240	5889	422
6724	6505	19873	16559	13484	7342	7743	1474
7269	6561	18163	15134	13647	6356	7007	1772
3869	3366	10411	8674	7641	3405	4539	730
4939	4198	10728	8939	7248	4731	3634	575
2116	2281	5183	4318	3380	815	3176	327
1853	2066	4570	3808	2772	1268	2143	397
6252	6114	15196	12662	10526	5858	5829	975
2197	2125	4939	4114	3382	1499	1715	900
4663	5342	13386	11154	9444	3019	6843	1292
4356	4839	10749	8959	8040	2989	5180	790
5670	6231	15886	13238	10473	5886	6442	910
3906	4044	9932	8276	6578	3485	4297	494
257	255	577	480	414	253	215	12
1784	1924	4574	3814	3174	1704	1637	473
4908	4428	12619	10513	8832	4450	4868	1195
1063	1486	2611	2177	2039	1217	883	77
1829	2060	4341	3615	2892	1648	1851	116
156	258	378	315	269	175	140	
3702	3426	9894	8246	7339	3343	3786	1117
1440	1117	2804	2335	2029	566	1654	114
152	232	440	367	290	113	239	14
603	769	1459	1215	979	721	470	24
1608	1224	2912	2428	2194	1326	1029	73

4-4 各地区人文社科类高等

R&D Personnel in Higher Education in Social

地　区	Region	学校数（个）Number of Institutions (unit)	从业人员（人）Employed Persons (person)	R&D人员合计（人）R&D Personnel (person)	#女性 Female	#博士毕业 Doctor
全　国	**National Total**	**1090**	**482050**	**329799**	**155549**	**70482**
东部地区	Eastern Region	418	204012	158249	74065	41254
中部地区	Middle Region	273	111953	66132	29689	11738
西部地区	Western Region	276	113710	70949	32331	11556
东北地区	Northeast Region	123	52375	34469	19464	5934
北　京	Beijing	62	32239	35244	16514	11582
天　津	Tianjin	19	9614	9901	4855	2730
河　北	Hebei	32	15967	11514	6713	1438
山　西	Shanxi	17	9213	7366	3925	1176
内蒙古	Inner Mongolia	12	7066	2030	1117	357
辽　宁	Liaoning	47	21643	13440	7583	2831
吉　林	Jilin	39	15606	13095	7158	2154
黑龙江	Heilongjiang	37	15126	7934	4723	949
上　海	Shanghai	30	18071	13504	5684	5363
江　苏	Jiangsu	119	35280	25927	11982	5354
浙　江	Zhejiang	32	22227	20470	9601	3599
安　徽	Anhui	101	22134	10406	4314	1179
福　建	Fujian	21	12861	7932	3439	2029
江　西	Jiangxi	22	12113	5061	2071	864
山　东	Shandong	44	27460	11124	5514	2304
河　南	Henan	45	24040	12038	6240	1756
湖　北	Hubei	48	23117	14117	6026	3849
湖　南	Hunan	40	21336	17144	7113	2914
广　东	Guangdong	43	25584	20695	8868	6472
广　西	Guangxi	24	11240	8876	3980	1364
海　南	Hainan	16	4709	1938	895	383
重　庆	Chongqing	44	14508	10455	4310	2465
四　川	Sichuan	35	19562	15726	6456	2492
贵　州	Guizhou	33	9348	5263	2559	723
云　南	Yunnan	43	14202	7423	3834	950
西　藏	Tibet	2	1042	744	305	71
陕　西	Shaanxi	31	16622	9330	4374	1874
甘　肃	Gansu	18	7787	3790	1642	429
青　海	Qinghai	4	1692	619	299	71
宁　夏	Ningxia	10	2746	1269	721	120
新　疆	Xinjiang	20	7895	5424	2734	640

学校R&D人员(2012年)
Sciences & Humanities by Region (2012)

#硕士毕业 Master	#本科毕业 Undergraduate	#全时人员 Full-time Personnel	R&D人员全时当量(人年) Full-time Equivalent of R&D Personnel (man-year)	#研究人员 Researchers	基础研究 Basic Research	应用研究 Applied Research	试验发展 Experimental Development
141355	**108815**	**6401**	**81619**	**67386**	**43449**	**37521**	**649**
64845	47948	3482	39887	33219	19385	20259	243
30198	22306	1397	16349	12974	8861	7239	248
30458	26812	1113	16742	13841	9889	6722	132
15854	11749	409	8642	7353	5314	3301	26
13408	9760	772	8330	6783	3368	4909	53
4411	2596	212	2784	2322	1255	1492	36
5439	4489	157	2681	2271	1379	1267	35
3396	2727	110	1629	1247	627	990	11
1007	649	55	550	493	372	167	11
5999	4256	190	3328	2881	1601	1720	6
5983	4568	157	2939	2347	1674	1245	20
3872	2925	62	2375	2124	2039	336	
4397	3531	939	4612	3867	2459	2124	28
11432	8787	60	5745	4687	2736	3009	
8577	7148	205	4755	4022	2505	2247	3
5153	3795	302	2928	2313	1443	1453	31
3009	2450	147	2007	1676	1027	973	7
2216	1651	51	1170	981	772	341	57
5273	3319	473	3413	2951	1899	1489	24
6306	3806	3	2451	1981	1523	880	47
6055	3976	509	4046	3409	2059	1921	66
7072	6351	422	4124	3043	2436	1653	35
8059	5168	517	5188	4337	2507	2635	46
4080	3154	11	1928	1626	1190	728	11
840	700		373	303	249	113	10
4460	3071	371	2777	2324	1275	1481	21
6192	6706	332	3655	2924	2310	1344	1
2230	2194	19	1121	1039	751	359	11
3257	3021	59	1654	1262	1036	603	16
366	281	3	191	169	127	60	5
3978	3284	142	2239	1862	1498	718	23
1629	1667	27	966	735	417	549	
256	271	30	193	165	121	71	1
600	506	18	343	271	194	123	25
2403	2008	46	1126	972	597	520	9

4-5 各地区高等学校R&D

Intramural Expenditures on R&D in

单位：万元

地区	Region	R&D经费内部支出 Intramural Expenditures on R&D	基础研究 Basic Research	应用研究 Applied Research	试验发展 Experimental Development
全国	**National Total**	**7805558**	**2756544**	**4027040**	**1021975**
东部地区	Eastern Region	4483910	1615342	2378390	490177
中部地区	Middle Region	1235737	445220	584064	206453
西部地区	Western Region	1194766	411389	585557	197820
东北地区	Northeast Region	891146	284593	479028	127525
北京	Beijing	1369404	467476	767061	134867
天津	Tianjin	403218	128818	225784	48616
河北	Hebei	95732	47196	43715	4820
山西	Shanxi	89090	33351	52913	2826
内蒙古	Inner Mongolia	34830	10463	17769	6599
辽宁	Liaoning	372531	86112	188891	97528
吉林	Jilin	206531	93140	100022	13370
黑龙江	Heilongjiang	312084	105341	190116	16627
上海	Shanghai	616955	225198	314210	77548
江苏	Jiangsu	730438	277334	353405	99699
浙江	Zhejiang	447182	160751	258876	27555
安徽	Anhui	243774	119399	91955	32420
福建	Fujian	79281	16740	56030	6511
江西	Jiangxi	85676	27700	41788	16188
山东	Shandong	289023	100404	135708	52911
河南	Henan	151353	70709	55779	24865
湖北	Hubei	416891	118812	209583	88497
湖南	Hunan	248953	75250	132047	41656
广东	Guangdong	440082	185047	217767	37268
广西	Guangxi	74919	38455	32704	3760
海南	Hainan	12595	6378	5835	383
重庆	Chongqing	172296	57066	85648	29583
四川	Sichuan	387196	123056	194195	69945
贵州	Guizhou	40197	18677	19164	2356
云南	Yunnan	66401	25734	37126	3542
西藏	Tibet	2577	1505	1044	28
陕西	Shaanxi	297735	92502	132298	72935
甘肃	Gansu	70626	22180	42004	6441
青海	Qinghai	9347	2680	5702	966
宁夏	Ningxia	11808	4538	6301	969
新疆	Xinjiang	26834	14533	11603	698

经费内部支出(2012年)

Higher Education by Region (2012)

(10 000 yuan)

日常性支出 Routine Expenses	#人员劳务费 Labor Cost	资产性支出 Assets Expenditure	#仪器和设备支出 Equipment	政府资金 Government Funds	企业资金 Self-raised Funds by Enterprises	国外资金 Foreign Funds	其他资金 Other Funds
6304555	**1161265**	**1501003**	**1214810**	**4740732**	**2604821**	**60429**	**399576**
3576450	682705	907460	753902	2802410	1419429	47662	214408
953710	169196	282027	212970	785881	347890	5343	96622
1000126	194049	194640	138255	653146	473263	5002	63354
774269	115315	116877	109683	499295	364238	2421	25191
1150016	170283	219388	189532	929647	378032	29157	32567
294103	66490	109115	52974	211713	164091	2115	25299
77253	14105	18478	13208	54749	31184	13	9786
67719	15249	21371	15885	53683	27029	164	8214
31309	3536	3522	3522	27410	5441	86	1894
317984	44658	54547	49225	157694	196671	1500	16665
188984	27597	17547	16857	141251	60803	866	3611
267301	43060	44783	43601	200350	106764	55	4915
500713	124813	116243	103223	399095	194047	3020	20793
522335	89902	208103	183213	389912	298122	1639	40766
383484	89268	63698	62221	261645	153554	6078	25906
181473	42373	62300	47376	160890	49669	249	32966
63283	11749	15997	13852	48171	19940	285	10884
50539	12998	35137	27641	49551	28087	305	7733
239927	44869	49095	40246	186222	83923	2669	16209
114252	11950	37101	33750	94730	36357	855	19411
341709	46843	75181	52554	264620	141139	2806	8325
198017	39783	50936	35764	162407	65610	964	19972
334451	69760	105631	93723	310962	95379	2679	31062
60082	18306	14837	12579	47513	20000	44	7362
10885	1466	1710	1710	10294	1157	7	1138
127362	34053	44935	33584	77481	78857	651	15307
329630	58828	57566	36009	165076	201077	2490	18553
33589	8133	6608	4266	29309	8609	19	2260
59345	12632	7056	5060	37925	25688	723	2065
2168	538	409	409	2311	63		203
259182	37751	38552	26144	186148	100977	890	9720
58432	8107	12193	8808	39038	27605	80	3902
7112	1875	2235	1947	8177	536		634
8304	3653	3504	2704	9801	1448	10	549
23611	6637	3223	3223	22957	2963	9	905

4-6 各地区理工农医类高等学校R&D
Intramural Expenditures on R&D in Higher Education

单位：万元

地 区	Region	R&D经费内部支出 Intramural Expenditures on R&D	基础研究 Basic Research	应用研究 Applied Research	试验发展 Experimental Development
全 国	**National Total**	**6886895**	**2390585**	**3486092**	**1010218**
东部地区	Eastern Region	3918509	1410852	2023091	484566
中部地区	Middle Region	1087484	376735	508708	202042
西部地区	Western Region	1046192	343364	506569	196260
东北地区	Northeast Region	834709	259634	447725	127350
北 京	Beijing	1210248	414300	663497	132450
天 津	Tianjin	378010	119787	209723	48499
河 北	Hebei	83176	40468	38141	4567
山 西	Shanxi	77162	28973	45385	2804
内蒙古	Inner Mongolia	31241	8381	16476	6385
辽 宁	Liaoning	349375	78203	173723	97449
吉 林	Jilin	182028	83574	85178	13275
黑龙江	Heilongjiang	303307	97857	188824	16627
上 海	Shanghai	535533	186390	272292	76851
江 苏	Jiangsu	670614	254650	316265	99699
浙 江	Zhejiang	359325	137654	194617	27054
安 徽	Anhui	223215	111772	79689	31754
福 建	Fujian	58751	9313	42986	6453
江 西	Jiangxi	75396	23219	37333	14844
山 东	Shandong	263097	90342	120203	52553
河 南	Henan	135262	60620	50230	24412
湖 北	Hubei	359643	96395	176091	87157
湖 南	Hunan	216806	55755	119980	41071
广 东	Guangdong	349323	153173	159989	36162
广 西	Guangxi	59219	30493	25013	3713
海 南	Hainan	10432	4776	5378	279
重 庆	Chongqing	143278	48695	65034	29549
四 川	Sichuan	346885	107898	169043	69945
贵 州	Guizhou	31738	13498	16012	2229
云 南	Yunnan	56544	20128	33009	3407
西 藏	Tibet	1665	938	727	
陕 西	Shaanxi	273438	79684	121625	72129
甘 肃	Gansu	61767	16288	39038	6441
青 海	Qinghai	8374	2115	5304	955
宁 夏	Ningxia	10155	3644	5674	837
新 疆	Xinjiang	21889	11603	9615	671

经费内部支出(2012年)

in Natural Sciences & Technology by Region (2012)

(10 000 yuan)

# 日常性支出 Routine Expenses		资产性支出 Assets Expenditure		政府资金 Government Funds	企业资金 Self-raised Funds by Enterprises	国外资金 Foreign Funds	其他资金 Other Funds
	# 人员劳务费 Labor Cost		# 仪器和设备支出 Equipment				
5476842	**962408**	**1410053**	**1127915**	**4278491**	**2247442**	**42968**	**317994**
3068293	580806	850216	698642	2536295	1181752	34298	166164
822437	129691	265048	197022	700372	300617	3313	83182
862868	154146	183325	127532	575779	417833	3397	49184
723245	97765	111464	104720	466046	347240	1960	19463
998536	149646	211712	181975	850099	320349	20592	19208
270396	60475	107614	51473	199209	152285	1783	24733
65649	9245	17527	12324	47173	27410	13	8581
58467	12255	18695	13391	46971	22966		7225
27860	2625	3381	3381	25133	4564		1545
295782	37218	53593	48366	144522	189413	1283	14157
168712	22189	13315	12978	127138	52604	628	1658
258751	38358	44557	43376	194387	105223	49	3649
427408	113884	108124	95105	359695	158743	2464	14631
471569	79513	199045	174170	359771	274630	1360	34853
306351	64630	52975	51837	233202	99625	4731	21767
162659	32995	60556	45638	148056	45041	66	30053
43382	7784	15369	13224	38681	11125	92	8853
41920	10806	33476	26151	45049	23999	305	6044
216940	36804	46157	37504	171581	75308	2432	13777
100303	7275	34959	31610	84235	32614	185	18228
290173	37178	69470	47392	235931	116419	1917	5376
168914	29182	47893	32840	140130	59578	840	16258
259255	58168	90068	79406	267933	61222	824	19344
46195	14571	13024	10766	39200	15031	3	4985
8807	658	1625	1625	8952	1055	7	418
100156	26226	43123	31827	64017	67117	317	11827
292857	46521	54028	32472	149514	179979	2035	15357
26022	5271	5716	3874	22482	7340	6	1911
49853	9498	6691	4730	31051	23917	495	1081
1291	212	374	374	1547			118
236878	33736	36560	24154	173129	92118	536	7655
49945	6444	11822	8436	34800	23506		3461
6234	1506	2140	1851	7285	505		584
6684	2897	3471	2671	8781	1119		255
18893	4641	2996	2996	18841	2638	5	405

4-7 各地区人文社科类高等学校R&D
Intramural Expenditures on R&D in Higher Education

单位：万元

地　区	Region	R&D经费内部支出 Intramural Expenditures on R&D	基础研究 Basic Research	应用研究 Applied Research	试验发展 Experimental Development
全　国	**National Total**	**918663**	**365959**	**540948**	**11757**
东部地区	Eastern Region	565401	204490	355300	5611
中部地区	Middle Region	148252	68485	75356	4411
西部地区	Western Region	148573	68025	78988	1560
东北地区	Northeast Region	56437	24958	31304	174
北　京	Beijing	159156	53175	103564	2417
天　津	Tianjin	25208	9031	16061	117
河　北	Hebei	12556	6728	5575	253
山　西	Shanxi	11928	4378	7528	22
内蒙古	Inner Mongolia	3589	2082	1293	214
辽　宁	Liaoning	23156	7909	15168	80
吉　林	Jilin	24503	9565	14843	95
黑龙江	Heilongjiang	8777	7484	1293	
上　海	Shanghai	81423	38809	41917	697
江　苏	Jiangsu	59824	22684	37140	
浙　江	Zhejiang	87857	23097	64259	501
安　徽	Anhui	20558	7627	12266	666
福　建	Fujian	20530	7427	13045	58
江　西	Jiangxi	10280	4481	4455	1344
山　东	Shandong	25925	10062	15505	358
河　南	Henan	16091	10089	5549	453
湖　北	Hubei	57248	22417	33492	1340
湖　南	Hunan	32147	19495	12067	585
广　东	Guangdong	90759	31874	57778	1107
广　西	Guangxi	15700	7962	7691	48
海　南	Hainan	2163	1602	457	104
重　庆	Chongqing	29018	8371	20614	33
四　川	Sichuan	40311	15158	25152	
贵　州	Guizhou	8458	5180	3152	127
云　南	Yunnan	9858	5606	4117	135
西　藏	Tibet	912	567	317	28
陕　西	Shaanxi	24297	12818	10673	806
甘　肃	Gansu	8859	5893	2966	
青　海	Qinghai	974	565	398	11
宁　夏	Ningxia	1653	894	627	131
新　疆	Xinjiang	4945	2930	1988	27

经费内部支出(2012年)

in Social Sciences & Humanities by Region (2012)

(10 000 yuan)

日常性支出 Routine Expenses	#人员劳务费 Labor Cost	资产性支出 Assets Expenditure	#仪器和设备支出 Equipment	政府资金 Government Funds	企业资金 Self-raised Funds by Enterprises	国外资金 Foreign Funds	其他资金 Other Funds
827713	**198858**	**90950**	**86895**	**462241**	**357379**	**17461**	**81582**
508158	101899	57243	55260	266116	237677	13364	48243
131274	39505	16979	15948	85509	47274	2030	13439
137258	39903	11315	10723	77367	55430	1605	14171
51024	17550	5413	4963	33249	16998	461	5728
151480	20637	7676	7556	79549	57684	8565	13359
23707	6015	1501	1501	12505	11807	331	566
11604	4860	951	884	7577	3774		1205
9252	2994	2676	2494	6713	4062	164	989
3449	911	141	141	2277	877	86	350
22202	7440	954	859	13173	7258	218	2508
20272	5408	4232	3880	14113	8199	238	1954
8550	4702	227	225	5963	1541	6	1267
73304	10929	8119	8119	39400	35304	557	6162
50766	10389	9058	9043	30141	23491	279	5913
77134	24638	10724	10384	28443	53929	1347	4139
18814	9378	1744	1739	12834	4628	183	2913
19901	3965	628	628	9490	8815	193	2031
8619	2192	1661	1490	4502	4088		1690
22987	8066	2938	2743	14641	8615	237	2432
13949	4675	2142	2140	10495	3743	670	1183
51536	9665	5712	5162	28689	24720	889	2950
29103	10601	3044	2924	22276	6032	124	3714
75195	11593	15563	14316	43029	34157	1855	11718
13887	3735	1813	1813	8313	4969	41	2377
2078	808	85	85	1342	102		719
27206	7827	1812	1757	13464	11740	334	3480
36773	12307	3537	3537	15562	21097	455	3196
7567	2862	891	391	6828	1268	13	349
9492	3135	366	331	6874	1771	228	985
877	327	35	35	764	63		85
22305	4015	1992	1990	13019	8859	354	2065
8487	1662	372	372	4238	4099	80	441
878	369	96	96	892	32		50
1619	756	33	33	1020	329	10	294
4718	1997	227	227	4116	325	4	500

4-8 各地区高等学校R&D经费外部支出(2012年)
External Expenditure on R&D in Higher Education by Region (2012)

单位：万元 (10 000 yuan)

地　区	Region	R&D经费外部支出 External Expenditure on R&D	对境内研究机构支出 to Domestic Research institutions	对境内高等学校支出 to Domestic Higher Education	对境内企业支出 to Domestic Enterprises	对境外机构支出 to Foreign Institutions
全　国	**National Total**	**626139**	**196347**	**214916**	**188739**	**22293**
东部地区	Eastern Region	430914	141506	132779	141998	11715
中部地区	Middle Region	71345	16128	32988	14606	7373
西部地区	Western Region	96050	32910	39094	20598	3094
东北地区	Northeast Region	27830	5802	10056	11537	111
北　京	Beijing	228940	72670	64724	87329	4202
天　津	Tianjin	12539	4754	3674	4072	35
河　北	Hebei	2797	788	1306	638	39
山　西	Shanxi	1387	194	280	913	
内蒙古	Inner Mongolia	2284	1186	996	93	
辽　宁	Liaoning	12097	725	5715	5482	98
吉　林	Jilin	6840	2060	2123	2404	5
黑龙江	Heilongjiang	8893	3018	2217	3651	7
上　海	Shanghai	34615	10886	11103	8388	3981
江　苏	Jiangsu	56590	20422	16318	16357	1584
浙　江	Zhejiang	37600	12841	16144	8419	190
安　徽	Anhui	7997	1531	1676	1978	2813
福　建	Fujian	9109	3300	2778	2375	303
江　西	Jiangxi	6061	820	3049	957	1217
山　东	Shandong	20420	6968	7047	5441	874
河　南	Henan	1967	917	664	217	157
湖　北	Hubei	36018	8066	18070	8842	863
湖　南	Hunan	17916	4600	9249	1699	2323
广　东	Guangdong	28082	8808	9589	8928	506
广　西	Guangxi	1991	226	1197	567	
海　南	Hainan	221	69	98	51	1
重　庆	Chongqing	7860	2407	2710	1245	1460
四　川	Sichuan	53631	16766	27482	9190	172
贵　州	Guizhou	1940	618	917	383	16
云　南	Yunnan	3232	654	1020	415	1137
西　藏	Tibet	198	67	108	22	
陕　西	Shaanxi	21055	10175	3191	7477	9
甘　肃	Gansu	1186	225	498	464	
青　海	Qinghai	374	43	34	52	246
宁　夏	Ningxia	677	107	17	553	
新　疆	Xinjiang	1623	437	925	138	55

4-9 各地区理工农医类高等学校R&D经费外部支出(2012年)
External Expenditure on R&D in Higher Education in Natural Sciences & Technology by Region (2012)

单位：万元 (10 000 yuan)

地区	Region	R&D经费外部支出 External Expenditure on R&D	对境内研究机构支出 to Domestic Research institutions	对境内高等学校支出 to Domestic Higher Education	对境内企业支出 to Domestic Enterprises	对境外机构支出 to Foreign Institutions
全　国	**National Total**	**614488**	**194398**	**212192**	**185689**	**22209**
东部地区	Eastern Region	422018	139991	131113	139247	11666
中部地区	Middle Region	69483	15740	32008	14363	7372
西部地区	Western Region	95621	32892	39072	20564	3094
东北地区	Northeast Region	27367	5776	10000	11515	77
北　京	Beijing	226245	72062	63954	86043	4186
天　津	Tianjin	12472	4714	3656	4068	34
河　北	Hebei	2748	786	1286	638	39
山　西	Shanxi	1387	194	280	913	
内蒙古	Inner Mongolia	2274	1186	996	93	
辽　宁	Liaoning	11936	717	5687	5465	66
吉　林	Jilin	6539	2041	2095	2399	4
黑龙江	Heilongjiang	8893	3018	2217	3651	7
上　海	Shanghai	33557	10860	10987	7730	3981
江　苏	Jiangsu	54292	20293	16168	16247	1584
浙　江	Zhejiang	36646	12413	15705	8364	165
安　徽	Anhui	7832	1467	1622	1930	2813
福　建	Fujian	8740	3284	2778	2375	303
江　西	Jiangxi	5776	795	2917	847	1217
山　东	Shandong	19993	6740	6982	5397	874
河　南	Henan	1937	917	647	216	157
湖　北	Hubei	34879	7843	17397	8776	863
湖　南	Hunan	17672	4524	9145	1681	2322
广　东	Guangdong	27105	8769	9501	8335	500
广　西	Guangxi	1940	213	1189	538	
海　南	Hainan	219	69	98	51	1
重　庆	Chongqing	7822	2407	2710	1245	1460
四　川	Sichuan	53601	16764	27476	9189	172
贵　州	Guizhou	1930	618	914	383	16
云　南	Yunnan	3224	654	1019	415	1137
西　藏	Tibet	198	67	108	22	
陕　西	Shaanxi	20849	10175	3189	7477	9
甘　肃	Gansu	1186	225	498	464	
青　海	Qinghai	374	43	34	52	246
宁　夏	Ningxia	670	104	16	550	
新　疆	Xinjiang	1554	437	924	138	55

4-10 各地区人文社科类高等学校R&D经费外部支出(2012年)
External Expenditure on R&D in Higher Education in Social Sciences & Humanities by Region (2012)

单位：万元 (10 000 yuan)

地区	Region	R&D经费外部支出 External Expenditure on R&D	对境内研究机构支出 to Domestic Research Institutions	对境内高等学校支出 to Domestic Higher Education	对境内企业支出 to Domestic Enterprises	对境外机构支出 to Foreign Institutions
全　国	**National Total**	**11650**	**1949**	**2724**	**3050**	**84**
东部地区	Eastern Region	8897	1516	1665	2751	49
中部地区	Middle Region	1862	389	981	243	1
西部地区	Western Region	428	18	22	34	
东北地区	Northeast Region	463	27	56	22	34
北　京	Beijing	2694	608	770	1286	15
天　津	Tianjin	67	40	18	4	1
河　北	Hebei	49	2	20		
山　西	Shanxi					
内蒙古	Inner Mongolia	10				
辽　宁	Liaoning	162	8	28	17	32
吉　林	Jilin	301	19	28	6	2
黑龙江	Heilongjiang					
上　海	Shanghai	1058	26	116	658	
江　苏	Jiangsu	2298	129	149	110	
浙　江	Zhejiang	954	428	439	55	26
安　徽	Anhui	164	63	54	47	
福　建	Fujian	369	16			
江　西	Jiangxi	285	25	133	110	
山　东	Shandong	427	228	65	44	
河　南	Henan	30		17	1	
湖　北	Hubei	1139	223	674	66	
湖　南	Hunan	244	76	104	18	1
广　东	Guangdong	978	39	89	593	7
广　西	Guangxi	51	13	8	30	
海　南	Hainan	2				
重　庆	Chongqing	39				
四　川	Sichuan	30	2	6	1	
贵　州	Guizhou	10	1	4		
云　南	Yunnan	8		1		
西　藏	Tibet					
陕　西	Shaanxi	206		2		
甘　肃	Gansu					
青　海	Qinghai					
宁　夏	Ningxia	6	3	1	3	
新　疆	Xinjiang	69				

4-11 各地区高等学校R&D课题(2012年)
R&D Projects of Higher Education by Region (2012)

地区	Region	R&D课题数（项）R&D Projects (item)	投入人员（人年）Input of Personnel (man-year)	投入经费（万元）Input of Funds (10 000 yuan)
全国	**National Total**	**657027**	**313107**	**6072681**
东部地区	Eastern Region	324918	146080	3342458
中部地区	Middle Region	134084	57572	978895
西部地区	Western Region	138765	63441	967004
东北地区	Northeast Region	59260	46014	784324
北京	Beijing	69557	31219	1134831
天津	Tianjin	16763	9527	291256
河北	Hebei	16276	8282	69433
山西	Shanxi	8924	6099	62172
内蒙古	Inner Mongolia	6961	3971	30979
辽宁	Liaoning	26158	16403	314834
吉林	Jilin	16114	14686	181875
黑龙江	Heilongjiang	16988	14925	287615
上海	Shanghai	42572	21130	434945
江苏	Jiangsu	44383	20876	513401
浙江	Zhejiang	43049	13421	303532
安徽	Anhui	25219	11862	159738
福建	Fujian	16995	6321	67663
江西	Jiangxi	14690	4927	74393
山东	Shandong	27550	16066	214814
河南	Henan	19032	6504	137872
湖北	Hubei	36241	15194	369694
湖南	Hunan	29978	12986	175026
广东	Guangdong	44800	18387	303655
广西	Guangxi	15816	10203	45442
海南	Hainan	2973	853	8929
重庆	Chongqing	14862	6585	132148
四川	Sichuan	32954	14164	314521
贵州	Guizhou	9152	3297	34129
云南	Yunnan	11623	5268	56859
西藏	Tibet	612	505	1907
陕西	Shaanxi	28482	10481	251556
甘肃	Gansu	8705	3300	63050
青海	Qinghai	810	559	4057
宁夏	Ningxia	3445	1557	10137
新疆	Xinjiang	5343	3551	22218

4-12 各地区理工农医类高等学校R&D课题(2012年)
R&D Projects of Higher Education in Natural Sciences & Technology by Region (2012)

地　区	Region	R&D课题数 (项) R&D Projects (item)	投入人员 (人年) Input of Personnel (man-year)	投入经费 (万元) Input of Funds (10 000 yuan)
全　国	**National Total**	**365421**	**231900**	**5547340**
东部地区	Eastern Region	178857	106339	3011480
中部地区	Middle Region	69487	41451	893561
西部地区	Western Region	81365	46721	885871
东北地区	Northeast Region	35712	37390	756428
北　京	Beijing	38915	22909	1028726
天　津	Tianjin	9639	6761	277016
河　北	Hebei	7381	5604	63289
山　西	Shanxi	5331	4476	58159
内蒙古	Inner Mongolia	4496	3422	28321
辽　宁	Liaoning	15111	13087	301538
吉　林	Jilin	8195	11752	171330
黑龙江	Heilongjiang	12406	12551	283560
上　海	Shanghai	24396	16559	395696
江　苏	Jiangsu	24990	15134	475304
浙　江	Zhejiang	21349	8674	259644
安　徽	Anhui	15046	8939	151354
福　建	Fujian	8958	4318	54915
江　西	Jiangxi	6662	3808	68461
山　东	Shandong	16287	12662	198168
河　南	Henan	7469	4114	129906
湖　北	Hubei	21016	11154	325694
湖　南	Hunan	13963	8959	159988
广　东	Guangdong	25458	13238	251099
广　西	Guangxi	9105	8276	38259
海　南	Hainan	1484	480	7622
重　庆	Chongqing	7426	3814	114103
四　川	Sichuan	19242	10513	296316
贵　州	Guizhou	4912	2177	30057
云　南	Yunnan	6524	3615	50522
西　藏	Tibet	194	315	1322
陕　西	Shaanxi	18716	8246	237789
甘　肃	Gansu	5419	2335	57101
青　海	Qinghai	463	367	3547
宁　夏	Ningxia	2331	1215	9241
新　疆	Xinjiang	2537	2428	19294

4-13 各地区人文社科类高等学校R&D课题(2012年)

R&D Projects of Higher Education in Social Sciences & Humanities by Region (2012)

地　区	Region	R&D课题数 (项) R&D Projects (item)	投入人员 (人年) Input of Personnel (man-year)	投入经费 (万元) Input of Funds (10 000 yuan)
全　国	**National Total**	**291606**	**81206**	**525341**
东部地区	Eastern Region	146061	39741	330979
中部地区	Middle Region	64597	16121	85334
西部地区	Western Region	57400	16720	81133
东北地区	Northeast Region	23548	8624	27895
北　京	Beijing	30642	8309	106105
天　津	Tianjin	7124	2767	14241
河　北	Hebei	8895	2678	6143
山　西	Shanxi	3593	1622	4014
内蒙古	Inner Mongolia	2465	549	2658
辽　宁	Liaoning	11047	3316	13295
吉　林	Jilin	7919	2934	10545
黑龙江	Heilongjiang	4582	2374	4055
上　海	Shanghai	18176	4570	39249
江　苏	Jiangsu	19393	5742	38096
浙　江	Zhejiang	21700	4747	43888
安　徽	Anhui	10173	2923	8384
福　建	Fujian	8037	2002	12748
江　西	Jiangxi	8028	1119	5932
山　东	Shandong	11263	3404	16646
河　南	Henan	11563	2390	7966
湖　北	Hubei	15225	4040	44000
湖　南	Hunan	16015	4027	15038
广　东	Guangdong	19342	5149	52556
广　西	Guangxi	6711	1928	7183
海　南	Hainan	1489	373	1307
重　庆	Chongqing	7436	2771	18046
四　川	Sichuan	13712	3651	18205
贵　州	Guizhou	4240	1121	4071
云　南	Yunnan	5099	1653	6338
西　藏	Tibet	418	190	585
陕　西	Shaanxi	9766	2235	13768
甘　肃	Gansu	3286	965	5949
青　海	Qinghai	347	192	510
宁　夏	Ningxia	1114	343	897
新　疆	Xinjiang	2806	1123	2924

4-14 按学科分高等学校R&D课题(2012年)
R&D Projects Taken by R&D Institutions by Discipline (2012)

学 科	Discipline	R&D课题数 (项) R&D Projects (item)	投入人员 (人年) Input of Personnel (man-year)	投入经费 (万元) Input of Funds (10 000 yuan)
全 国	**National Total**	**657027**	**313107**	**6072681**
数 学	Mathematics	9541	5374	55187
信息科学与系统科学	Information & System Science	5394	3156	107890
力 学	Mechanics	2656	1477	46221
物理学	Physics	11226	6818	158823
化 学	Chemistry	16551	9651	203325
天文学	Astronomy	344	168	3882
地球科学	Earth Science	12702	6150	234120
生物学	Biology	18126	10849	276891
心理学	Psychology	320	136	2066
农 学	Agriculture	16115	8862	226502
林 学	Forestry	3384	2216	42690
畜牧、兽医科学	Livestock, Veterinary Medicine	5312	3006	75303
水产学	Aquatic	2070	938	19961
基础医学	Basic Medicine	15843	12899	144443
临床医学	Clinic Medicine	39747	40279	297683
预防医学与卫生学	Protective Medicine	2562	1973	24804
军事医学与特种医学	Military Medicine & Special Medicine	117	112	1417
药 学	Pharmacy	5018	3430	64206
中医学与中药学	Traditional Chinese Medicine	14586	11855	75589
工程与技术科学基础学科	Engineering & Basic Technology Science	2973	1394	57571
信息与系统科学相关工程与技术	Information and System Science-related Engineering and Technology	3262	1887	52377
自然科学相关工程与技术	Science and Technology-related Engineering and Technology	1376	754	20343
测绘科学技术	Surveying & Mapping	1502	785	29069
材料科学	Material Science	17579	9828	307613
矿山工程技术	Mining	7396	3472	151069
冶金工程技术	Metallurgy	1966	1191	95348
机械工程	Mechanical Engineering	18868	11386	381111
动力与电气工程	Power & Electrical Engineering	10203	5615	191171
能源科学技术	Energy Technology	4096	2387	102062
核科学技术	Nuclear Technology	800	612	27604
电子、通信与自动控制技术	Electronics, Communication & Automation	21910	13092	491897
计算机科学技术	Computer Technology	20938	11813	307111
化学工程	Chemical Engineering	10873	5753	205873
产品应用相关工程与技术	Products Application-related Engineering and Technology	826	604	25341
纺织科学技术	Textile Technology	1776	1044	25200
食品科学技术	Food Technology	4772	2562	66389
土木建筑工程	Civil Construction	13025	6921	199359
水利工程	Water Conservancy	3308	1864	72910
交通运输工程	Transportaiton Engineering	7883	4124	190240
航空、航天科学技术	Aviation and Aerospace	3741	2091	173990
环境科学技术	Environment	13090	6238	180663
安全科学技术	Security	1130	648	18068
管理学	Management	64049	19703	233361
马克思主义	Marxism	9272	2695	8270
哲 学	Phylosophy	5043	1452	7739
宗教学	Religion	863	262	1546
语言学	Linguistics	19250	5989	18636
文 学	Literature	16042	4643	17325
艺术学	Arts	21641	6077	65249
历史学	Histry	8446	2443	16225
考古学	Archaeology	1006	259	5997
经济学	Economics	46319	13046	104740
政治学	Politics	7682	2031	11731
法 学	Law	18827	4980	27988
军事学	Military	142	122	2507
社会学	Sociology	16988	4496	30438
民族学	Ethnography	3415	1118	7211
新闻学与传播学	Journalism	7038	1723	13410
图书馆、情报与文献学	Library and Information Literature	5463	1735	7922
教育学	Education	35990	10308	39678
体育科学	Physical Science	12138	3780	12182
统计学	Statistics	2221	658	4720
其 他	Others	285	175	2428

4-15 按来源和合作形式分高等学校R&D课题(2012年)

R&D Projects of Higher Education by Sources and Cooperation Modality (2012)

项 目	Item	R&D课题数 (项) R&D Projects (item)	投入人员 (人年) Input of Personnel (man-year)	投入经费 (万元) Input of Funds (10 000 yuan)
总 计	**Total**	**657027**	**313107**	**6072681**
按课题来源分组	**by Sources of Topics**			
国家科技项目	National S&T Projects	189327	120146	3077409
地方科技项目	Local S&T Projects	207493	93957	672414
企业委托科技项目	S&T Projects Entrusted by Enterprise	148796	61286	2083865
自选科技项目	S&T Projects Chosen by Enterprise	99133	33039	153525
来自国外的科技项目	Oversea S&T Projects	3498	1542	62387
其它科技项目	Others	8780	3138	23080
按合作形式分组	**by Cooperation Modality**			
与境外机构合作	Cooperation with Oversea Institutes	3070	1840	66696
与国内高校合作	Cooperation with Domestic Higher Education	20137	11235	442513
与国内独立研究机构合作	Cooperation with Domestic Independent Research Institutes	15312	9272	408541
与境内注册的外商独资企业合作	Cooperation with Sole Foreign Enterprise	461	214	6327
与境内注册的其他企业合作	Cooperation with Other Enterprise	30509	15560	510477
独立完成	Independent Implementation	574637	270184	4543386
其 他	Others	12901	4802	94740

4-16 各地区高等学校
S&T Output of Higher

地区	Region	发表科技论文(篇) Scientific Papers Issued (piece)	#国外发表 Published in Foreign Periodicals	出版科技著作(种) Publication on S&T (kind)
全国	**National Total**	**1117742**	**226097**	**38760**
东部地区	Eastern Region	523130	125043	18668
中部地区	Middle Region	237252	37912	8083
西部地区	Western Region	243756	38192	7218
东北地区	Northeast Region	113604	24950	4791
北京	Beijing	112949	25785	5431
天津	Tianjin	23155	7169	728
河北	Hebei	32503	3705	694
山西	Shanxi	13949	2197	634
内蒙古	Inner Mongolia	12827	1392	475
辽宁	Liaoning	50674	9780	2415
吉林	Jilin	25480	4099	957
黑龙江	Heilongjiang	37450	11071	1419
上海	Shanghai	71343	22042	2940
江苏	Jiangsu	102482	26098	2546
浙江	Zhejiang	45385	13193	1546
安徽	Anhui	35873	5290	1149
福建	Fujian	18139	3701	801
江西	Jiangxi	23714	2962	549
山东	Shandong	48339	11051	1608
河南	Henan	47556	5505	1820
湖北	Hubei	70988	16069	2371
湖南	Hunan	45172	5889	1560
广东	Guangdong	64501	12032	2067
广西	Guangxi	24663	2704	623
海南	Hainan	4334	267	307
重庆	Chongqing	30428	5689	1087
四川	Sichuan	55447	12910	1268
贵州	Guizhou	13751	713	384
云南	Yunnan	18397	1749	852
西藏	Tibet	1101	23	56
陕西	Shaanxi	50801	9992	1396
甘肃	Gansu	15471	2062	661
青海	Qinghai	2648	73	62
宁夏	Ningxia	6003	297	93
新疆	Xinjiang	12219	588	261

科技产出(2012年)
Education by Region(2012)

专利申请数(件) Patent Applications (piece)	#发明专利 Invetions	有效发明专利(件) Inventions in Force (piece)	专利所有权转让及许可数(件) Number of Transfer and Licensing of Patent Ownership (piece)	专利所有权转让及许可收入(万元) Revenue from Transfer and Licensing of Patent Ownership (10 000 yuan)	形成国家或行业标准数(项) Number of National and Industrial Standard (item)
113430	**66755**	**117000**	**2380**	**43630**	**197**
70926	41439	76837	1289	27869	98
15341	8952	13081	511	8743	18
15998	10268	15899	419	4292	65
11165	6096	11183	161	2726	16
10327	8755	21859	147	13378	46
3743	2557	3376	83	1010	
1827	837	1448	90	1727	1
731	639	1044	47	266	
161	106	229			
4866	2408	4285	71	1425	4
1459	990	1588	29	528	5
4840	2698	5310	61	773	7
8770	6213	11013	199	3868	
24340	11138	17650	507	3905	22
10750	4987	9902	67	1024	17
3299	1721	1511	79	1831	
1618	1184	2378	46	509	9
2013	860	684	1	12	
4759	2753	3477	98	1557	3
2311	1341	1710	45	1279	14
4179	2730	5361	279	4645	1
2808	1661	2771	60	710	3
4682	2931	5680	52	891	
2270	1537	763	86	639	
110	84	54			
1789	1252	2457	114	613	
3650	2507	4033	94	2324	3
298	178	312	2	30	5
1369	624	961	19	84	2
3					
5605	3502	6102	97	567	
592	396	664	6	32	24
21	12	21			31
60	33	79	1	3	
180	121	278			

4-17 各地区理工农医类高等

S&T Output of Higher Education in Natural

地 区	Region	发表科技论文(篇) Scientific Papers Issued (piece)	#国外发表 Published in Foreign Periodicals	出版科技著作(种) Publication on S&T (kind)
全 国	**National Total**	**797104**	**216991**	**12060**
东部地区	Eastern Region	374721	119424	4523
中部地区	Middle Region	167654	36875	3131
西部地区	Western Region	172048	36955	2584
东北地区	Northeast Region	82681	23737	1822
北 京	Beijing	78758	24147	1013
天 津	Tianjin	16922	7043	184
河 北	Hebei	23220	3627	274
山 西	Shanxi	10549	2179	278
内蒙古	Inner Mongolia	9351	1341	162
辽 宁	Liaoning	36659	9085	863
吉 林	Jilin	16602	3705	303
黑龙江	Heilongjiang	29420	10947	656
上 海	Shanghai	52399	20900	586
江 苏	Jiangsu	77244	25592	886
浙 江	Zhejiang	32471	12454	362
安 徽	Anhui	25234	5151	522
福 建	Fujian	10878	3412	268
江 西	Jiangxi	16913	2792	140
山 东	Shandong	34229	10645	384
河 南	Henan	31153	5381	687
湖 北	Hubei	51745	15667	743
湖 南	Hunan	32060	5705	761
广 东	Guangdong	46314	11360	487
广 西	Guangxi	17047	2618	162
海 南	Hainan	2286	244	79
重 庆	Chongqing	20476	5371	339
四 川	Sichuan	41887	12518	494
贵 州	Guizhou	8297	686	100
云 南	Yunnan	10469	1672	156
西 藏	Tibet	603	22	6
陕 西	Shaanxi	39244	9797	746
甘 肃	Gansu	9818	2001	276
青 海	Qinghai	1917	73	29
宁 夏	Ningxia	4750	294	15
新 疆	Xinjiang	8189	562	99

学校科技产出(2012年)
Sciences & Technology by Region(2012)

专利申请数(件) Patent Applications (piece)	#发明专利 Invetions	有效发明专利(件) Inventions in Force (piece)	专利所有权转让及许可数(件) Number of Transfer and Licensing of Patent Ownership (piece)	专利所有权转让及许可收入(万元) Revenue from Transfer and Licensing of Patent Ownership (10 000 yuan)	形成国家或行业标准数(项) Number of National and Industrial Standard (item)
106714	**66342**	**116807**	**2357**	**43490**	**189**
65590	41335	76742	1289	27869	94
14307	8662	13052	499	8700	16
15955	10262	15878	417	4290	63
10862	6083	11135	152	2630	16
10295	8749	21851	147	13378	44
3607	2557	3376	83	1010	
1603	821	1425	90	1727	1
731	639	1044	47	266	
161	106	229			
4787	2399	4252	64	1329	4
1455	988	1588	27	528	5
4620	2696	5295	61	773	7
8670	6203	11001	199	3868	
20454	11092	17610	507	3905	22
10193	4974	9900	67	1024	17
2746	1480	1501	67	1788	
1617	1183	2378	46	509	9
1798	844	674	1	12	
4612	2749	3472	98	1557	1
2279	1338	1709	45	1279	14
3985	2704	5353	279	4645	1
2768	1657	2771	60	710	1
4429	2923	5675	52	891	
2265	1536	759	84	637	
110	84	54			
1777	1249	2443	114	613	
3646	2507	4030	94	2324	1
297	178	312	2	30	5
1366	623	961	19	84	2
3					
5588	3502	6102	97	567	
591	395	664	6	32	24
21	12	21			31
60	33	79	1	3	
180	121	278			

4-18 各地区人文社科类

S&T Output of Higher Education in Social

地 区	Region	发表科技论文（篇）Scientific Papers Issued (piece)	#国外发表 Published in Foreign Periodicals	出版科技著作（种）Publication on S&T (kind)
全 国	**National Total**	**320638**	**9106**	**26700**
东部地区	Eastern Region	148409	5619	14145
中部地区	Middle Region	69598	1037	4952
西部地区	Western Region	71708	1237	4634
东北地区	Northeast Region	30923	1213	2969
北 京	Beijing	34191	1638	4418
天 津	Tianjin	6233	126	544
河 北	Hebei	9283	78	420
山 西	Shanxi	3400	18	356
内 蒙 古	Inner Mongolia	3476	51	313
辽 宁	Liaoning	14015	695	1552
吉 林	Jilin	8878	394	654
黑 龙 江	Heilongjiang	8030	124	763
上 海	Shanghai	18944	1142	2354
江 苏	Jiangsu	25238	506	1660
浙 江	Zhejiang	12914	739	1184
安 徽	Anhui	10639	139	627
福 建	Fujian	7261	289	533
江 西	Jiangxi	6801	170	409
山 东	Shandong	14110	406	1224
河 南	Henan	16403	124	1133
湖 北	Hubei	19243	402	1628
湖 南	Hunan	13112	184	799
广 东	Guangdong	18187	672	1580
广 西	Guangxi	7616	86	461
海 南	Hainan	2048	23	228
重 庆	Chongqing	9952	318	748
四 川	Sichuan	13560	392	774
贵 州	Guizhou	5454	27	284
云 南	Yunnan	7928	77	696
西 藏	Tibet	498	1	50
陕 西	Shaanxi	11557	195	650
甘 肃	Gansu	5653	61	385
青 海	Qinghai	731		33
宁 夏	Ningxia	1253	3	78
新 疆	Xinjiang	4030	26	162

高等学校科技产出(2012年)

Sciences & Humanities by Region(2012)

专利申请数(件) Patent Applications (piece)	#发明专利 Invetions	有效发明专利(件) Inventions in Force (piece)	专利所有权转让及许可数(件) Number of Transfer and Licensing of Patent Ownership (piece)	专利所有权转让及许可收入(万元) Revenue from Transfer and Licensing of Patent Ownership (10 000 yuan)	形成国家或行业标准数(项) Number of National and Industrial Standard (item)
6716	**413**	**193**	**23**	**141**	**8**
5336	104	95			4
1034	290	29	12	43	2
43	6	21	2	2	2
303	13	48	9	96	
32	6	8			2
136					
224	16	23			
79	9	33	7	96	
4	2		2		
220	2	15			
100	10	12			
3886	46	40			
557	13	2			
553	241	10	12	43	
1	1				
215	16	10			
147	4	5			2
32	3	1			
194	26	8			
40	4				2
253	8	5			
5	1	4	2	2	
12	3	14			
4		3			2
1					
3	1				
17					
1	1				

五、高技术产业

High-tech Industry

5-1 高技术产业基本情况
Basic Statistics on High-tech Industry

指 标	Item	1995	2000	2005	2008	2009	2010	2011	2012
生产经营情况	**Statistics on Production and Operation**								
企业数（个）	Number of Enterprises(unit)	18834	9758	17527	25817	27218	28189	21682	24636
主营业务收入（亿元）	Revenue from Principal Business (100 million yuan)	3917.1	10033.7	33921.8	55728.9	59566.7	74482.8	87527.2	102284.0
利润（亿元）	Profits (100 million yuan)	178.0	673.5	1423.2	2725.1	3278.5	4879.7	5244.9	6186.3
利税（亿元）	Profits and Taxes (100 million yuan)	326.2	1033.4	2089.6	4023.9	4660.3	6753.1	7813.8	9494.3
出口交货值（亿元）	Export(100 million yuan)	1125.2	3388.4	17636.0	31503.9	29435.3	37001.6	40600.3	46701.1
科技活动及相关情况	**Statistics on Science and Technology Activities and Relative Statistics**								
研发机构数（个）	R&D Institutions(unit)	2138	1379	1619	2534	2845	3184	3254	5158
R&D人员全时当量(万人年)	R&D Personnel (10 000 man-year)	5.8	9.2	17.3	28.5	32.0	39.9	42.7	52.6
R&D经费（亿元）	Expenditure on R&D (100 million yuan)	17.8	111.0	362.5	655.2	774.0	967.8	1237.8	1491.5
新产品开发经费（亿元）	Expenditure on New Produts Development(100 million yuan)	32.3	117.8	415.7	798.4	925.1	1006.9	1528.0	1827.5
专利申请数（件）	Patent Applications (piece)	612	2245	16823	39656	51513	59683	77725	97200
有效发明专利数（件）	Number of Inventions In Force (piece)	410	1443	6658	23915	31830	50166	67428	97878
固定资产投资情况	**Statistics on Investment in Fixed Assets**								
施工项目数（个）	Number of Projects under Construction(unit)		2734	7095	8534	9780	10723	13204	15681
#新开工项目数	Number of Projects Started This Year		1640	4460	4872	6220	7117	8447	10223
全部建成或投产项目数（个）	Number of Projects Completed and Put into Use (unit)		1282	3158	4290	5412	6011	7735	8968
投资额（亿元）	Investment(100 million yuan)		563.0	2144.0	4169.2	4882.2	6944.7	9468.5	12932.7
新增固定资产（亿元）	Newly Increased Fixed Assets (100 million yuan)		421.0	1464.0	2574.2	3160.5	4450.4	6355.2	8377.1

注：本表生产经营情况的数据口径为规模以上工业企业，科技活动及相关情况的数据口径为大中型工业企业；2011年及之后年份固定资产投资情况的数据口径为投资额在500万元及以上的项目，2011年之前的数据口径为50万元及以上的项目。

Note: Statistics on production and operationcover industrial enterprises above designated size and statistics on science and technology activities and S&T-related cover Large and Medium-sized Enterprises; From the year 2011,statistics on investment in fixed assets cover all projects with the investment over 5 million RMB and cover all projects with the investment over 500 thousand RMB before 2011.

5-2 高技术产业生产经营情况（2012年）

Statistics on Production and Management in High-tech Industry(2012)

单位：亿元 (100 million yuan)

行　业	Industry	企业数（个）Number of Enterprises (unit)	主营业务收入 Revenue from Principal Business	利 润 Profits	利 税 Profits and Taxes	出口交货值 Export
合　计	**Total**	**24636**	**102284.0**	**6186.3**	**9494.3**	**46701.1**
医药制造业	**Manufacture of Medicines**	**6387**	**17337.7**	**1865.9**	**2857.0**	**1164.9**
#化学药品制造	Manufacture of Chemical Medicine	2274	8304.3	838.1	1318.2	698.9
中成药生产	Manufacture of Finished Traditional Chinese Herbal Medicine	1493	4112.5	471.6	752.2	54.7
生物药品制造	Manufacture of Biological Medicine	821	1978.8	273.4	376.7	183.9
航空、航天器及设备制造业	**Manufacture of Aircrafts and Spacecrafts**	**304**	**2329.9**	**121.8**	**181.7**	**358.7**
#飞机制造	Manufacture of Airplanes	123	1689.8	80.1	122.7	210.5
航天器制造	Manufacture of Spacecrafts	27	140.3	11.4	12.7	
电子及通信设备制造业	**Manufacture of Electronic Equipment and Communication Equipment**	**12215**	**52799.1**	**2679.5**	**4286.5**	**27049.0**
#通信设备制造	Manufacture of Communication Equipment	1323	13770.0	702.9	1325.8	7055.0
#通信系统设备制造	Manufacture of Communication System Equipment	720	5918.7	308.0	668.2	2423.5
通信终端设备制造	Manufacture of Communication Terminal Equipment	603	7851.3	394.9	657.6	4631.6
广播电视设备制造	Manufacture of Broadcasting and TV Equipment	447	927.7	77.7	105.2	332.3
雷达及配套设备制造	Manufacture of Radar and Its Fittings	61	313.1	24.0	32.7	58.1
视听设备制造	Manufacture of Audio and Video Equipment	897	6172.2	242.7	451.2	2885.4
电子器件制造	Manufacture of Electronic Appliances	2356	12725.4	642.3	888.2	8376.6
#电子真空器件制造	Manufacture of Electronic Vacuum Appliances	96	194.6	12.6	19.3	53.7
半导体分立器件制造	Manufacture of Semiconductor Discreting Appliances	327	785.3	37.7	53.4	402.6
集成电路制造	Manufacture of Integrate Circuit	426	2491.2	157.2	210.9	1641.4
电子元件制造	Manufacture of Electronic Components	5091	13065.7	614.9	923.7	6597.1
其他电子设备制造	Manufacture of Other Electronic Equipment	960	2439.9	147.6	223.6	964.5
计算机及办公设备制造业	**Manufacture of Computers and Office Equipment**	**1387**	**22045.2**	**790.5**	**1115.7**	**16926.4**
#计算机整机制造	Manufacture of Entired Computer	157	12644.4	341.7	506.6	9500.9
计算机零部件制造	Manufacture of Parts and Fixture for Computer	439	4746.6	177.2	239.1	4124.2
计算机外围设备制造	Manufacture of Computer Peripheral Equipment	404	2724.6	133.0	172.8	2118.7
办公设备制造	Manufacture of Office Equipment	194	1029.0	48.5	79.9	740.7
医疗仪器设备及仪器仪表制造业	**Manufacture of Medical Equipment and Measuring Instrument and Meter**	**4343**	**7772.1**	**728.7**	**1053.5**	**1202.1**
1.医疗仪器设备及器械制造	Manufacture of Medical Equipment and Appliances	974	1602.0	187.1	254.1	394.2
2.仪器仪表制造	Manufacture of Measuring Instrument and Meter	3369	6170.1	541.5	799.4	807.9

注：表5-2至表5-11的数据口径为规模以上工业企业。

Note: Statistics from table 5-2 to table 5-11 cover industrial enterprises above designated size.

5-3 各地区高技术产业生产经营情况（2012年）

Statistics on Production and Management in High-tech Industry by Region(2012)

单位：亿元 (100 million yuan)

地区	Region	企业数（个）Number of Enterprises (unit)	主营业务收入 Revenue from Principal Business	利润 Profits	利税 Profits and Taxes	出口交货值 Export
全国	**National Total**	**24636**	**102284.0**	**6186.3**	**9494.3**	**46701.1**
东部地区	Eastern Region	17227	78350.3	4368.3	6682.7	40173.1
中部地区	Middle Region	3805	11104.0	867.4	1315.0	2947.2
西部地区	Western Region	2311	8952.7	650.7	1050.2	3086.8
东北地区	Northeast Region	1293	3877.0	299.9	446.4	494.0
北京	Beijing	760	3569.9	235.6	320.4	1081.4
天津	Tianjin	587	3526.9	247.7	408.0	1545.8
河北	Hebei	433	1204.5	79.7	120.0	166.9
山西	Shanxi	136	621.5	109.8	127.7	297.6
内蒙古	Inner Mongolia	97	273.1	20.8	31.5	6.9
辽宁	Liaoning	738	2214.1	160.0	231.2	466.6
吉林	Jilin	394	1138.7	93.4	140.2	13.5
黑龙江	Heilongjiang	161	524.2	46.5	75.0	14.0
上海	Shanghai	1030	7051.6	215.5	283.8	4691.2
江苏	Jiangsu	4598	22863.6	1282.0	1901.5	12525.1
浙江	Zhejiang	2143	3976.9	370.9	526.8	1317.6
安徽	Anhui	744	1460.0	143.4	200.8	200.8
福建	Fujian	692	3229.4	181.6	237.5	1832.1
江西	Jiangxi	602	1856.7	122.1	192.9	242.7
山东	Shandong	1875	7729.2	612.9	901.1	1597.1
河南	Henan	848	3257.8	205.9	354.2	1343.2
湖北	Hubei	687	2027.3	130.1	188.2	546.2
湖南	Hunan	788	1880.7	156.1	251.1	316.8
广东	Guangdong	5059	25046.6	1110.9	1942.9	15411.2
广西	Guangxi	285	806.2	108.7	137.6	157.0
海南	Hainan	50	151.9	31.6	40.8	4.7
重庆	Chongqing	315	1883.4	50.2	86.1	1216.0
四川	Sichuan	813	3962.1	304.2	538.4	1556.7
贵州	Guizhou	135	342.9	33.1	50.0	13.4
云南	Yunnan	123	239.4	28.6	45.7	8.2
西藏	Tibet	6	7.7	2.6	3.5	
陕西	Shaanxi	379	1238.0	77.2	121.7	109.7
甘肃	Gansu	87	112.3	14.5	19.5	8.5
青海	Qinghai	27	38.7	5.0	7.3	0.2
宁夏	Ningxia	19	31.9	3.1	5.1	9.6
新疆	Xinjiang	25	16.9	2.7	3.7	0.7

5-4 高技术产业R&D活动情况（2012年）

Statistics on R&D Activities in High-tech Industry(2012)

单位：万元 (10 000 yuan)

行　业	Industry	R&D 机构数（个） R&D Institutions (unit)	R&D 人员（人年） R&D Personnel (man-year)	R&D经费内部支出 Intramual Expenditure on R&D	R&D 项目数（项） R&D Projects (item)	R&D 项目经费 Expenditure on R&D Projects
合　计	**Total**	**9708**	**623249**	**17338101**	**67921**	**15090985**
医药制造业	**Manufacture of Medicines**	**2591**	**106684**	**2833055**	**18372**	**2478886**
#化学药品制造	Manufacture of Chemical Medicine	1142	58684	1540669	10477	1353934
中成药生产	Manufacture of Finished Traditional Chinese Herbal Medicine	618	24657	558390	3923	495040
生物药品制造	Manufacture of Biological Medicine	398	13520	450978	2292	381095
航空、航天器及设备制造业	**Manufacture of Aircrafts and Spacecrafts**	**171**	**43071**	**1701358**	**3809**	**1029369**
#飞机制造	Manufacture of Airplanes	104	32916	1351009	2318	757140
航天器制造	Manufacture of Spacecrafts	15	4395	247273	1082	191412
电子及通信设备制造业	**Manufacture of Electronic Equipment and Communication Equipment**	**4507**	**340679**	**9540946**	**31566**	**8698000**
#通信设备制造	Manufacture of Communication Equipment	614	127533	4014709	5876	3856116
#通信系统设备制造	Manufacture of Communication System Equipment	395	108670	3418906	4399	3347658
通信终端设备制造	Manufacture of Communication Terminal Equipment	219	18862	595803	1477	508458
广播电视设备制造	Manufacture of Broadcasting and TV Equipment	187	9681	184329	1022	172585
雷达及配套设备制造	Manufacture of Radar and Its Fittings	53	3472	87746	536	76522
视听设备制造	Manufacture of Audio and Video Equipment	291	26550	945543	4752	827585
电子器件制造	Manufacture of Electronic Appliances	1075	69266	2005398	6273	1709306
#电子真空器件制造	Manufacture of Electronic Vacuum Appliances	37	2730	60065	351	43838
半导体分立器件制造	Manufacture of Semiconductor Discreting Appliances	146	5741	114950	596	95938
集成电路制造	Manufacture of Integrate Circuit	222	22081	649506	1705	529663
电子元件制造	Manufacture of Electronic Components	1557	71897	1471606	9283	1316139
其他电子设备制造	Manufacture of Other Electronic Equipment	319	12949	331799	1424	306579
计算机及办公设备制造业	**Manufacture of Computers and Office Equipment**	**511**	**62783**	**1694003**	**3368**	**1515002**
#计算机整机制造	Manufacture of Entired Computer	71	18890	712759	991	592017
计算机零部件制造	Manufacture of Parts and Fixture for Computer	125	21025	364126	721	346111
计算机外围设备制造	Manufacture of Computer Peripheral Equipment	147	9957	282233	781	258035
办公设备制造	Manufacture of Office Equipment	69	3638	88198	410	82055
医疗仪器设备及仪器仪表制造业	**Manufacture of Medical Equipment and Measuring Instrument and Meter**	**1928**	**70029**	**1568738**	**10806**	**1369727**
1.医疗仪器设备及器械制造	Manufacture of Medical Equipment and Appliances	391	13521	373870	2182	320208
2.仪器仪表制造	Manufacture of Measuring Instrument and Meter	1537	56508	1194867	8624	1049518

5-5 各地区高技术产业R&D活动情况（2012年）
Statistics on R&D Activities in High-tech Industry by Region(2012)

单位：万元 (10 000 yuan)

地 区	Region	R&D机构数（个）R&D Institutions (unit)	R&D人员（人年）R&D Personnel (man-year)	R&D经费内部支出 Intramual Expenditure on R&D	R&D项目数（项）R&D Projects (item)	R&D项目经费 Expenditure on R&D Projects
全 国	**National Total**	**9708**	**623249**	**17338101**	**67921**	**15090985**
东部地区	Eastern Region	7336	490303	13817027	50010	12359031
中部地区	Middle Region	1219	62699	1451764	6960	1243963
西部地区	Western Region	839	49651	1344900	8500	946074
东北地区	Northeast Region	314	20596	724408	2451	541916
北 京	Beijing	287	20408	922229	3775	693232
天 津	Tianjin	150	11622	392072	3323	352918
河 北	Hebei	110	7638	154272	1422	124523
山 西	Shanxi	43	2981	52044	463	45536
内 蒙 古	Inner Mongolia	20	575	10760	96	8816
辽 宁	Liaoning	159	10298	471169	1125	340626
吉 林	Jilin	88	4422	72789	500	51541
黑 龙 江	Heilongjiang	67	5874	180450	826	149748
上 海	Shanghai	305	22606	907644	2795	652020
江 苏	Jiangsu	2904	89303	2575680	9658	2269656
浙 江	Zhejiang	1147	49022	1155257	6406	1083663
安 徽	Anhui	341	9973	223916	1689	189344
福 建	Fujian	291	26786	577771	2076	522003
江 西	Jiangxi	107	8219	165122	786	148907
山 东	Shandong	622	37499	1345637	4880	1185464
河 南	Henan	248	11117	160620	1073	138801
湖 北	Hubei	256	22073	618955	2099	526522
湖 南	Hunan	224	8333	231106	850	194851
广 东	Guangdong	1487	224334	5760005	15325	5452769
广 西	Guangxi	95	2310	60799	559	52341
海 南	Hainan	33	1081	26455	350	22780
重 庆	Chongqing	113	4818	104240	1062	91046
四 川	Sichuan	235	13638	382941	3697	291342
贵 州	Guizhou	69	6944	134342	637	119918
云 南	Yunnan	56	2409	55006	374	51455
西 藏	Tibet	4	8	196	6	196
陕 西	Shaanxi	185	17367	553120	1667	298173
甘 肃	Gansu	39	1019	29271	226	21405
青 海	Qinghai	3	86	1486	15	1275
宁 夏	Ningxia	15	405	10524	151	8159
新 疆	Xinjiang	5	66	2210	10	1943

5-6 高技术产业新产品开发及生产（2012年）

Statistics on New Products Production in High-tech Industry (2012)

单位：万元 (10 000 yuan)

行 业	Industry	新产品开发项目数（项） New Products (unit)	新产品开发经费支出 Expenditure on New Produts Development	新产品销售收入 Sales Revenue of New Products	#出口 Export
合 计	**Total**	**83228**	**21281948**	**255710383**	**113878114**
医药制造业	**Manufacture of Medicines**	**19925**	**3082346**	**29286008**	**2933596**
#化学药品制造	Manufacture of Chemical Medicine	10834	1662511	16618378	2162831
中成药生产	Manufacture of Finished Traditional Chinese Herbal Medicine	4281	575209	6591441	107732
生物药品制造	Manufacture of Biological Medicine	2806	495514	2552810	348232
航空、航天器及设备制造业	**Manufacture of Aircrafts and Spacecrafts**	**4338**	**1674417**	**6391332**	**471388**
#飞机制造	Manufacture of Airplanes	2744	1302812	5613612	459029
航天器制造	Manufacture of Spacecrafts	1078	245416	335421	
电子及通信设备制造业	**Manufacture of Electronic Equipment and Communication Equipment**	**40467**	**12061842**	**136954427**	**57286163**
#通信设备制造	Manufacture of Communication Equipment	7389	4708856	50443019	21077338
#通信系统设备制造	Manufacture of Communication System Equipment	5438	3904498	22766205	12278897
通信终端设备制造	Manufacture of Communication Terminal Equipment	1951	804358	27676814	8798440
广播电视设备制造	Manufacture of Broadcasting and TV Equipment	1421	279475	2908053	1008689
雷达及配套设备制造	Manufacture of Radar and Its Fittings	911	177048	1456019	64254
视听设备制造	Manufacture of Audio and Video Equipment	5545	1203268	23530973	7509019
电子器件制造	Manufacture of Electronic Appliances	7528	2540301	26458667	14646226
#电子真空器件制造	Manufacture of Electronic Vacuum Appliances	378	67075	695865	329398
半导体分立器件制造	Manufacture of Semiconductor Discreting Appliances	790	144093	1084354	181983
集成电路制造	Manufacture of Integrate Circuit	2161	807917	4974502	3097801
电子元件制造	Manufacture of Electronic Components	12571	1916123	21428663	10267356
其他电子设备制造	Manufacture of Other Electronic Equipment	2176	522040	2481642	480388
计算机及办公设备制造业	**Manufacture of Computers and Office Equipment**	**4285**	**2405466**	**67173270**	**50957488**
#计算机整机制造	Manufacture of Entired Computer	1201	1041062	35062943	24781631
计算机零部件制造	Manufacture of Parts and Fixture for Computer	924	602783	22504360	21375648
计算机外围设备制造	Manufacture of Computer Peripheral Equipment	1050	352561	5887898	4033217
办公设备制造	Manufacture of Office Equipment	494	112830	1164860	591547
医疗仪器设备及仪器仪表制造业	**Manufacture of Medical Equipment and Measuring Instrument and Meter**	**14213**	**2057875**	**15905343**	**2229477**
1.医疗仪器设备及器械制造	Manufacture of Medical Equipment and Appliances	2978	491805	2504121	682596
2.仪器仪表制造	Manufacture of Measuring Instrument and Meter	11235	1566070	13401222	1546881

5-7 各地区高技术产业新产品开发及生产（2012年）

Statistics on New Products Production in High-tech Industry by Region(2012)

单位：万元 (10 000 yuan)

地 区	Region	新产品开发项目数（项）New Products (unit)	新产品开发经费支出 Expenditure on New Produts Development	新产品销售收入 Sales Revenue of New Products	#出口 Export
全 国	**National Total**	**83228**	**21281948**	**255710383**	**113878114**
东部地区	Eastern Region	60561	17083935	222028687	110671639
中部地区	Middle Region	8528	1751101	16212113	2106486
西部地区	Western Region	11260	1764275	12402493	638838
东北地区	Northeast Region	2879	682635	5067089	461150
北 京	Beijing	5135	1249324	13152739	4377753
天 津	Tianjin	3807	394316	11564670	5975620
河 北	Hebei	1444	159434	1537199	224954
山 西	Shanxi	555	66714	461825	25185
内 蒙 古	Inner Mongolia	78	7771	104792	6055
辽 宁	Liaoning	1290	380210	3496976	443742
吉 林	Jilin	669	99521	993409	8697
黑 龙 江	Heilongjiang	920	202903	576704	8711
上 海	Shanghai	3845	1320820	8484068	3599183
江 苏	Jiangsu	12360	4159925	58689818	35132522
浙 江	Zhejiang	6951	1202898	13574710	3572754
安 徽	Anhui	2464	382587	3898078	837760
福 建	Fujian	2317	625912	12106266	7217675
江 西	Jiangxi	978	156833	2030687	211516
山 东	Shandong	5083	1427346	17621221	3348870
河 南	Henan	1206	196783	1373208	123752
湖 北	Hubei	2344	680074	4753622	588021
湖 南	Hunan	981	268109	3694690	320250
广 东	Guangdong	19177	6502335	85195533	47222246
广 西	Guangxi	588	66034	596971	22289
海 南	Hainan	442	41620	102459	59
重 庆	Chongqing	1284	122362	2008123	140365
四 川	Sichuan	5522	692761	5895644	206589
贵 州	Guizhou	895	198913	763092	37471
云 南	Yunnan	355	52986	369872	33978
西 藏	Tibet	2	198	20579	259
陕 西	Shaanxi	2096	572372	2213523	99714
甘 肃	Gansu	246	34980	305916	66417
青 海	Qinghai	16	1374	3896	
宁 夏	Ningxia	155	11263	117828	25697
新 疆	Xinjiang	23	3257	2253	

5-8 高技术产业专利情况（2012年）

Statistics on Patents in High-tech Industry(2012)

单位：件 (piece)

行　业	Industry	专利申请数 Patent Applications	#发明专利 Inventions	有效发明专利数 Inventions in Force
合　计	**Total**	**127821**	**66870**	**115799**
医药制造业	**Manufacture of Medicines**	**14976**	**9050**	**15058**
#化学药品制造	Manufacture of Chemical Medicine	6678	3999	6758
中成药生产	Manufacture of Finished Traditional Chinese Herbal Medicine	4007	2723	5321
生物药品制造	Manufacture of Biological Medicine	2004	1243	1600
航空、航天器及设备制造业	**Manufacture of Aircrafts and Spacecrafts**	**3882**	**1789**	**2153**
#飞机制造	Manufacture of Airplanes	2836	1353	1584
航天器制造	Manufacture of Spacecrafts	422	201	160
电子及通信设备制造业	**Manufacture of Electronic Equipment and Communication Equipment**	**78764**	**42458**	**71584**
#通信设备制造	Manufacture of Communication Equipment	26275	20613	43218
#通信系统设备制造	Manufacture of Communication System Equipment	20143	16911	40436
通信终端设备制造	Manufacture of Communication Terminal Equipment	6132	3702	2782
广播电视设备制造	Manufacture of Broadcasting and TV Equipment	3587	1085	1418
雷达及配套设备制造	Manufacture of Radar and Its Fittings	535	181	296
视听设备制造	Manufacture of Audio and Video Equipment	6572	2003	4425
电子器件制造	Manufacture of Electronic Appliances	20199	10427	10269
#电子真空器件制造	Manufacture of Electronic Vacuum Appliances	2825	1474	383
半导体分立器件制造	Manufacture of Semiconductor Discreting Appliances	1153	428	714
集成电路制造	Manufacture of Integrate Circuit	4814	3090	3388
电子元件制造	Manufacture of Electronic Components	11393	3971	5891
其他电子设备制造	Manufacture of Other Electronic Equipment	3570	1340	2285
计算机及办公设备制造业	**Manufacture of Computers and Office Equipment**	**11156**	**7345**	**16216**
#计算机整机制造	Manufacture of Entired Computer	5705	4795	10062
计算机零部件制造	Manufacture of Parts and Fixture for Computer	1071	344	1328
计算机外围设备制造	Manufacture of Computer Peripheral Equipment	1768	752	1253
办公设备制造	Manufacture of Office Equipment	881	342	429
医疗仪器设备及仪器仪表制造业	**Manufacture of Medical Equipment and Measuring Instrument and Meter**	**19043**	**6228**	**10788**
1.医疗仪器设备及器械制造	Manufacture of Medical Equipment and Appliances	4438	1534	3311
2.仪器仪表制造	Manufacture of Measuring Instrument and Meter	14605	4694	7477

5-9 各地区高技术产业专利情况（2012年）

Statistics on Patents in High-tech Industry by Region(2012)

单位：件 (piece)

地区	Region	专利申请数 Patent Applications	#发明专利 Inventions	有效发明专利数 Inventions in Force
全国	**National Total**	**127821**	**66870**	**115799**
东部地区	Eastern Region	103642	56436	100267
中部地区	Middle Region	11167	4715	6608
西部地区	Western Region	9962	4158	6177
东北地区	Northeast Region	3050	1561	2747
北京	Beijing	9972	6314	7861
天津	Tianjin	3441	1878	2663
河北	Hebei	627	352	780
山西	Shanxi	376	150	250
内蒙古	Inner Mongolia	39	29	34
辽宁	Liaoning	1772	932	1580
吉林	Jilin	542	288	559
黑龙江	Heilongjiang	736	341	608
上海	Shanghai	6174	4250	4953
江苏	Jiangsu	16999	6524	10735
浙江	Zhejiang	10237	2968	5929
安徽	Anhui	3182	1107	1611
福建	Fujian	3444	1553	1857
江西	Jiangxi	865	436	577
山东	Shandong	6970	3223	3912
河南	Henan	1812	653	716
湖北	Hubei	2626	1446	2388
湖南	Hunan	2306	923	1066
广东	Guangdong	45449	29210	61400
广西	Guangxi	339	198	317
海南	Hainan	329	164	177
重庆	Chongqing	1153	473	658
四川	Sichuan	5054	1662	2393
贵州	Guizhou	966	511	652
云南	Yunnan	409	224	522
西藏	Tibet	15	14	69
陕西	Shaanxi	1606	835	1399
甘肃	Gansu	249	105	109
青海	Qinghai	3	3	
宁夏	Ningxia	125	102	12
新疆	Xinjiang	4	2	12

5-10 高技术产业技术获取及技术改造（2012年）

Technology Acquisition and Renovation in High-tech Industry (2012)

单位：万元 (10 000 yuan)

行业	Industry	技术引进经费支出 Expenditure for Acquisition of Foreign Technology	消化吸收经费支出 Expenditure for Assimilation of Technology	购买国内技术经费支出 Expenditure for Purchase of Domestic Technology	技术改造经费支出 Expenditure for Technical Renovation
合　计	**Total**	**762173**	**106302**	**293569**	**3688819**
医药制造业	**Manufacture of Medicines**	**56037**	**54227**	**141196**	**1047081**
#化学药品制造	Manufacture of Chemical Medicine	40609	38418	103507	610748
中成药生产	Manufacture of Finished Traditional Chinese Herbal Medicine	2366	6020	17233	209525
生物药品制造	Manufacture of Biological Medicine	5768	1555	7519	132648
航空、航天器及设备制造业	**Manufacture of Aircrafts and Spacecrafts**	**9693**	**8146**	**8930**	**528710**
#飞机制造	Manufacture of Airplanes	7868	8146	8776	486597
航天器制造	Manufacture of Spacecrafts				22030
电子及通信设备制造业	**Manufacture of Electronic Equipment and Communication Equipment**	**580945**	**32564**	**102228**	**1349974**
#通信设备制造	Manufacture of Communication Equipment	48054	1381	10708	133789
#通信系统设备制造	Manufacture of Communication System Equipment	7777	704	1400	96997
通信终端设备制造	Manufacture of Communication Terminal Equipment	40277	676	9307	36792
广播电视设备制造	Manufacture of Broadcasting and TV Equipment	7638	876	1157	24202
雷达及配套设备制造	Manufacture of Radar and Its Fittings	1232	510	2462	25899
视听设备制造	Manufacture of Audio and Video Equipment	198371	6969	29592	220448
电子器件制造	Manufacture of Electronic Appliances	197633	11076	18018	362648
#电子真空器件制造	Manufacture of Electronic Vacuum Appliances	14843	140		11227
半导体分立器件制造	Manufacture of Semiconductor Discreting Appliances	4982	1683	1101	31380
集成电路制造	Manufacture of Integrate Circuit	15327	1133	1079	69630
电子元件制造	Manufacture of Electronic Components	89528	5700	14973	302641
其他电子设备制造	Manufacture of Other Electronic Equipment	4796	1848	2801	30044
计算机及办公设备制造业	**Manufacture of Computers and Office Equipment**	**26302**	**2612**	**12079**	**168222**
#计算机整机制造	Manufacture of Entired Computer	667	326	235	54534
计算机零部件制造	Manufacture of Parts and Fixture for Computer	2545		115	11894
计算机外围设备制造	Manufacture of Computer Peripheral Equipment	16710	1451	10179	96230
办公设备制造	Manufacture of Office Equipment	4141	32	204	3502
医疗仪器设备及仪器仪表制造业	**Manufacture of Medical Equipment and Measuring Instrument and Meter**	**89194**	**8752**	**29134**	**594829**
1.医疗仪器设备及器械制造	Manufacture of Medical Equipment and Appliances	63050	1822	4451	94782
2.仪器仪表制造	Manufacture of Measuring Instrument and Meter	26144	6929	24682	500047

5-11 各地区高技术产业技术获取及技术改造（2012年）
Technology Acquisition and Renovation in High-tech Industry by Region(2012)

单位：万元 (10 000 yuan)

地　区	Region	技术引进经费支出 Expenditure for Acquisition of Foreign Technology	消化吸收经费支出 Expenditure for Assimilation of Technology	购买国内技术经费支出 Expenditure for Purchase of Domestic Technology	技术改造经费支出 Expenditure for Technical Renovation
全　国	**National Total**	**762173**	**106302**	**293569**	**3688819**
东部地区	Eastern Region	600346	81743	244296	2470001
中部地区	Middle Region	7511	10813	21646	496951
西部地区	Western Region	149639	12138	22431	479597
东北地区	Northeast Region	4675	1607	5195	242268
北　京	Beijing	85485	1016	9511	36693
天　津	Tianjin	50288	321	862	29536
河　北	Hebei	779	5294	6221	38010
山　西	Shanxi		122	4255	8820
内蒙古	Inner Mongolia			3	1449
辽　宁	Liaoning	226	260	1702	106461
吉　林	Jilin	4449	1346	3216	46649
黑龙江	Heilongjiang			276	89157
上　海	Shanghai	70135	3308	6492	126229
江　苏	Jiangsu	147087	27661	41441	1225605
浙　江	Zhejiang	26715	15690	29407	311325
安　徽	Anhui	942	1166	3198	65348
福　建	Fujian	96007	2119	50950	129904
江　西	Jiangxi	1655	1266	220	134290
山　东	Shandong	36599	19772	50412	299388
河　南	Henan	1775	1184	1707	33678
湖　北	Hubei	2524	6326	3627	73349
湖　南	Hunan	614	748	8638	181465
广　东	Guangdong	87246	6351	43507	247986
广　西	Guangxi		644	2023	68356
海　南	Hainan		207	5488	25321
重　庆	Chongqing	907	568	1388	39251
四　川	Sichuan	146235	5993	14439	155690
贵　州	Guizhou		3800	137	46178
云　南	Yunnan	883	439	3219	4533
西　藏	Tibet				
陕　西	Shaanxi	1340	646	995	143419
甘　肃	Gansu	273	47	26	4193
青　海	Qinghai				
宁　夏	Ningxia			200	6767
新　疆	Xinjiang				9757

5-12 高技术产业投资（2012年）
Statistics on Investment in Fixed Assets in High-tech Industry(2012)

单位：个，亿元 (unit,100 million yuan)

行业	Industry	施工项目数 Number of Projects under Construction	#新开工项目数 Number of Projects Started This Year	全部建成或投产项目数 Number of Projects Completed and Put into Use	投资额 Investment	新增固定资产 Newly Increased Fixed Assets
合　计	**Total**	**15681**	**10223**	**8968**	**12932.7**	**8377.1**
医药制造业	**Manufacture of Medicines**	**4988**	**3264**	**2785**	**3575.4**	**2135.6**
#化学药品制造	Manufacture of Chemical Medicine	1534	954	821	1264.4	734.4
中成药生产	Manufacture of Finished Traditional Chinese Herbal Medicine	1002	653	553	684.0	453.9
生物药品制造	Manufacture of Biological Medicine	866	558	458	731.3	348.9
航空、航天器及设备制造业	**Manufacture of Aircrafts and Spacecrafts**	**330**	**180**	**155**	**434.0**	**256.8**
#飞机制造	Manufacture of Airplanes	130	61	58	190.6	111.0
航天器制造	Manufacture of Spacecrafts	40	25	21	45.3	32.9
电子及通信设备制造业	**Manufacture of Electronic Equipment and Communication Equipment**	**6874**	**4406**	**3921**	**6337.0**	**4271.9**
#通信设备制造	Manufacture of Communication Equipment	663	424	341	658.0	394.1
#通信系统设备制造	Manufacture of Communication System Equipment	418	276	216	342.1	194.5
通信终端设备制造	Manufacture of Communication Terminal Equipment	245	148	125	315.9	199.5
广播电视设备制造	Manufacture of Broadcasting and TV Equipment	376	255	228	257.7	202.5
雷达及配套设备制造	Manufacture of Radar and Its Fittings	99	51	57	97.2	85.9
视听设备制造	Manufacture of Audio and Video Equipment	186	114	115	163.7	114.5
电子器件制造	Manufacture of Electronic Appliances	1552	943	883	2063.7	1451.6
#电子真空器件制造	Manufacture of Electronic Vacuum Appliances	208	135	122	131.4	81.9
半导体分立器件制造	Manufacture of Semiconductor Discreting Appliances	164	102	109	189.5	166.4
集成电路制造	Manufacture of Integrate Circuit	224	132	107	348.4	234.3
电子元件制造	Manufacture of Electronic Components	2147	1449	1310	1409.1	973.5
其他电子设备制造	Manufacture of Other Electronic Equipment	690	460	369	501.4	323.3
计算机及办公设备制造业	**Manufacture of Computers and Office Equipment**	**766**	**496**	**449**	**836.3**	**580.3**
#计算机整机制造	Manufacture of Entired Computer	187	114	110	283.9	188.2
计算机零部件制造	Manufacture of Parts and Fixture for Computer	242	155	136	261.1	193.1
计算机外围设备制造	Manufacture of Computer Peripheral Equipment	115	67	72	135.1	101.0
办公设备制造	Manufacture of Office Equipment	52	38	31	34.9	19.5
医疗仪器设备及仪器仪表制造业	**Manufacture of Medical Equipment and Measuring Instrument and Meter**	**2723**	**1877**	**1658**	**1750.0**	**1132.5**
1.医疗仪器设备及器械制造	Manufacture of Medical Equipment and Appliances	970	721	613	535.6	365.7
2.仪器仪表制造	Manufacture of Measuring Instrument and Meter	1753	1156	1045	1214.4	766.8

注：表5-12和表5-13的数据口径为投资额在500万元及以上项目。

Note: Statistics on table 5-12 and 5-13 cover the projects with the investments above 5 million yuan.

5-13 各地区高技术产业投资（2012年）
Statistics on Investment in Fixed Assets in High-tech Industry by Region(2012)

单位：个，亿元 (unit,100 million yuan)

地 区	Region	施工项目数 Number of Projects under Construction	#新开工项目数 Number of Projects Started This Year	全部建成或投产项目数 Number of Projects Completed and Put into Use	投资额 Investment	新增固定资产 Newly Increased Fixed Assets
全 国	**National Total**	**15681**	**10223**	**8968**	**12932.7**	**8377.1**
东部地区	Eastern Region	7903	5029	4384	6320.6	4331.1
中部地区	Middle Region	4292	2874	2590	3668.4	2235.2
西部地区	Western Region	2228	1438	1200	1944.4	1122.8
东北地区	Northeast Region	1258	882	794	999.4	688.0
北 京	Beijing	131	35	14	136.6	71.2
天 津	Tianjin	293	173	142	314.1	173.0
河 北	Hebei	510	290	300	454.2	282.1
山 西	Shanxi	145	76	70	126.9	68.1
内蒙古	Inner Mongolia	99	80	57	224.6	61.2
辽 宁	Liaoning	551	329	365	460.2	321.1
吉 林	Jilin	489	416	307	372.8	259.2
黑龙江	Heilongjiang	218	137	122	166.4	107.7
上 海	Shanghai	316	155	68	272.2	123.9
江 苏	Jiangsu	2594	1895	1873	2432.6	1914.2
浙 江	Zhejiang	1478	912	631	436.7	227.3
安 徽	Anhui	942	604	549	700.6	333.5
福 建	Fujian	432	206	192	280.1	148.9
江 西	Jiangxi	885	621	618	675.3	463.4
山 东	Shandong	1154	806	695	1086.6	598.7
河 南	Henan	749	439	417	899.6	545.4
湖 北	Hubei	674	443	366	713.1	436.3
湖 南	Hunan	897	691	570	552.8	388.6
广 东	Guangdong	981	550	464	881.6	784.5
广 西	Guangxi	422	323	273	195.3	143.2
海 南	Hainan	14	7	5	25.9	7.4
重 庆	Chongqing	331	209	185	371.6	157.8
四 川	Sichuan	656	399	391	643.6	489.2
贵 州	Guizhou	44	26	14	85.6	37.2
云 南	Yunnan	126	77	59	54.2	49.4
西 藏	Tibet	17	10	4	3.7	1.2
陕 西	Shaanxi	308	179	129	222.1	127.2
甘 肃	Gansu	125	73	43	69.9	42.7
青 海	Qinghai	22	11	15	15.8	4.9
宁 夏	Ningxia	35	26	17	16.0	4.6
新 疆	Xinjiang	43	25	13	42.0	4.2

5-14 开发区高新技术企业

Major Indicators of High-Technology

单位：万元

开发区	Development Area	企业数 (个) Number of Enterprises (unit)	从业人员 (人) Employed Persons (person)
合　计	**Total**	**63926**	**12695462**
北京中关村科技园区	Beijing Zhongguancun Science Park	14929	1587911
天津新技术产业园区	Tianjin New Technology Industrial Park	2994	317915
石家庄高新技术产业开发区	Shijiazhuang High-tech Industrial Development Zone	590	84847
保定高新技术产业开发区	Baoding High-tech Industrial Development Zone	163	90062
唐山高新技术产业开发区	Tangshan High-tech Industrial Development Zone	104	16683
燕郊高新技术产业开发区	Yanjiao High-tech Industrial Development Zone	159	27519
承德高新技术产业开发区	Chengde High-tech Industrial Development Zone	28	8852
太原高新技术产业开发区	Taiyuan High-tech Industrial Development Zone	975	118766
包头稀土高新技术产业开发区	Baotou Rare Earth High-tech Industrial Development Zone	508	115719
沈阳高新技术产业开发区	Shenyang High-tech Industrial Development Zone	766	159368
大连高新技术产业开发区	Dalian High-tech Industrial Development Zone	2076	213516
鞍山高新技术产业开发区	Anshan High-tech Industrial Development Zone	543	86484
营口高新技术产业开发区	Yingkou High-tech Industrial Development Zone	290	43413
辽阳高新技术产业开发区	Liaoyang High-tech Industrial Development Zone	27	29087
本溪高新技术产业开发区	Benxi High-tech Industrial Development Zone	105	21918
长春高新技术产业开发区	Changchun High-tech Industrial Development Zone	723	148864
吉林高新技术产业开发区	Jilin High-tech Industrial Development Zone	527	105525
延吉高新技术产业开发区	Yanji High-tech Industrial Development Zone	175	13500
长春净月高新技术产业开发区	Changchun Jingyue High-tech Industrial Development Zone	720	89311
哈尔滨高新技术产业开发区	Haerbin High-tech Industrial Development Zone	276	141514
大庆高新技术产业开发区	Daqing High-tech Industrial Development Zone	460	105757
齐齐哈尔高新技术产业开发区	Qiqihaer High-tech Industrial Development Zone	38	27767
上海市张江高科技园区	Shanghai Zhangjiang Hi-Tech Park	2100	557292
上海紫竹高新技术产业开发区	Shanghai Zizhu High-tech Industrial Development Zone	77	19063
南京高新技术产业开发区	Nanjing High-tech Industrial Development Zone	310	177656
常州高新技术产业开发区	Changzhou High-tech Industrial Development Zone	958	166169
无锡高新技术产业开发区	Wuxi High-tech Industrial Development Zone	1196	337561
苏州高新技术产业开发区	Suzhou High-tech Industrial Development Zone	1030	229946
泰州医药高新技术产业开发区	Taizhou Medical High-tech Industrial Development Zone	284	35655
昆山高新技术产业开发区	Kunshan High-tech Industrial Development Zone	449	171990
江阴高新技术产业开发区	Jiangyin High-tech Industrial Development Zone	138	76560
武进高新技术产业开发区	Wujin High-tech Industrial Development Zone	238	77532
徐州高新技术产业开发区	Xuzhou High-tech Industrial Development Zone	99	30614
杭州高新技术产业开发区	Hangzhou High-tech Industrial Development Zone	1818	251860
宁波高新技术产业开发区	Ningbo High-tech Industrial Development Zone	370	107224
绍兴高新技术产业开发区	Shaoxing High-tech Industrial Development Zone	130	24629
温州高新技术产业开发区	Wenzhou High-tech Industrial Development Zone	319	67616
合肥高新技术产业开发区	Hefei High-tech Industrial Development Zone	481	150829
蚌埠高新技术产业开发区	Bengbu High-tech Industrial Development Zone	245	54070
芜湖高新技术产业开发区	Wuhu High-tech Industrial Development Zone	160	34433
马鞍山慈湖高新技术产业开发区	Maanshan Cihu High-tech Industrial Development Zone	98	26547
福州高新技术产业开发区	Fuzhou High-tech Industrial Development Zone	184	62179

主要经济指标（2012年）
Industrial Development Zone (2012)

(10 000 yuan)

全年收入 Revenue	#技术性收入 Tech-related	#销售收入 Sales Revenue	总产值 Gross Output Value	净利润 Profits after Taxes	实交税金 Taxes	年出口额（万美元） Exports (USD 10 000)
1656898613	**119406691**	**1430944810**	**1286038850**	**102432220**	**95805310**	**37604125**
250249578	34030688	188185125	64946665	13706957	14457699	2617051
46023681	5591918	32636573	26197208	3766813	1580143	880726
18667563	2385819	15332219	13755805	1142464	1107508	130920
8112053	3479	7992054	8151217	-30982	451121	251023
1290688	9523	1193681	1461224	64897	80977	15658
4662002	898	4469653	3670060	138944	247809	9935
581196	80	526231	594982	52670	53099	3085
14742221	898742	13503020	12667183	261183	475748	38390
13837262	232032	13347883	14026889	1318155	819024	157273
22880562	2453234	19714685	19170948	1439578	1039001	203922
20721986	2700696	16409579	15472265	1497431	954012	725437
17363815	1021766	16133708	15131968	1567795	1181692	95489
4361117		4359404	4481862	237661	131201	59513
7877590		7814135	7616435	240715	857273	137776
1632851	12840	1606073	1549229	119216	113570	8193
40810965	106346	38578627	39369633	4940332	4830713	104892
10490833	133582	10251108	10301924	-95517	1044696	13523
2063344	26654	2002446	2162039	107879	710178	10207
8211256	1737104	6430582	6512238	1100650	327911	9690
17317601	130760	16182563	15258469	707397	1396628	98904
17893559	1140194	14333565	15099055	1207851	1085198	19902
2038479	1674	1946749	2032421	92300	78806	61323
82137195	6196574	67335051	48491389	7177041	4760515	3051175
3510268	131899	1761832	1257702	613555	280521	73025
35344897	789424	33537385	33642741	1286225	1799477	766292
20476981	98335	20200432	19864474	736991	708130	585949
30472555	425431	29221360	29812635	1141918	989220	2385808
26720500	1450006	25075986	25752729	932589	845348	2202699
6887202	31492	6721044	6807661	390370	483293	36182
11138837	1445	10882693	11112997	360496	313615	485316
17778591	6254	13008868	12065038	469833	454804	276952
5694460	6823	5627350	5949005	495142	244694	112817
4059172	148917	3309502	4046418	330567	245612	8866
24123479	6421140	16800365	14440547	2352927	1535548	493016
17002601	1057133	14216004	9084818	952333	457004	662246
1475630	930	1446627	1344332	49792	65700	41152
3756765	2583	3644689	3687341	130908	149639	70489
23601445	1840765	19713736	22613741	2595142	3003897	535322
4227998	41044	4031664	4403612	235349	196865	44212
5240975	35703	5081196	5469199	213190	149414	53688
5378930	31614	5277556	4279018	154758	125238	44023
6076432	141096	5771120	6300986	324153	193043	377839

5-14 续表

单位：万元

开发区	Development Area	企业数（个）Number of Enterprises (unit)	从业人员（人）Employed Persons (person)
厦门火炬高技术产业开发区	Xiamen Torch High-tech Industrial Development Zone	398	156746
泉州高新技术产业开发区	Quanzhou High-tech Industrial Development Zone	176	72158
莆田高新技术产业开发区	Putian High-tech Industrial Development Zone	91	24572
南昌高新技术产业开发区	Nanchang High-tech Industrial Development Zone	350	109289
景德镇高新技术产业开发区	Jingdezhen High-tech Industrial Development Zone	133	51506
新余高新技术产业开发区	Xinyu High-tech Industrial Development Zone	141	32494
鹰潭高新技术产业开发区	Yingtan High-tech Industrial Development Zone	89	20923
济南高新技术产业开发区	Jinan High-tech Industrial Development Zone	505	204708
青岛高新技术产业开发区	Qingdao High-tech Industrial Development Zone	184	128746
淄博高新技术产业开发区	Zibo High-tech Industrial Development Zone	445	118872
潍坊高新技术产业开发区	Weifang High-tech Industrial Development Zone	400	134033
威海火炬高技术产业开发区	Weihai Torch High-tech Industrial Development Zone	223	84072
济宁高新技术产业开发区	Jining High-tech Industrial Development Zone	374	139387
烟台高新技术产业开发区	Yantai High-tech Industrial Development Zone	238	52207
临沂高新技术产业开发区	Linyi High-tech Industrial Development Zone	213	54142
泰安高新技术产业开发区	Taian High-tech Industrial Development Zone	321	76325
郑州高新技术产业开发区	Zhengzhou High-tech Industrial Development Zone	718	142911
洛阳高新技术产业开发区	Luoyang High-tech Industrial Development Zone	503	98072
南阳高新技术产业开发区	Nanyang High-tech Industrial Development Zone	143	42810
安阳高新技术产业开发区	Anyang High-tech Industrial Development Zone	210	44959
新乡高新技术产业开发区	Xinxiang High-tech Industrial Development Zone	123	16500
武汉东湖新技术开发区	Wuhan Donghu New Technology Development Zone	2759	382467
襄樊高新技术产业开发区	Xiangfan High-tech Industrial Development Zone	562	130082
宜昌高新技术产业开发区	Yichang High-tech Industrial Development Zone	253	106294
孝感高新技术产业开发区	Xiaogan High-tech Industrial Development Zone	304	72230
长沙高新技术产业开发区	Changsha High-tech Industrial Development Zone	825	194792
株洲高新技术产业开发区	Zhuzhou High-tech Industrial Development Zone	224	103783
湘潭高新技术产业开发区	Xiangtan High-tech Industrial Development Zone	263	80687
益阳高新技术产业开发区	Yiyang High-tech Industrial Development Zone	192	22143
衡阳高新技术产业开发区	Hengyang High-tech Industrial Development Zone	70	35527
广州高新技术产业开发区	Guangzhou High-tech Industrial Development Zone	2241	432471
深圳高新技术产业开发区	Shenzhen High-tech Industrial Development Zone	1169	400379
珠海高新技术产业开发区	Zhuhai High-tech Industrial Development Zone	468	184274
惠州高新技术产业开发区	Huizhou High-tech Industrial Development Zone	244	151604
中山火炬高技术产业开发区	Zhongshan Torch High-tech Industrial Development Zone	392	84319
佛山高新技术产业开发区	Foshan High-tech Industrial Development Zone	511	265554
肇庆高新技术产业开发区	Zhaoqing High-tech Industrial Development Zone	143	44137
江门高新技术产业开发区	Jiangmen High-tech Industrial Development Zone	144	32545
东莞松山湖高新技术产业开发区	Dongguan Songshanhu High-tech Industrial Development Zone	185	45691
南宁高新技术产业开发区	Nanning High-tech Industrial Development Zone	643	124239
桂林高新技术产业开发区	Guilin High-tech Industrial Development Zone	337	84612
柳州高新技术产业开发区	Liuzhou High-tech Industrial Development Zone	176	77485
海口高新技术产业开发区	Haikou High-tech Industrial Development Zone	145	34431
重庆高新技术产业开发区	Chongqing High-tech Industrial Development Zone	694	156312
成都高新技术产业开发区	Chengdu High-tech Industrial Development Zone	1579	264901
绵阳高新技术产业开发区	Mianyang High-tech Industrial Development Zone	114	118020
自贡高新技术产业开发区	Zigong High-tech Industrial Development Zone	91	30766
乐山高新技术产业开发区	Leshan High-tech Industrial Development Zone	50	20755
贵阳高新技术产业开发区	Guiyang High-tech Industrial Development Zone	376	170734
昆明高新技术产业开发区	Kunming High-tech Industrial Development Zone	248	65237
玉溪高新技术产业开发区	Yuxi High-tech Industrial Development Zone	41	19010
西安高新技术产业开发区	Xi'an High-tech Industrial Development Zone	3025	309925
宝鸡高新技术产业开发区	Baoji High-tech Industrial Development Zone	435	128510
杨凌农业高新技术产业示范区	Yangling Agricultural High-tech Industries Demonstration Zone	130	14992
渭南高新技术产业开发区	Weinan High-tech Industrial Development Zone	55	22631
咸阳高新技术产业开发区	Xianyang High-tech Industrial Development Zone	59	15044
榆林高新技术产业开发区	Yulin High-tech Industrial Development Zone	14	7558
兰州高新技术产业开发区	Lanzhou High-tech Industrial Development Zone	466	122113
白银高新技术产业开发区	Baiyin High-tech Industrial Development Zone	55	34894
青海高新技术产业开发区	Qinghai High-tech Industrial Development Zone	50	11070
银川高新技术产业开发区	Yinchuan High-tech Industrial Development Zone	39	7616
乌鲁木齐高新技术产业开发区	Wulumuqi High-tech Industrial Development Zone	252	57054
昌吉高新技术产业开发区	Changji High-tech Industrial Development Zone	65	9419

continued

(10 000 yuan)

全年收入 Revenue	#技术性收入 Tech-related	#销售收入 Sales revenue	总产值 Gross Output Value	净利润 Profits after Taxes	实交税金 Taxes	年出口额（万美元） Exports (USD 10 000)
18810916	218441	18405549	18111858	866134	929789	1729953
9487465	1234	9415341	9808745	556026	520062	557826
2510013	23177	79581	2524472	57604	29068	15725
13005470	368300	12135039	11880652	461117	1205180	158975
6006983	12975	5900950	6201219	191632	279781	81719
5001131		4991848	4837596	74103	132987	28567
3365671		3362411	3370255	119122	75775	7328
25105153	4643025	19965219	19215373	1733195	2201313	410760
17943454	67025	16110544	14810932	1346379	1247307	392302
20604539	964592	19426739	19505720	1119875	1791797	293973
17250645	536843	16158335	15031282	1389161	1522981	290040
10918715	14833	10864667	10909249	862510	589634	426716
19923726	12231	19480022	18742388	1076360	838493	164302
3216217	2246	3171247	3326704	166648	183038	89494
6915884	23	6906531	7015385	394917	247677	94161
4191298	29067	3844910	4074561	301242	245395	69344
24291648	1670754	21192421	21426148	1439023	1274665	86901
11914842	864633	9710143	9173917	833461	749280	76479
2071909	1473	1930138	2051253	128727	81054	24459
3530406	6011	3429924	2533195	155385	154512	18870
1194817	685	1178428	1199803	125047	65140	6915
50069137	6609687	41202788	40129379	3032394	2584862	881298
17604671	1156685	16238276	17205039	1142953	739655	59168
15677142	3010	15463628	16622278	685421	309477	100691
6873563	5862	6795116	6740377	276392	187607	16049
29019221	881736	27884587	27161263	2170065	1514734	133344
11130335	36266	10963220	12085914	561953	525732	94799
10113553	8464	9487369	9965398	318788	297341	69047
4290971	238641	3968739	3971071	132583	118164	22433
4200573		4155547	4092053	142401	119231	83886
42035526	6501709	34040977	31879213	4264883	1579580	2147576
46750809	4615582	41006122	46936015	3255832	2674867	1879560
15637956	147061	14639178	15547308	1124033	636638	1104790
19521218	4952	19059032	18956444	673101	652998	2001765
15264151	1120308	13847819	15145710	1052604	439781	799908
23918409	34164	23053098	24505851	1005271	717248	779908
5969099		5959928	5987648	114466	136871	55427
1508578	5549	1463723	1569711	72188	77101	85214
4860779	10222	4798349	4839552	89384	111706	195470
10019152	1171604	8587724	8676628	677410	477218	146204
5759850	28151	4695265	5962183	416137	290983	60786
12001100	142523	11061440	11644043	420355	670055	102711
3169845	919	3035804	3384185	244474	308457	51146
14427730	2703851	11720142	12024324	911540	599741	533529
40860298	6511684	32529927	33200257	3783132	2320102	1438892
8543036	1287	8435347	10777565	263632	350346	139999
3252166	15080	3182277	3403022	222664	178425	62126
1193475	270	1168095	1185489	17449	48368	218114
14023642	231266	12147307	12158929	955690	632975	266945
11872700	180656	11455691	9953176	683169	592389	40434
8723639	7018	8210118	7459522	500439	4555205	8325
52790784	5338620	43117889	42847578	3216065	3931089	659198
13795594	68565	13296379	13815134	604580	715242	69099
1194960	309792	741913	790406	33700	40307	12727
3040254	413	3004588	3238655	140240	125264	35584
4113453	1370	4057228	4101314	112210	752843	14336
1951096		1359500	1946634	208318	276283	
13001950	303717	9813493	9644362	367185	683282	15032
4789186	4135	2507127	3168259	106603	160791	5053
562289	376	560304	929470	27315	30361	138
940493		933668	911398	86881	11592	20825
6607587	91185	6401756	4175580	184481	163200	203834
1622626	111	1620228	1493706	208507	76690	4053

5-15 高技术产品进出口贸易

Value of Imports and Exports of High-tech Products

单位：百万美元 (million US dollar)

项　目	Item	出口贸易额 Exports	进口贸易额 Imports	进出口贸易总额 Total
1985		521	4734	5255
1990		2686	6967	9653
1995		10091	21827	31918
2000		37043	52507	89550
2005		218253	197713	415966
2006		281451	247299	528750
2007		347819	286984	634803
2008		415606	341820	757425
2009		376931	309853	686784
2010		492379	412655	905034
2011		548830	463225	1012054
2012		601173	506864	1108037
计算机与通讯技术	Computer and Communication Technology	419253	122466	541719
生命科学技术	Life Science and Technology	20925	19407	40332
电子技术	Electronics	101523	238406	339929
计算机集成制造技术	Computer Integrated Manufacturing Technology	9864	36292	46157
航空航天技术	Aviation and Aerospace	4437	24207	28645
光电技术	Photonics	39497	58537	98034
生物技术	Biotechnology	472	481	953
材料技术	Material Science	4607	6072	10678
其他技术	Others	594	995	1589

5-16 按贸易方式分高技术产品进出口贸易（2012年）

Value of Imports and Exports of High-tech Products by Trade Form(2012)

单位：百万美元 (million US dollar)

项　目	Item	出口贸易额 Exports	进口贸易额 Imports	进出口贸易总额 Total
合　计	**Total**	**601173**	**506864**	**1108037**
一般贸易	Ordinary Trade	94483	123980	218463
国家间、国际组织无偿援助和赠送的物资	Aid or Donation Between Governments or by International Organizations	196	10	206
其他捐赠物资	Other Donations	1	281	282
加工贸易	Processing Trade			
#来料加工装配贸易	Processing & Assembling	33900	33992	67892
进料加工贸易	Processing with Imported Materials	397817	201986	599803
边境小额贸易	Border Trade	576	2	578
加工贸易进口设备	Equipment for Processing Trade		637	637
对外承包工程出口货物	Contracting Projects	819		819
租赁贸易	Goods on Lease	6	6511	6517
外商投资企业作为投资进口的设备、物品	Equipment/Materials Imported as Investment by FIE		5966	5966
出料加工贸易	Outward Processing	32	41	73
保税仓库进出境货物	Customs Warehousing Trade	6567	15848	22415
保税区仓储转口货物	Entrepot Trade by Bonded Area	66606	111887	178493
出口加工区进口设备	Equipment Imported into Export Processing Zone		4867	4867
其他	Others	170	858	1027

5-17 各地区高技术产品进出口贸易（2012年）

Value of Imports and Exports of High-tech Products by Region(2012)

单位：百万美元 (million US dollar)

地 区	Region	出口贸易额 Imports	进口贸易额 Exports	进出口贸易总额 Total
全 国	**National Total**	**601173**	**506864**	**1108037**
东部地区	Eastern Region	528376	451735	980111
中部地区	Middle Region	29291	21148	50439
西部地区	Western Region	37893	26269	64162
东北地区	Northeast Region	5613	7712	13325
北 京	Beijing	19020	29869	48889
天 津	Tianjin	18977	22558	41534
河 北	Hebei	3106	1123	4229
山 西	Shanxi	1922	1397	3320
内蒙古	Inner Mongolia	83	152	236
辽 宁	Liaoning	5089	4828	9917
吉 林	Jilin	254	2408	2662
黑龙江	Heilongjiang	269	477	746
上 海	Shanghai	90585	82342	172927
江 苏	Jiangsu	131555	92174	223730
浙 江	Zhejiang	14803	8750	23552
安 徽	Anhui	1671	1378	3049
福 建	Fujian	14011	13269	27280
江 西	Jiangxi	3284	1465	4750
山 东	Shandong	14444	14068	28512
河 南	Henan	16315	12821	29136
湖 北	Hubei	4715	2961	7676
湖 南	Hunan	1383	1125	2508
广 东	Guangdong	221361	186006	407367
广 西	Guangxi	1594	1116	2711
海 南	Hainan	514	1576	2091
重 庆	Chongqing	14932	8374	23305
四 川	Sichuan	17481	12334	29815
贵 州	Guizhou	122	112	235
云 南	Yunnan	550	488	1038
西 藏	Tibet	44	44	88
陕 西	Shaanxi	2641	3307	5947
甘 肃	Gansu	136	161	297
青 海	Qinghai	15	21	36
宁 夏	Ningxia	85	46	131
新 疆	Xinjiang	209	114	323

5-18 高技术产品、工业制成品、

Imports and Exports of High-tech Products,

单位：亿美元,%

项　目	Item	1995	2000	2001
商品出进口贸易总额	**Total Value of Exports and Imports**	**2809**	**4743**	**5097**
工业制成品	Manufactured Goods	2350	4021	4376
占总额比重	% of Total Exports and Imports	83.6	84.8	85.9
#高技术产品	High-tech Products	319	896	1106
占总额比重	% of Total Exports and Imports	11.4	18.9	21.7
占工业制成品比重	% of Total Manufactured Goods	13.6	22.3	25.3
初级产品	Primary Goods	459	722	721
占总额比重	% of Total Exports and Imports	16.3	15.2	14.2
商品出口贸易总额	**Total Value of Exports**	**1488**	**2492**	**2662**
工业制成品	Manufactured Goods	1273	2238	2398
占总额比重	% of Total Exports	85.6	89.8	90.1
#高技术产品	High-tech Products	101	370	465
占总额比重	% of Total Exports	6.8	14.9	17.5
占工业制成品比重	% of Total Manufactured Goods	7.9	16.6	19.4
初级产品	Primary Goods	215	255	264
占总额比重	% of Total Exports	14.4	10.2	9.9
商品进口贸易总额	**Total Value of Imports**	**1321**	**2251**	**2436**
工业制成品	Manufactured Goods	1077	1784	1978
占总额比重	% of Total Imports	81.5	79.2	81.2
#高技术产品	High-tech Products	218	525	641
占总额比重	% of Total Imports	16.5	23.3	26.3
占工业制成品比重	% of Total Manufactured Goods	20.3	29.4	32.4
初级产品	Primary Goods	244	467	458
占总额比重	% of Total Imports	18.5	20.8	18.8
商品出进口贸易差额	**Balance**	**167**	**241**	**225**
工业制成品	Manufactured Goods	196	454	420
#高技术产品	High-tech Products	-117	-155	-177
初级产品	Primary Goods	-29	-213	-194

初级产品的进出口贸易额

Manufactured Goods and Primary Goods

(USD 100 million,%)

2002	2003	2004	2005	2006	2007	2008	2009	2010	2011	2012
6208	**8510**	**11546**	**14219**	**17604**	**21738**	**25633**	**22075**	**29728**	**36419**	**38668**
5430	7437	9969	12254	15204	18693	21229	18546	24585	29371	31316
87.5	87.4	86.3	86.2	86.4	86.0	82.8	84.0	82.7	80.6	81.0
1507	2296	3267	4160	5288	6348	7574	6868	9050	10120	11080
24.3	27.0	28.3	29.2	30.0	29.2	29.5	31.1	30.4	27.8	28.7
27.8	30.9	32.8	33.9	34.8	34.0	35.7	37.0	36.8	34.5	35.4
778	1073	1577	1965	2401	3045	4404	3529	5143	7049	7352
12.5	12.6	13.7	13.8	13.6	14.0	17.2	16.0	17.3	19.4	19.0
3256	**4384**	**5934**	**7620**	**9689**	**12180**	**14307**	**12016**	**15779**	**18986**	**20490**
2971	4036	5528	7130	9160	11565	13527	11385	14962	17980	19484
91.3	92.1	93.2	93.6	94.5	95.0	94.6	94.7	94.8	94.7	95.1
679	1103	1654	2182	2815	3478	4156	3769	4924	5488	6012
20.8	25.2	27.9	28.6	29.0	28.6	29.0	31.4	31.2	28.9	29.3
22.8	27.3	29.9	30.6	30.7	30.1	30.7	33.1	32.9	30.5	30.9
285	348	406	490	529	615	780	631	817	1006	1006
8.7	7.9	6.8	6.4	5.5	5.0	5.4	5.3	5.2	5.3	4.9
2952	**4128**	**5614**	**6601**	**7915**	**9558**	**11326**	**10059**	**13948**	**17433**	**18178**
2459	3401	4441	5124	6043	7128	7702	7161	9623	11391	11832
83.3	82.4	79.1	77.6	76.4	74.6	68.0	71.2	69.0	65.3	65.1
828	1193	1613	1977	2473	2870	3418	3099	4127	4632	5069
28.1	28.9	28.7	30.0	31.2	30.0	30.2	30.8	29.6	26.6	27.9
33.7	35.1	36.3	38.6	40.9	40.3	44.3	43.3	42.9	40.7	42.8
493	728	1173	1477	1871	2430	3624	2898	4326	6044	6346
16.7	17.6	20.9	22.4	23.6	25.4	32.0	28.8	31.0	34.7	34.9
304	**256**	**319**	**1019**	**1775**	**2622**	**2981**	**1957**	**1831**	**1553**	**2312**
512	635	1087	2006	3117	4437	5826	4224	5339	6590	7652
-150	-90	41	205	342	608	738	671	797	856	943
-208	-380	-768	-987	-1342	-1815	-2844	-2267	-3508	-5038	-5340

六、国家科技计划

National Program for Science and Technology Development

6-1 国家主要科技计划中央财政拨款

Appropriation for S&T by Central Government in the Main Programs of S&T

单位：万元 (10 000 yuan)

项目	Item	2001	2005	2006	2007	2008	2009	2010	2011	2012
863计划	863 Program	73153	398628	379501	444416	559200	511500	511500	511500	551500
基础研究计划	Basic Research Program									
国家自然科学基金	National Natural Science Fund	159835	270128	362014	433096	535851	642697	1038109	1404343	1700000
国家重点基础研究发展计划(973计划)	National Key Basic Research Program of China	60000	100000	97892	129263	150415	189976	271813	309245	267819
国家重大科学研究计划	National Major Scientific Research Program of China			37527	35318	39585	70024	128187	140756	132181
科技支撑计划/科技攻关计划	Key Technologies R&D Program	105340	162440	288790	542337	506556	500000	500000	550000	642555
科技基础条件建设	S&T Basic Conditional Construction Program									
科技基础条件平台专项	National Science and Technology Infrastructure Program		57330	75365	68555	2347	2127		24600	26500
国家重点实验室建设计划	State Key Laboratory Construction Program	13000	13360	21640	160000	216774	291695	275922	296081	337768
国家工程技术研究中心	National Engineering Research Centres	5000	5950	8350	8550		10300	10500	19500	10500
科技基础性工作专项	S&T Basic Work	19968		10274	17843	15000	15048	15515	18350	22506
星火计划	Spark Program	10000	11700	10160	15000	20000	21892	20000	30000	20000
火炬计划	Torch Program	7000	7000	10825	13875	15176	22765	22000	32000	22000
国家重点新产品计划	National New Products Program	14000	14000	13900	14000	15000	20000	20000	29850	20000
科技型中小企业技术创新基金	Innovation Fund for Small Technology-based Firms	78330	98848	84288	125620	162109	348357	429709	463999	511385
农业科技成果转化资金	Agricultural Science and Technology Transfer Fund	40000	30000	30000	30000	30000	40000	50000	50000	50000
国际科技合作重点项目计划	International S&T Cooperation Program	10000	18000	30000	30000	40000	50000	130177	125000	70000
科研院所技术开发专项	Special Technnology Development Project for Research Institutions	15830	18604	20000	25000	25000	25000	25000	25000	30000

注：表中各项国家主要科技计划及相关内容依据“十一五”国家科技计划体系。科技攻关计划2006年起调整为科技支撑计划。

Note: In the table, the main program plans of S&T and its related contents base on "the Eleven Five" National S&T Programs.S&T programs for tackling key programs adjust to S&T support programs from 2006.

6-2 国家科技支撑计划/国家科技攻关计划[1]中央财政拨款
Appropriation for S&T by Central Government in Key Technologies R&D Program

单位：万元 (10 000 yuan)

项目	Item	2001	2005	2006	2007	2008	2009	2010	2011	2012
合计	**Total**	**105340**	**162440**	**288790**	**542337**	**506556**	**500000**	**500000**	**550000**	**642555**
能源[2]	Energy	7380	11620	18471	17914	24148	15863	15532	17635	23810
资源[3]	Resource	14003	15520	21330	33695	43393	42771	34322	36265	27686
环境	Environment			18241	22771	33188	37681	38827	47399	39015
农业	Agriculture	26053	30293	78879	118355	102004	96600	110132	131919	115032
材料	Material	11110	12610	20480	46358	51483	53625	41434	51134	62411
制造业	Manufacture	10530	7990	20548	62897	45199	28749	14873	24403	35460
交通运输	Traffic and Transport			19917	50114	30795	71304	78626	54087	31545
信息产业与现代服务业	Information and Services	6500	7993	28394	30284	46562	41036	52849	72237	152096
人口与健康	Population and Health	8077	39364	24641	68576	47422	46871	61482	52584	69878
城镇化与城市发展	Urbanization and Urban Development			11340	36496	26845	26127	18069	30451	36264
公共安全及其他社会事业[4]	Public Security and Other Social Undertakings	21687	37050	26549	54877	55517	39373	33854	31886	49358

注：1.2005年及以前为国家科技攻关计划，自2006年起为国家科技支撑计划。
2.2001-2005年数据包括交通运输领域。
3.2001-2005年数据包括环境领域。
4.2001-2005年数据包括城镇化与城市发展领域。

Note: a) Data before 2005 refer to S&T programs for tackling key programs and adjust to S&T support programs from 2006.
b) Data from 2001 to 2005 contain the field of transportation.
c) Data from 2001 to 2005 contain the field of environment.
d) Data from 2001 to 2005 contain the fields of urbanization and urban development.

6-3 国家重点基础研究发展计划(973计划)中央财政拨款
Appropriation for S&T by Central Government in National Key Basic Research Program of China

单位：万元 (10 000 yuan)

项目	Item	2001	2005	2006	2007	2008	2009	2010	2011	2012
合计	**Total**	**60000**	**100000**	**97892**	**129263**	**150415**	**189976**	**271813**	**309245**	**267819**
农业	Agriculture Science	9970	10883	11117	14537	16982	22860	21961	25959	31268
能源	Energy Science	7707	9481	9019	15615	16811	24038	29658	32051	18967
信息	Information Science	7917	11426	7978	15883	15302	20310	27367	40940	21288
资源环境	Environment Science	13758	14611	12447	15318	18156	23698	24155	21831	28330
健康	Health Science	8921	20261	15079	19416	26059	31976	34108	40276	49087
材料	Materials Science	8838	11923	11700	16221	18889	21300	30326	31417	19918
制造与工程	Manufacturing and Infrastructural Engineering Science								13541	11060
综合交叉[1]	Synthesis Science	1819	19052	16955	16138	17527	23547	66691	68863	38671
重大科学前沿	Forefront of Major Science			13597	16135	20689	22248	37547	34367	49230
其它	Others	1070	2363							

注：2001-2005年数据包括重大科学前沿。

Note: Data from 2001 to 2005 contain forefront of major science.

6-4 国家重大科学研究计划中央财政拨款
Appropriation for S&T by Central Government in National Major Scientific Research Program of China

单位：万元 (10 000 yuan)

项　目	Item	2006	2007	2008	2009	2010	2011	2012
合　计	**Total**	**37527**	**35318**	**39585**	**70024**	**128187**	**140756**	**132181**
纳米研究	Nano Studies	7399	14083	11882	24005	34889	42353	34905
量子调控研究	Quantum Regulation Studies	10752	3301	8622	12499	15876	21694	18697
蛋白质研究	Protein Studies	12730	5450	9992	15446	16070	28673	24406
发育与生殖研究	Growth and Reproduction Studies	6646	12484	9089	18074	20729	27617	20719
干细胞研究	Stem Cell Studies					12287	4941	9376
全球变化研究	Global Change Studies					28336	15478	24078

6-5 国家自然科学基金资助项目经费
Project Funding Approved by the National Natural Science Foundation of China

单位：万元 (10 000 yuan)

项　目	Item	2000	2005	2006	2007	2008	2009	2010	2011	2012
合　计	**Total**	**111879**	**352060**	**410956**	**497083**	**630863**	**705392**	**965315**	**1827450**	**2365585**
面上项目	General Programs	63348	225898	268595	227457	288647	330516	452450	898941	1248000
重点项目	Key Programs	6826	50947	44349	63530	77973	72408	96450	142500	156700
重大项目	Major Program	765	7000			17000	11000	16000	22500	32200
重大研究计划	Major Research Plan		5033	8492	22578	24972	33379	48605	62213	71023
联合资助基金项目	Program of Joint Funds with other Institutions			9497	15730	16654	18008	16790	36900	47787
国家杰出青年科学基金(包括外籍)	Projects of National Distinguished Young Scientists (including Foreign)	17015	16580	33280	35280	35220	35020	38820	38760	38980
优秀青年科学基金	Excellent Young Scientists Fund									40000
青年科学基金项目*	Young Scientists Fund				61737	93994	120304	164600	311710	337500
地区科学基金项目*	Regional Fund				10196	16974	22180	33560	99920	120000
海外和香港、澳门青年学者合作研究基金	Programs of Joint Research for Oversea Young Scientists	2400	3200	3200	3200	1580	1540	1660	4000	6340
创新研究群体科学基金	Programs of Innovation Research Teams	5280	7800	10700	24730	26315	26480	34660	38460	36900
国家基础科学人才培养基金	Projects of States Foundation for Basic Science Scientists	3804	17385	11400	9930	5180	1370	4770	28800	24510
国家重大科研仪器设备研制专项	Special Fund for Research on National Major Research Instruments and Facilities									108700
科学仪器基础研究专款	Special Fund for Basic Research on Scientific Instruments									15000
委主任基金、科学部主任基金	Projects of President and Directors' Funds	2732	5676	4722	4780	5412	8167	13746	16227	18387
专项基金	Projects of Special Programes	4472	3564	4704	4708	6498	8125	14270	78705	5746
国际合作与交流	International Cooperation and Exchange	5236	8977	12017	13227	14444	16895	28934	47814	57813

注："青年科学基金项目"和"地区科学基金项目"自2007年开始从原"面上项目"中分出。
Note: Date of "Youth Scientists Fund" and "Regional Fund" seperated from "General Programs" in 2007.

6-6 分部门国家自然科学基金资助项目经费(2012年)

Project Funding Approved by the National Natural Science Foundation of China by Sectors (2012)

单位：万元 (10 000 yuan)

项 目	Item	合 计 Total	高等学校 Higher Education	#教育部所属院校 Subordinated Directly to Ministry of Education	科研机构 Research Institution	#中国科学院 China Academy of Sciences	其 他 Others
合 计	**Total**	**2365586**	**1834714**	**992395**	**494421**	**361530**	**36451**
面上项目	General Programs	1248000	1017238	557014	211307	139458	19455
重点项目	Key Programs	156700	113428	83047	41832	35043	1440
重大项目	Major Program	32200	19400	15400	11000	11000	1800
重大研究计划	Major Research Plan	71023	49073	38728	21880	16660	70
联合资助基金项目	Program of Joint Funds with other Institutions	47787	37222	17859	10496	7548	69
国家杰出青年科学基金(包括外籍)	Projects of National Distinguished Young Scientists(including Foreign)	38980	27740	19240	11240	10020	
优秀青年科学基金	Excellent Young Scientists Fund	40000	31300	23400	8600	7500	100
青年科学基金项目	Young Scientists Fund	337500	261454	119283	70656	41360	5390
地区科学基金项目	Regional Fund	120000	109227		6252		4521
海外和香港、澳门青年学者合作研究基金	Programs of Joint Research for Oversea Young Scientists	6340	4600	3060	1720	1000	20
创新研究群体科学基金	Programs of Innovation Research Teams	36900	24900	19500	12000	9600	
国家基础科学人才培养基金	Projects of States Foundation for Basic Science Scientists	24510	23310	18230	1200	1200	
国家重大科研仪器设备研制专项	Special Fund for Research on National Major Research Instruments and Facilities	108700	52190	32820	56510	56510	
科学仪器基础研究专款	Special Fund for Basic Research on Scientific Instruments	15000	12230	8940	2770	2480	
委主任基金、科学部主任基金	Projects of President and Directors' Funds	18387	12231	5034	5441	4411	715
专项基金	Projects of Special Programes	5746	3191	2680	2272	1949	283
国际合作与交流	International Cooperation and Exchange	57813	35980	28160	19245	15791	2588

6-7 国家重点实验室

State Key Laboratories and National

项 目	Item	实验室数(个) Number of Laboratories (unit)①	实验室人员 Personnel of Laboratories 固定人员(人) Full-time Personnel (person)	客座人员(人) Guest Researchers (person)
总 计	**Total**	**266**	**20122**	**7936**
工业与信息化部	Ministry of Industry and Information Technology of the People's Republic of China	8	588	239
国家人口和计划生育委员会	National Population and Family Planning Commission of China	8	480	135
教育部	Ministry of Education	135	9351	4135
农业部	Ministry of Agriculture	6	372	144
卫生部	Ministry of Health			
水利部	Ministry of Water Resources	1	65	12
国土资源部	Ministry of Land and Resources	1	59	6
环境保护部	Ministry of Environmental Protection	1	138	16
国家林业局	State Forestry Administration	1	65	10
中国科学院	Chinese Academy of Sciences	85	7570	2744
中国地震局	China Seismological Bureau	1	70	56
总后勤部卫生部	Health Department of The General Logistics Department，PLA	6	458	94
中国气象局	China Meteorological Administration	1	47	21
国家海洋局	State Oceanic Administration People's Republic of China	1	42	22
河北省科学技术厅	Hebei Science and Technology Department	1	67	10
陕西省科学技术厅	Shaanxi Science and Technology Deparment	1	67	22
山西省科学技术厅	The Shanxi Science and Technology Department	1	41	20
四川省科学技术厅	Science and technology Bureau of Sichuan Province	2	196	144
江苏省科学技术厅	Jiangsu Science and Technology Department	2	169	38
山东省科学技术厅	Department of Science and Technology of Shandong Province	1	65	21
广东省科技厅	Guangdong Science and Technology Department	1	50	10
广西省科学技术厅	Guangdong Science and Technology Department	1	89	8
湖南省科学技术厅	Hunan Science and Technology Department	1	73	29

注：1.以上数据按260个国家重点实验室和6个国家实验室(筹)统计。其中林木遗传育种国家重点实验室由国家林业局和教育部共同主管；棉花生物学国家重点实验室由农业部和河南省科技厅共同主管；杂交水稻国家重点实验室由湖南省科技厅和教育部共同主管；另外，有一个国家实验室由中国科学院和教育部共同主管。
2.获奖成果按国家自然科学奖、国家科技进步奖、国家技术发明奖三项国家科技奖励统计。

运行情况(2012年)

Laboratories Operation By Sectors (2012)

研究经费 Funds		科研项目 Projects		获奖成果(项) Achievements Awarded (item)②	发表论文(篇) Paper Published (piece)	毕业研究生(人) Graduated Masters & Doctors (person)
筹集(万元) R&D Funds (10 000 yuan)	支出(万元) R&D Expenditure (10 000 yuan)	项数(项) R&D Projects (item)	经费(万元) Funds (10 000 yuan)			
1711446	**1203484**	**35619**	**1603784**	**113**	**50947**	**25068**
57259	52546	1040	57710	5	2023	997
34864	26640	787	39733		792	312
887196	568417	21105	845986	65	30279	17687
39053	32751	651	39751	5	942	471
8157	8107	121	8039		117	89
16711	13640	55	16778		102	10
12200	8931	103	10881		148	25
2305	2109	57	2542	1	63	69
557183	416861	9549	468557	28	13910	3410
2858	2078	86	2133		102	19
18656	6402	426	33322	3	509	135
1800	800	54	1671	1	104	12
6898	4550	46	3508	1	95	9
4338	4119	150	3761	1	291	150
6492	5261	129	5071		130	151
4722	2899	94	4456		77	33
20796	18974	485	19090	2	563	658
10053	10388	213	6884	1	257	330
3534	3534	96	3458		156	216
2686	458	117	16600		67	34
6572	6906	169	6654		158	201
7113	7113	86	7200		62	50

Note: a) Data are about 260 State Key Laboratories and 6 National Laboratories. Among which, the State Key Laboratory of Tree Genetics and Breeding is governed jointly by the State Forestry Administration and the Ministry of Education; the State Key Laboratory of Cotton Biology is co-governed by the Ministry of Agriculture and Henan Provincial Science and Technology Department; the State Key Laboratory of Hybrid Rice is adminstrated by Hunan Provincial Science and Technology Department and the Ministry of Education; and in addition, one of the six national laboratories is co-governed by the Chinese Academy of Sciences and the Ministry of Education.

b) Data on awards are calculated by three national awards in science and technogy, namely, the National Natural Sciences Award, National S&T Advancement Award and National Invention Award.

6-8 国家主体性计划项目实施情况(2012年)
Projects of National Main Research Program (2012)

项　目	Item	合　计 Total	"973" 计划 National Basic Research Program	国家重大科学研究计划 National Major Scientific Research Program	"863" 计划 "863" Program	国家科技支撑计划 Key Technologies R&D Program
实施项目数(项)	Projects in Practice (item)	7694	2257	893	2629	1915
项目组人员(人次)	Personnel in Project Group(person-time)	232546	54065	20341	81325	76815
高级职称	Senior Title	77894	15958	5253	27928	28755
中级职称	Middle Title	53473	7854	2672	21313	21634
项目人员当年投入工作量(人年)	Personnel Input(man-year)	125946	32716	12862	41949	38419
当年落实项目资金(万元)	Funds Arranged(10 000 yuan)	2521728	301903	155515	1231863	832448
#政府资金	Government Funds	1193290	295683	154813	510023	232771
#科研机构承担的项目	Performed by R&D Institutes	363472	93041	63647	106634	100150
高等学校承担的项目	Performed by Higher Education	704968	188110	85484	286053	145321
企业承担的项目	Performed by Enterprises	1392282	15536	465	810493	565788
培养博士、硕士(人)	Cultivated of Master and Doctor(person)	37851	13932	4306	10219	9394
发表科技论文(篇)	Scientific Papers Issued(piece)	71202	31524	10747	15271	13660
#向国外发表	Published in Foreign Periodicals	39483	19814	8625	7189	3855
出版科技著作（万字)	Science Works (10 000 words)	22171	7538	1111	3978	9544
专利申请数(件)	Patent Applications (piece)	19705	4785	1306	7910	5704
#发　明	Inventions	15819	4485	1228	6229	3877
#向国外申请专利	Accepted by Foreign Countries	509	128	66	209	106
专利授权数(件)	Patent Applications Granted (piece)	7446	1966	524	2773	2183
#发　明	Inventions	5344	1826	488	1815	1215
#国外授权专利	Granted by Foreign Countries	159	36	34	65	24

6-9　分社会经济目标国家主体性计划项目投入(2012年)

Input of Projects of National Mandatory Program by Socio-economic Objective (2012)

单位：万元　　　　(10 000 yuan)

项　　目	Item	当年落实资金 Funds Arranged	"973"计划 National Basic Research Program	国家重大科学研究计划 National Major Scientific Research Program	"863"计划 "863" Program	国家科技支撑计划 Key Technologies R&D Program
合　计	**Total**	**2521728**	**301903**	**155515**	**1231863**	**832448**
环境保护、生态建设及污染防治	Environmental conservation and Prevention of Pollution	178353	18466	12276	66034	81577
环境一般问题	General Research on Environment	2799	708	1479		612
环境与资源评估	Environmental and Resource Evaluation	17895	6671	6526	3291	1407
环境监测	Environmental Monitoring	12207	1220	193	7697	3097
生态建设	Ecosystem Building	16526	3227	1328	7	11964
环境污染预防	Prevention of Pollution	84637	2091	801	40608	41138
环境治理	Treatment of Pollution	35224	841	592	13791	20000
自然灾害的预防、预报	Prevention and Forecast of Natural Disasters	9066	3708	1358	641	3359
能源生产、分配和合理利用	Production,Distribution and Rational Utilisation of	571035	43860	6197	371532	149447
能源一般问题研究	Energy General Research on Production, Distribution and Rational Utilisation of Energy	8661	1593	478	2420	4170
能源矿产的勘探技术	Exploration Technology of Energy Mineral	14582	5026		8085	1471
能源矿物的开采和加工技术	Mining and Extraction Technology of Energy Mineral	39009	7336		21899	9774
能源转换技术	Energy Transformation Technology	78018	7143	3265	55791	11819
能源输送、储存与分配技术	Energy Transport,Storage and Distribution Technology	59289	3988	715	53343	1244
可再生能源	Renewable Energy	120855	7374	1165	75437	36878
能源设施和设备建造	Construction of Energy Facilities and Equipment	92462	3865		63899	24697
能源安全生产管理和技术	Safe Production Management and Technology of Energy	7351	1622		3294	2436
节约能源的技术	Technology of Saving Energy	146155	5611	574	84918	55052
能源生产、输送、分配、储存、利用过程中污染的防治与处理	Prevention of Pollution in the Process of Production,Transport,Distribution and Utilisation of Energy	4654	302		2446	1906
卫生事业发展	Development of Human Health	179030	44383	36598	58566	39484
卫生一般问题	General Research on Development of Human Health	5402	1530	1673	2200	
诊断与治疗	Surgery and Treatment	112367	31795	21117	40736	18719
预防医学	Preventive Medicine	14791	3538	5140	3413	2700
公共卫生	Public Health	4060	351	351	406	2952
营养和食品卫生	Nutrition and Food Hygiene	4675	1194		1970	1511
药物滥用和成瘾	Drug Abuse and Addiction	1822	745	806		271
社会医疗	Social Medicine	11529	167		3725	7637
卫生医疗其他研究	Medical Research not Elsewhere Classified	24385	5064	7511	6115	5695
教育事业发展	Development of Education	509	48	84		377
教育一般问题	General Research on Development of Education					
学历教育	Academic Education	132	48	84		
非学历教育与培训	Non-academic Education and Training	377				377
其它教育	Education not Elsewhere Classified					
基础设施以及城市和农村规划	Infrastructure, Urban and Rural Planning	190212	12288	141	105298	72485
交通运输	Transport					

6-9 续表 1 continued

单位：万元 (10 000 yuan)

项 目	Item	当年落实资金 Funds Arranged	"973"计划 National Basic Research Program	国家重大科学研究计划 National Major Scientific Research Program	"863"计划 "863" Program	国家科技支撑计划 Key Technologies R&D Program
通信	Communication	126396	3202		69431	53763
广播与电视	Broadcast and TV	50536	7218	141	34734	8442
城市规划与市政工程	Urban Planning and Municipal Engineering	2202			173	2029
农村发展规划与建设	Rural Development,Planning and Building	8449	1078		280	7091
交通运输、通信、城市与	Impact on the Environment of Transportation,	1159				1159
农村发展对环境的影响	Communications, Urban and Rural Development	1469	790		679	
社会发展和社会服务	Social Development and Community Services	45750	7638	1071	10956	26086
社会发展和社会服务一般问题	General Research on Social Development and Community Services	3250		423	1633	1194
社会保障	Social Security System	3021				3021
公共安全	Public Safety	18024	2662		1652	13711
社会管理	Community management	96	96			
就业	Employment	772				772
法律与司法	The Law and Justice					
政府与政治	Government and Politics					
国际关系	International Relations					
遗产保护	Preserving Heritage	2485	2485			
语言与文化	Languages and Cultures	707	246			461
文艺、娱乐	Arts and Leisure	104				104
宗教与道德	Religion and Ethics					
传媒	Media	3648			1053	2595
科技发展	Development of Science and Technology	9978	2149	648	6044	1138
国土资源管理	Management of Land and Resource	2602			245	2357
其他社会发展和社会服务	Social Development and Community Services not Elsewhere Classified	1064			330	734
地球和大气层的探索与利用	Exploration and Utilization of the Earth and	66047	22964	14073	26745	2265
地壳、地幔，海底的探测和研究	Atmosphere Exploration and Research of Earth's Crust,Mantle and Sea-bed	9272	6694	150	1950	478
水文地理	Hydrology	4360	3165	1195		
海洋	Sea and Oceans	31383	5782	2510	21999	1091
大气	Atmosphere	16457	5308	10021	820	308
地球探测和开发其他研究	Other Research on Exploration and Exploitation of the Earth	4575	2015	197	1975	388
民用空间探测及开发	Civil Exploration and Exploitation of Space	29611	7789	1425	15195	5203
空间探测一般研究	General Research on Exploration and Exploitation of Space	3334	1851	372	1111	
飞行器和运载工具研制	Manufacture of Aircraft and Vehicles	9628	1310		7159	1159
发射与控制系统	Launch and Control Systems	142			142	
卫星服务	Space Laboratories and Space Travel	14319	2659	903	6713	4044
空间探测和开发其他研究	Other Research on Exploration and Exploitation of Space	2189	1969	150	70	
农林牧渔业发展	Development of Agriculture,Forestry,Animal Husbandry and Fishery	190955	26669	2499	53665	108122
农林牧渔业发展一般问题	General Research on Agriculture,Forestry, Animal Husbandry and Fishery	7659	2364		3772	1523

6-9 续表 2 continued

单位：万元 (10 000 yuan)

项　　目	Item	当年落实资金 Funds Arranged	"973"计划 National Basic Research Program	国家重大科学研究计划 National Major Scientific Research Program	"863"计划 "863" Program	国家科技支撑计划 Key Technologies R&D Program
农作物种植及培育	Planting and Cultivation of Crops	66365	10138	765	12701	42760
林业和林产品	Forestry and Forestry Products	7345	1928		734	4683
畜牧业	Animal Husbandry	21281	3332	1231	7423	9296
渔业	Fishery	21201	1630		11120	8451
农林牧渔业体系支撑	Support Systems of Agriculture,Forestry, Animal Husbandry and Fishery	64417	7126	503	17084	39704
农林牧渔业生产中污染的防治与处理	Prevention and Treatment of Pollution in the Production of Agriculture,Forestry, Animal Husbandry and Fishery	2686	151		830	1705
工商业发展	Development of Industry and Commerce	887961	47942	10654	488355	341011
促进工商业发展的一般问题	General Research on Industry and Commerce	825	56			769
产业共性技术	Industrial Generic Technology	47477	5924	1603	36154	3796
非能源资源矿产的开采	Mining of Mineral Resources (excl. Energy)	39469	1253		16257	21958
食品、饮料和烟草制品业	Manufacture of Food,Beverage and Tobacco Products	23493	556		9594	13344
纺织业、服装及皮革制品业	Manufacture of Textile,Apparel and Leather Products	21278	127		7470	13681
化学工业	Chemical Industry	132692	9017	862	72276	50538
非金属与金属制品业	Manufacture of Nonmetal and Metal Products	87290	7525	1374	21245	57146
机械制造业(不包括电子设备、仪器仪表及办公机械)	Machinery	290071	6951	539	168393	114188
电子设备、仪器仪表及办公机械	Electronic Equipment	129539	4529	3535	112453	9022
其他制造业	Other Manufacture	19261	580	227	3686	14769
热力、水的生产和供应	Production and Supply of Heat Power and Water	5388			345	5043
建筑业	Construction	9474	1844		1411	6219
信息与通信技术(ICT)服务业	Information and Communication Technology Services	63121	9580	2515	34390	16637
技术服务业	Technical Service	6106			1900	4206
金融业	Finance					
房地产业	Real Estate					
商业及其他服务业	Commerce and Other Services	4880			2513	2367
工商业活动中的环境保护、污染防治与处理	Prevention and Treatment of Pollution in the Activities of Industry and Commerce	7597			269	7329
非定向研究	Non-oriented Research	178238	69259	70497	32090	6393
自然科学领域的非定向研究	Non-oriented Research on Natural Science	116344	49146	57572	7460	2166
工程与技术科学领域的非定向研究	Non-oriented Research on Engineering Sciences	28561	12160	2198	12472	1731
农业科学领域的非定向研究	Non-oriented Research on Agricultural Sciences	3028	983	196	1759	90
医学科学领域的非定向研究	Non-oriented Research on Medical Sciences	26204	6705	10531	8968	
社会科学领域的非定向研究	Non-oriented Research on Social Sciences	2170				2170
人文科学领域的非定向研究	Non-oriented Research on Humanities	1666			1430	236
其他	Non-oriented Research not elsewhere classified	265	265			
其他目标	Other Research	4027	598		3429	

6-10 分技术领域国家级火炬计划项目(2012年)
National Torch Program by Technological Fields (2012)

项 目	Item	项目数 (项) Number of Projects (item)	当年落实资金 (万元) Funds Arranged (10 000 yuan)	#政府资金 Goverement Funds	#企业资金 Self-raised Funds by Enterprises
总 计	**Total**	**5733**	**8776957**	**197388**	**5751989**
电子与信息技术	Electronic Information Technology	915	833324	26994	619469
生物、医药技术	Biological, Medical Technology	689	1277963	17090	840893
新材料	New Materials	1268	2906721	24352	1825439
光机电一体化技术	Integrated Light, Electronics and Machinery	1617	1888277	43154	1292808
新能源、高效节能	New Energy and Efficient Energy-saving	577	1232067	31046	800539
环境保护	Environment Protection	224	312877	14091	170077
其他高技术领域	Other High-tech Fields	443	325728	40661	202763

6-11 国家产业化计划项目实施情况(2012年)
Projects of National Industrialization Program (2012)

项 目	Item	合 计 Total	火炬计划 Torch Program	星火计划 Spark Program
实施项目数(项)	Projects in Practice (item)	9585	5733	3852
当年落实项目资金(万元)	Funds Arranged (10 000 yuan)	10453057	8776957	1676100
#政府资金	Government Funds	268313	197388	70925
企业资金	Self-raised Funds by Enterprises	6869005	5751989	1117016
贷 款	Bank Loans	2212457	1927050	285407
#科研机构承担项目	Performed by R&D Institutes	80090	16487	63604
高等学校承担项目	Performed by Higher Education	60602	5622	54981
企业承担项目	Performed by Enterprises	10110877	8643201	1467676
新增产值(万元)	Added Value of Output (10 000 yuan)	41775044	37008440	4766604
净利润额(万元)	Profits after Taxes (10 000 yuan)	4385444	3446597	938847
上缴税金(万元)	Taxes(10 000 yuan)	2502775	2250376	252399
出口创汇(万美元)	Export (USD 10 000)	913314	786097	127217
专利申请数(件)	Patent Applications (piece)	19183	15567	3616
#发 明	Inventions	7897	6036	1861
#向国外申请专利	Received by Foreign Countries	246	215	31
专利授权数(件)	Patent Applications Granted (piece)	11146	9358	1788
#发 明	Inventions	3100	2402	698
#国外授权专利	Granted by Foreign Countries	187	163	24

6-12 各地区国家产业化计划项目(2012年)

Projects of National Industrialization Program by Region (2012)

地区	Region	项目数合计 (项) Total (item)	火炬计划 Torch Program	星火计划 Spark Program	当年落实资金 (万元) Funds Arranged (10 000 yuan)	火炬计划 Torch Program	星火计划 Spark Program
全　国	**National Total**	**9585**	**5733**	**3852**	**10453057**	**8776957**	**1676100**
东部地区	Eastern Region	6546	3991	2555	6365376	5400541	964834
中部地区	Middle Region	1259	722	537	1921263	1608687	312576
西部地区	Western Region	1264	653	611	1445157	1145176	299980
东北地区	Northeast Region	516	367	149	721262	622553	98709
北　京	Beijing	241	202	39	120082	113297	6785
天　津	Tianjin	151	104	47	202405	187575	14830
河　北	Hebei	112	67	45	158053	131982	26072
山　西	Shanxi	112	52	60	110642	61221	49421
内蒙古	Inner Mongolia	78	38	40	123525	88629	34896
辽　宁	Liaoning	229	159	70	412776	365593	47183
吉　林	Jilin	137	87	50	166529	132644	33885
黑龙江	Heilongjiang	150	121	29	141958	124317	17641
上　海	Shanghai	172	136	36	140738	131788	8950
江　苏	Jiangsu	2194	1271	923	2427103	1979050	448053
浙　江	Zhejiang	2036	1274	762	1016379	875429	140949
安　徽	Anhui	448	203	245	579745	435817	143928
福　建	Fujian	262	142	120	133264	89822	43442
江　西	Jiangxi	153	81	72	149590	130588	19001
山　东	Shandong	862	497	365	1752456	1515606	236850
河　南	Henan	216	167	49	586734	575157	11577
湖　北	Hubei	241	181	60	393349	347622	45727
湖　南	Hunan	89	38	51	101204	58282	42922
广　东	Guangdong	472	261	211	379952	341732	38221
广　西	Guangxi	98	55	43	69119	36272	32847
海　南	Hainan	44	37	7	34945	34260	684
重　庆	Chongqing	106	72	34	95010	82757	12253
四　川	Sichuan	171	84	87	280214	225659	54555
贵　州	Guizhou	97	49	48	88089	75994	12094
云　南	Yunnan	131	72	59	247610	197711	49899
西　藏	Tibet	21	4	17	3051	1270	1781
陕　西	Shaanxi	180	113	67	132150	93378	38772
甘　肃	Gansu	112	52	60	46344	37637	8707
青　海	Qinghai	50	26	24	132182	122617	9566
宁　夏	Ningxia	46	27	19	54728	47286	7442
新　疆	Xinjiang	174	61	113	173135	135966	37169

6-13 全国创业风险投资基本情况
Basic Statistics on National VC Capital

项　目	Item	2003	2004	2005	2006	2007	2008	2009	2010	2011	2012
一、机构数（个）	No. of VC Firms (unit)	315	304	319	345	383	464	576	720	860	942
二、管理资本总额（亿元）	VC Capital under Management (100 Million Yuan)	616.5	617.5	631.6	663.8	1112.9	1455.7	1605.1	2406.6	3198.0	3312.9
三、投资强度（万元/项）	Avg. VC Deals Size (10 000 yuan/unit)	920.0	972.1	901.1	802.5	973.4	1041.3	1059.8	1356.5	1550.5	1322.7
四、累计投资	Cumulative Investment										
1.累计投资项目数（项）	No. of Cumulative Deals(unit)		3172	3916	4592	5585	6796	7435	8693	9978	11112
#累计投资高新技术企业(项目)数	In Hi-tech Deals		1628	2453	2601	3369	3845	4737	5160	5940	6404
2.累计投资金额（亿元）	Cumulative Capital (100 Million Yuan)		219.9	326.1	410.8	495.5	769.7	906.2	1491.3	2036.6	2355.1
#累计投资高新技术企业(项目)额	In Hi-tech Deals		134.4	149.1	215.9	295.2	427.4	405.1	808.8	1038.6	1193.1
五、投资轮次（%）	Investment Rounds (%)										
首轮投资	First	72.1	67.2	70.8	77.0	83.1	84.5	82.7	86.2	83.4	80.1
后续投资	Follows-on	27.9	32.8	29.2	23.0	16.9	15.5	17.3	13.8	16.6	19.9
六、投资阶段	Investment Stages										
1.按投资项目分（%）	By Investment Deal (%)										
种子期	Seed	13.0	15.8	15.4	37.4	26.6	19.3	32.2	19.9	9.7	12.3
起步期	Startup	19.3	20.6	30.1	21.3	18.9	30.2	20.3	27.1	22.7	28.7
成长(扩张)期	Expansion	49.5	47.8	41.0	30.0	36.6	34.0	35.2	40.9	48.3	45.0
成熟(过渡)期	Maturity	18.2	15.5	11.9	7.7	12.4	12.1	9.0	10.0	16.7	13.2
重建期	Turn Around		0.3	1.6	3.6	5.4	4.4	3.4	2.2	2.6	0.8
2.按投资金额分（%）	By Investment Amt. (%)										
种子期	Seed	5.3	4.5	5.2	30.2	12.7	9.4	19.9	10.2	4.3	6.6
起步期	Startup	16.8	12.3	20.0	11.5	8.9	19.0	12.8	17.4	14.8	19.3
成长(扩张)期	Expansion	37.5	44.8	46.8	39.4	38.2	38.5	45.0	49.2	55.0	52.0
成熟(过渡)期	Maturity	40.4	38.4	26.3	14.6	35.2	26.5	18.5	20.2	22.3	21.5
重建期	Turn Around			1.7	4.3	5.0	6.6	3.7	3.0	3.6	0.6
七、退出方式（%）	Exit (%)										
上市	IPO	5.4	12.4	11.9	12.7	24.2	22.7	25.3	29.8	29.4	29.4
收购	Acquisition	40.4	55.3	44.4	28.4	29.0	23.2	33.0	28.6	30.0	18.9
回购	Buyback	36.3	27.6	33.3	30.4	27.4	34.8	35.3	32.8	32.3	45.0
清算	Liquidation	14.9	4.7	10.4	7.8	5.6	9.2	6.3	6.9	3.2	6.7
其它	Others	3.0			20.6	13.7	10.1				

七、科技活动成果

Results of Science and Technology Activities

7-1 国内专利申请受理数

Domestic Patent Applications Accepted

单位：件 (piece)

地区	Region	1995	2000	2005	2006	2007	2008	2009	2010	2011	2012
全国	**National Total**	**69535**	**140339**	**383157**	**470342**	**586498**	**717144**	**877611**	**1109428**	**1504670**	**1912151**
东部地区	Eastern Region	35808	82700	262416	329422	421636	519818	637402	780151	1079386	1363991
中部地区	Middle Region	9969	16335	37594	47037	56476	73794	91175	140203	177100	234599
西部地区	Western Region	9741	16381	34053	40587	50941	64152	84721	112713	153545	206046
东北地区	Northeast Region	8407	12758	25823	28165	32011	34403	40751	50930	68730	80933
北京	Beijing	6362	10344	22572	26555	31680	43508	50236	57296	77955	92305
天津	Tianjin	1648	2789	11657	13299	15744	18230	19624	25973	38489	41009
河北	Hebei	2707	3848	6401	7220	7853	9128	11361	12295	17595	23241
山西	Shanxi	917	1475	1985	2824	3333	5386	6822	7927	12769	16786
内蒙古	Inner Mongolia	647	1138	1455	1946	2015	2221	2484	2912	3841	4732
辽宁	Liaoning	4449	7151	15672	17052	19518	20893	25803	34216	37102	41152
吉林	Jilin	1389	2501	4101	4578	5251	5536	5934	6445	8196	9171
黑龙江	Heilongjiang	2569	3106	6050	6535	7242	7974	9014	10269	23432	30610
上海	Shanghai	2456	11337	32741	36042	47205	52835	62241	71196	80215	82682
江苏	Jiangsu	4078	8211	34811	53267	88950	128002	174329	235873	348381	472656
浙江	Zhejiang	4042	10316	43221	52980	68933	89931	108482	120742	177066	249373
安徽	Anhui	1026	1877	3516	4679	6070	10409	16386	47128	48556	74888
福建	Fujian	1979	4211	9460	10351	11341	13181	17559	21994	32325	42773
江西	Jiangxi	1008	1557	2815	3171	3548	3746	5224	6307	9673	12458
山东	Shandong	4624	10019	28835	38284	46849	60247	66857	80856	109599	128614
河南	Henan	2386	3823	8981	11538	14916	19090	19589	25149	34076	43442
湖北	Hubei	2004	3486	11534	14576	17376	21147	27206	31311	42510	51316
湖南	Hunan	2628	4117	8763	10249	11233	14016	15948	22381	29516	35709
广东	Guangdong	7729	21123	72220	90886	102449	103883	125673	152907	196272	229514
广西	Guangxi	1231	1762	2379	2784	3480	3884	4277	5117	8106	13610
海南	Hainan	183	502	498	538	632	873	1040	1019	1489	1824
重庆	Chongqing	318	1780	6260	6471	6715	8324	13482	22825	32039	38924
四川	Sichuan	2868	4496	10567	13109	19165	24335	33047	40230	49734	66312
贵州	Guizhou	562	986	2226	2674	2759	2943	3709	4414	8351	11296
云南	Yunnan	959	1710	2556	3085	3108	4089	4633	5645	7150	9260
西藏	Tibet	11	28	102	89	97	350	195	162	263	170
陕西	Shaanxi	1721	2080	4166	5717	8499	11898	15570	22949	32227	43608
甘肃	Gansu	546	798	1759	1460	1608	2178	2676	3558	5287	8261
青海	Qinghai	100	174	216	325	387	431	499	602	732	844
宁夏	Ningxia	169	341	516	671	838	1087	1277	739	1079	1985
新疆	Xinjiang	609	1088	1851	2256	2270	2412	2872	3560	4736	7044
香港	Hongkong	655	1374	2645	2623	2562	2486	2411	2980	3171	3168
澳门	Macao		13	27	12	39	22	38	32	36	65
台湾	Taiwan	4955	10778	20599	22496	22833	22469	21113	22419	22702	23349

注：本年鉴中有关专利申请受理与授权的数据口径为由我国专利机构受理与授权的专利，不包括我国在外国申请专利及被授权的数据。

Note: Statistical caliber of patent appilcations accepted and granted in this yearbook refer to patents accepted and granted by China's patent agency, and exclude patents accepted and granted by foreign countries.

7-2 国内专利申请授权数

Domestic Patent Applications Granted

单位：件 (piece)

地 区	Region	1995	2000	2005	2006	2007	2008	2009	2010	2011	2012
全 国	**National Total**	**41881**	**95236**	**171619**	**223860**	**301632**	**352406**	**501786**	**740620**	**883861**	**1163226**
东部地区	Eastern Region	21132	54389	114953	152563	211545	248889	369354	545428	653832	856207
中部地区	Middle Region	5329	11041	15787	20776	26775	32560	45827	72887	97563	132980
西部地区	Western Region	5774	11299	16272	22082	28611	33353	47633	72877	76200	106991
东北地区	Northeast Region	4972	8744	11124	13340	16773	18223	20552	28216	36332	47421
北 京	Beijing	4025	5905	10100	11238	14954	17747	22921	33511	40888	50511
天 津	Tianjin	1034	1611	3045	4159	5584	6790	7404	11006	13982	19782
河 北	Hebei	1580	2812	3585	4131	5358	5496	6839	10061	11119	15315
山 西	Shanxi	569	968	1220	1421	1992	2279	3227	4752	4974	7196
内蒙古	Inner Mongolia	415	775	845	978	1313	1328	1494	2096	2262	3084
辽 宁	Liaoning	2745	4842	6195	7399	9615	10665	12198	17093	19176	21223
吉 林	Jilin	824	1650	2023	2319	2855	2984	3275	4343	4920	5930
黑龙江	Heilongjiang	1403	2252	2906	3622	4303	4574	5079	6780	12236	20268
上 海	Shanghai	1436	4050	12603	16602	24481	24468	34913	48215	47960	51508
江 苏	Jiangsu	2413	6432	13580	19352	31770	44438	87286	138382	199814	269944
浙 江	Zhejiang	2131	7495	19056	30968	42069	52953	79945	114643	130190	188463
安 徽	Anhui	574	1482	1939	2235	3413	4346	8594	16012	32681	43321
福 建	Fujian	933	3003	5147	6412	7761	7937	11282	18063	21857	30497
江 西	Jiangxi	509	1072	1361	1536	2069	2295	2915	4349	5550	7985
山 东	Shandong	2861	6962	10743	15937	22821	26688	34513	51490	58844	75496
河 南	Henan	1145	2766	3748	5242	6998	9133	11425	16539	19259	26791
湖 北	Hubei	1017	2198	3860	4734	6616	8374	11357	17362	19035	24475
湖 南	Hunan	1515	2555	3659	5608	5687	6133	8309	13873	16064	23212
广 东	Guangdong	4611	15799	36894	43516	56451	62031	83621	119343	128413	153598
广 西	Guangxi	665	1191	1225	1442	1907	2228	2702	3647	4402	5900
海 南	Hainan	108	320	200	248	296	341	630	714	765	1093
重 庆	Chongqing	305	1158	3591	4590	4994	4820	7501	12080	15525	20364
四 川	Sichuan	1714	3218	4606	7138	9935	13369	20132	32212	28446	42218
贵 州	Guizhou	274	710	925	1337	1727	1728	2084	3086	3386	6059
云 南	Yunnan	569	1217	1381	1637	2139	2021	2923	3823	4199	5853
西 藏	Tibet	2	17	44	81	68	93	292	124	142	133
陕 西	Shaanxi	1085	1462	1894	2473	3451	4392	6087	10034	11662	14908
甘 肃	Gansu	257	493	547	832	1025	1047	1274	1868	2383	3662
青 海	Qinghai	65	117	79	97	222	228	368	264	538	527
宁 夏	Ningxia	111	224	214	290	296	606	910	1081	613	844
新 疆	Xinjiang	312	717	921	1187	1534	1493	1866	2562	2642	3439
香 港	Hongkong	633	1285	1669	1881	2106	1892	2250	2601	2588	2619
澳 门	Macao		13	3	15	16	23	15	34	19	26
台 湾	Taiwan	4041	8465	11811	13203	15806	17466	16155	18577	17327	16982

7-3 国内有效专利数

Domestic Patents in Force

单位：件 (piece)

地 区	Region	2006	2007	2008	2009	2010	2011	2012
全 国	**National Total**	**548758**	**622409**	**923797**	**1193110**	**1825403**	**2303015**	**3005023**
东部地区	Eastern Region	357461	417907	631209	841515	1308739	1657851	2178907
中部地区	Middle Region	48493	52530	80506	104881	168457	234200	319521
西部地区	Western Region	53628	58325	87808	111890	175264	211352	273288
东北地区	Northeast Region	34727	34907	49860	56245	79452	98956	127407
北 京	Beijing	36645	43584	55771	71076	100623	131255	170516
天 津	Tianjin	10048	10909	17319	20515	29672	38690	52338
河 北	Hebei	11086	11222	15776	18606	27472	33813	43358
山 西	Shanxi	4012	4125	6076	7921	11998	14764	19561
内蒙古	Inner Mongolia	2494	2727	3711	4188	5935	7162	8996
辽 宁	Liaoning	18679	18948	27614	31107	45241	54320	64019
吉 林	Jilin	6362	6199	8657	9619	13201	15594	18818
黑龙江	Heilongjiang	9686	9760	13589	15519	21010	29042	44570
上 海	Shanghai	37747	46547	66941	83235	126178	149202	173513
江 苏	Jiangsu	43969	53065	94372	154887	273249	371322	537180
浙 江	Zhejiang	62128	75298	121343	170474	268471	331703	449957
安 徽	Anhui	5787	6438	10447	16608	32460	60400	88326
福 建	Fujian	15332	16068	22976	28364	44116	58969	81267
江 西	Jiangxi	3543	3820	5706	7050	10931	14237	19663
山 东	Shandong	32823	37342	58482	71771	111295	139884	177511
河 南	Henan	11772	13324	20713	26917	39972	50785	67824
湖 北	Hubei	11462	12252	19931	25745	40580	50906	64719
湖 南	Hunan	11917	12571	17633	20640	32516	43108	59428
广 东	Guangdong	106932	123035	177144	221131	325566	400571	490159
广 西	Guangxi	4076	4256	6213	7421	10503	13149	16822
海 南	Hainan	751	837	1085	1456	2097	2442	3108
重 庆	Chongqing	11336	11939	16361	20012	30947	41070	53383
四 川	Sichuan	15373	17197	29310	39415	66644	74455	94938
贵 州	Guizhou	3073	3691	5130	6241	8995	11240	15931
云 南	Yunnan	4552	4913	6608	8051	11363	13683	17483
西 藏	Tibet	151	161	231	430	529	390	462
陕 西	Shaanxi	6689	7305	11106	14828	24158	31544	41447
甘 肃	Gansu	1960	2159	3113	3657	5318	6728	9260
青 海	Qinghai	237	320	559	656	857	1195	1502
宁 夏	Ningxia	855	788	1336	1969	2790	2133	2493
新 疆	Xinjiang	2832	2869	4130	5022	7225	8603	10571
香 港	Hongkong	5448	6574	7862	8161	10071	10913	11326
澳 门	Macao	34	29	44	51	84	95	104
台 湾	Taiwan	48967	52137	66508	70367	83336	89648	94470

7-4 国内、外三种专利申请受理数

Three Kinds of Patents Applications Accepted

单位：件 (piece)

项 目	Item	1995	2000	2005	2006	2007	2008	2009	2010	2011	2012
合 计	**Total**	**83045**	**170682**	**476264**	**573178**	**693917**	**828328**	**976686**	**1222286**	**1633347**	**2050649**
1.发 明	Inventions	21636	51747	173327	210490	245161	289838	314573	391177	526412	652777
国 内	Domestic	10018	25346	93485	122318	153060	194579	229096	293066	415829	535313
职 务	Official	2993	12609	62270	81485	107664	140452	172181	223754	324224	428427
大专院校	Universities and Colleges	574	1942	14643	17312	23001	30808	37965	48294	63028	75688
科研单位	Research Institutions	865	2228	6726	6845	9748	12435	14332	18254	25222	29518
企 业	Industrial and Mineral Enterprises	1086	8316	40196	56455	73893	95619	118257	154581	231551	316414
机关团体	Government Agencies and Organizations	468	123	705	873	1022	1590	1627	2625	4423	6807
非职务	Non-official	7025	12737	31215	40833	45396	54127	56915	69312	91605	106886
国 外	Foreign	11618	26401	79842	88172	92101	95259	85477	98111	110583	117464
职 务	Official	11045	25334	77575	85834	89632	92827	82647	95517	107899	114700
非职务	Non-official	573	1067	2267	2338	2469	2432	2830	2594	2684	2764
2.实用新型	Utility Models	43741	68815	139566	161366	181324	225586	310771	409836	585467	740290
国 内	Domestic	43429	68461	138085	159997	179999	223945	308861	407238	581303	734437
职 务	Official	8727	17792	46879	58769	74715	107109	169413	242479	387591	512203
大专院校	Universities and Colleges	771	965	3843	4376	6377	9362	13764	18223	32641	39999
科研单位	Research Institutions	1376	1616	2661	2691	3598	4724	6022	7474	10512	12786
企 业	Industrial and Mineral Enterprises	4739	14912	39649	50350	63371	91374	147618	212081	336298	450002
机关团体	Government Agencies and Organizations	1841	299	726	1352	1369	1649	2009	4701	8140	9416
非职务	Non-official	34702	50669	91206	101228	105284	116836	139448	164759	193712	222234
国 外	Foreign	312	354	1481	1369	1325	1641	1910	2598	4164	5853
职 务	Official	190	259	1171	1077	1002	1331	1612	2248	3772	5482
非职务	Non-official	122	95	310	292	323	310	298	350	392	371
3.外观设计	Designs	17668	50120	163371	201322	267432	312904	351342	421273	521468	657582
国 内	Domestic	15433	46532	151587	188027	253439	298620	339654	409124	507538	642401
职 务	Official	8193	22974	49733	63312	93722	116825	141457	192337	250529	352686
大专院校	Universities and Colleges	18	17	1435	1262	3302	4975	9850	12815	14467	16961
科研单位	Research Institutions	104	278	359	342	773	1453	917	1234	2176	2815
企 业	Industrial and Mineral Enterprises	6031	22634	47552	60069	86208	108517	128424	173338	231586	330804
机关团体	Government Agencies and Organizations	2040	45	387	1639	3439	1880	2266	4950	2300	2106
非职务	Non-official	7240	23558	101854	124715	159717	181795	198197	216787	257009	289715
国 外	Foreign	2235	3588	11784	13295	13993	14284	11688	12149	13930	15181
职 务	Official	2013	3432	11230	12697	13519	13776	10972	11535	13315	14456
非职务	Non-official	222	156	554	598	474	508	716	614	615	725

7-5 国内、外三种专利申请授权数
Three Kinds of Patent Applications Granted

单位：件 (piece)

项 目	Item	1995	2000	2005	2006	2007	2008	2009	2010	2011	2012
合 计	**Total**	**45064**	**105345**	**214003**	**268002**	**351782**	**411982**	**581992**	**814825**	**960513**	**1255138**
1.发 明	Inventions	3393	12683	53305	57786	67948	93706	128489	135110	172113	217105
国 内	Domestic	1530	6177	20705	25077	31945	46590	65391	79767	112347	143847
职 务	Official	932	2824	14761	18400	24488	36955	52265	66149	95069	125954
大专院校	Universities and Colleges	258	652	4453	6198	8214	10265	14391	19036	26616	33821
科研单位	Research Institutions	304	910	2423	2553	3173	3945	5299	6557	9238	11248
企 业	Industrial and Mineral Enterprises	205	1016	7712	9433	12851	22493	32160	40049	58364	78651
机关团体	Government Agencies and Organizations	165	246	173	216	250	252	415	507	851	2234
非职务	Non-official	598	3353	5944	6677	7457	9635	13126	13618	17278	17893
国 外	Foreign	1863	6506	32600	32709	36003	47116	63098	55343	59766	73258
职 务	Official	1748	6222	31555	31757	35132	46112	61422	54169	58541	71871
非职务	Non-official	115	284	1045	952	871	1004	1676	1174	1225	1387
2.实用新型	Utility Models	30471	54743	79349	107655	150036	176675	203802	344472	408110	571175
国 内	Domestic	30195	54407	78137	106312	148391	175169	202113	342256	405086	566750
职 务	Official	6766	15519	29191	42258	62975	82914	110625	209275	271345	410763
大专院校	Universities and Colleges	623	868	2391	3453	5502	7242	9166	16002	21190	33389
科研单位	Research Institutions	1025	1529	1599	2484	3101	4161	4503	7074	8016	7754
企 业	Industrial and Mineral Enterprises	2627	12821	24743	35667	53451	70242	95407	183289	236959	359990
机关团体	Government Agencies and Organizations	2491	301	458	654	921	1269	1549	2910	5180	9630
非职务	Non-official	23429	38888	48946	64054	85416	92255	91488	132981	133741	155987
国 外	Foreign	276	336	1212	1343	1645	1506	1689	2216	3024	4425
职 务	Official	154	261	1011	1079	1342	1179	1400	1903	2662	4085
非职务	Non-official	122	75	201	264	303	327	289	313	362	340
3.外观设计	Designs	11200	37919	81349	102561	133798	141601	249701	335243	380290	466858
国 内	Domestic	9523	34652	72777	92471	121296	130647	234282	318597	366428	452629
职 务	Official	5344	17789	27566	32473	46350	49375	99332	146407	192958	262217
大专院校	Universities and Colleges	10	28	555	806	1057	1652	4390	8115	8678	10073
科研单位	Research Institutions	156	248	170	276	284	238	467	637	523	850
企 业	Industrial and Mineral Enterprises	2554	17482	26658	31279	42515	45802	90754	135680	179464	246879
机关团体	Government Agencies and Organizations	2624	31	183	112	2494	1683	3721	1975	4293	4415
非职务	Non-official	4179	16863	45211	59998	74946	81272	134950	172190	173470	190412
国 外	Foreign	1677	3267	8572	10090	12502	10954	15419	16646	13862	14229
职 务	Official	1402	3108	8254	9630	12053	10598	14852	15851	13250	13608
非职务	Non-official	275	159	318	460	449	356	567	795	612	621

7-6 国内、外三种专利有效数
Three Kinds of Patents in Force

单位：件 (piece)

项　目	Item	2006	2007	2008	2009	2010	2011	2012
合　计	**Total**	**727225**	**850043**	**1195196**	**1520023**	**2216082**	**2739906**	**3508561**
1.发　明	Inventions	218922	271917	337215	438036	564760	696939	875385
国　内	Domestic	72941	95678	127596	180042	257893	351288	473187
职　务	Official	51148	70635	98796	144298	209559	291541	411470
大专院校	Universities and Colleges	13966	17130	25130	35413	53144	73320	96707
科研单位	Research Institutions	8982	12484	14004	16507	22976	30545	37639
企　业	Industrial and Mineral Enterprises	27181	40335	58768	91237	131794	185357	274038
机关团体	Government Agencies and Organizations	1019	686	894	1141	1645	2319	3086
非职务	Non-official	21793	25043	28800	35744	48334	59747	61717
国　外	Foreign	145981	176239	209619	257994	306867	345651	402198
职　务	Official	141457	169388	204080	252620	300476	338645	394757
非职务	Non-official	4524	6851	5539	5374	6391	7006	7441
2.实用新型	Utility Models	292323	299242	469729	565804	857968	1120596	1501044
国　内	Domestic	288032	294463	463342	558791	849454	1109958	1486839
职　务	Official	124183	137094	231457	309630	501555	717902	1074312
大专院校	Universities and Colleges	7274	7601	13863	16363	30255	42079	63650
科研单位	Research Institutions	7570	7455	11864	14219	20702	26090	26839
企　业	Industrial and Mineral Enterprises	107807	120620	203110	274357	444655	639741	973122
机关团体	Government Agencies and Organizations	1532	1418	2620	4691	5943	9992	10701
非职务	Non-official	163849	157369	231885	249161	347899	392056	412527
国　外	Foreign	4291	4779	6387	7013	8514	10638	14205
职　务	Official	3502	3887	5439	5994	7276	9254	12807
非职务	Non-official	789	892	948	1019	1238	1384	1398
3.外观设计	Designs	215980	278884	388252	516183	793354	922371	1132132
国　内	Domestic	187785	232268	332859	454277	718056	841769	1044997
职　务	Official	72548	103174	141996	199973	327916	427350	589620
大专院校	Universities and Colleges	1088	1021	2325	5726	12783	13912	17161
科研单位	Research Institutions	566	639	775	986	1584	1696	2671
企　业	Industrial and Mineral Enterprises	70689	99336	136885	189563	308031	403960	564716
机关团体	Government Agencies and Organizations	205	2178	2011	3698	5518	7782	5072
非职务	Non-official	115237	129094	190863	254304	390140	414419	455377
国　外	Foreign	28195	46616	55393	61906	75298	80602	87135
职　务	Official	27203	44555	53880	60306	73046	78070	84519
非职务	Non-official	992	2061	1513	1600	2252	2532	2616

7-7 国内三种专利申请受理数按地区分布(2012年)
Three Kinds of Domestic Patent Applications Accepted by Region (2012)

单位：件 (piece)

地　区	Region	合　计 Total	发　明 Invention	实用新型 Utility Model	外观设计 Design
全　国	**National Total**	**1912151**	**535313**	**734437**	**642401**
东部地区	Eastern Region	1363991	363096	487903	512992
中部地区	Middle Region	234599	63355	113388	57856
西部地区	Western Region	206046	65412	87444	53190
东北地区	Northeast Region	80933	30721	35102	15110
北　京	Beijing	92305	52720	32609	6976
天　津	Tianjin	41009	13587	22074	5348
河　北	Hebei	23241	6108	13635	3498
山　西	Shanxi	16786	5417	6735	4634
内蒙古	Inner Mongolia	4732	1492	2566	674
辽　宁	Liaoning	41152	19740	17530	3882
吉　林	Jilin	9171	3913	4213	1045
黑龙江	Heilongjiang	30610	7068	13359	10183
上　海	Shanghai	82682	37139	33166	12377
江　苏	Jiangsu	472656	110091	107091	255474
浙　江	Zhejiang	249373	33265	108599	107509
安　徽	Anhui	74888	19391	36641	18856
福　建	Fujian	42773	8492	22081	12200
江　西	Jiangxi	12458	3023	6132	3303
山　东	Shandong	128614	40381	69170	19063
河　南	Henan	43442	10910	23594	8938
湖　北	Hubei	51316	14640	24078	12598
湖　南	Hunan	35709	9974	16208	9527
广　东	Guangdong	229514	60448	78731	90335
广　西	Guangxi	13610	6511	5017	2082
海　南	Hainan	1824	865	747	212
重　庆	Chongqing	38924	11402	19738	7784
四　川	Sichuan	66312	16368	26732	23212
贵　州	Guizhou	11296	3103	4111	4082
云　南	Yunnan	9260	3324	4482	1454
西　藏	Tibet	170	81	61	28
陕　西	Shaanxi	43608	17043	16392	10173
甘　肃	Gansu	8261	3265	3777	1219
青　海	Qinghai	844	298	283	263
宁　夏	Ningxia	1985	846	910	229
新　疆	Xinjiang	7044	1679	3375	1990
香　港	Hongkong	3168	948	861	1359
澳　门	Macao	65	33	21	11
台　湾	Taiwan	23349	11748	9718	1883

7-8 国内三种专利申请授权数按地区分布(2012年)
Three Kinds of Domestic Patent Applications Granted by Region (2012)

单位：件 (piece)

地　区	Region	合 计 Total	发 明 Invention	实用新型 Utility Model	外观设计 Design
全　国	**National Total**	**1163226**	**143847**	**566750**	**452629**
东部地区	Eastern Region	856207	97570	384694	373943
中部地区	Middle Region	132980	15840	84444	32696
西部地区	Western Region	106991	15769	59714	31508
东北地区	Northeast Region	47421	7974	28013	11434
北　京	Beijing	50511	20140	24672	5699
天　津	Tianjin	19782	3326	13677	2779
河　北	Hebei	15315	1933	10795	2587
山　西	Shanxi	7196	1297	4689	1210
内蒙古	Inner Mongolia	3084	569	1894	621
辽　宁	Liaoning	21223	3973	14852	2398
吉　林	Jilin	5930	1583	3472	875
黑龙江	Heilongjiang	20268	2418	9689	8161
上　海	Shanghai	51508	11379	29543	10586
江　苏	Jiangsu	269944	16242	77944	175758
浙　江	Zhejiang	188463	11571	84826	92066
安　徽	Anhui	43321	3066	27191	13064
福　建	Fujian	30497	2977	17708	9812
江　西	Jiangxi	7985	892	4734	2359
山　东	Shandong	75496	7453	59084	8959
河　南	Henan	26791	3182	18680	4929
湖　北	Hubei	24475	4050	15876	4549
湖　南	Hunan	23212	3353	13274	6585
广　东	Guangdong	153598	22153	65946	65499
广　西	Guangxi	5900	902	3422	1576
海　南	Hainan	1093	396	499	198
重　庆	Chongqing	20364	2426	13432	4506
四　川	Sichuan	42218	4460	19665	18093
贵　州	Guizhou	6059	635	3155	2269
云　南	Yunnan	5853	1301	3456	1096
西　藏	Tibet	133	57	41	35
陕　西	Shaanxi	14908	4018	9158	1732
甘　肃	Gansu	3662	704	2344	614
青　海	Qinghai	527	101	218	208
宁　夏	Ningxia	844	140	547	157
新　疆	Xinjiang	3439	456	2382	601
香　港	Hongkong	2619	476	818	1325
澳　门	Macao	26	7	16	3
台　湾	Taiwan	16982	6211	9051	1720

7-9 国内三种专利有效数按地区分布(2012年)

Three Kinds of Domestic Patents in Force by Region (2012)

单位：件 (piece)

地　区	Region	合　计 Total	发　明 Invention	实用新型 Utility Model	外观设计 Design
全　国	**National Total**	**3005023**	**473187**	**1486839**	**1044997**
东部地区	Eastern Region	2178907	316351	1009623	852933
中部地区	Middle Region	319521	46759	198275	74487
西部地区	Western Region	273288	46405	148501	78382
东北地区	Northeast Region	127407	25636	77257	24514
北　京	Beijing	170516	69554	79520	21442
天　津	Tianjin	52338	10137	33948	8253
河　北	Hebei	43358	5838	29262	8258
山　西	Shanxi	19561	4383	12309	2869
内蒙古	Inner Mongolia	8996	1650	5106	2240
辽　宁	Liaoning	64019	13424	43006	7589
吉　林	Jilin	18818	4809	10997	3012
黑龙江	Heilongjiang	44570	7403	23254	13913
上　海	Shanghai	173513	40309	92595	40609
江　苏	Jiangsu	537180	45238	190361	301581
浙　江	Zhejiang	449957	35571	202927	211459
安　徽	Anhui	88326	7682	54085	26559
福　建	Fujian	81267	7764	46500	27003
江　西	Jiangxi	19663	2651	11411	5601
山　东	Shandong	177511	21943	126688	28880
河　南	Henan	67824	8683	46008	13133
湖　北	Hubei	64719	12089	41053	11577
湖　南	Hunan	59428	11271	33409	14748
广　东	Guangdong	490159	78902	206603	204654
广　西	Guangxi	16822	2561	9684	4577
海　南	Hainan	3108	1095	1219	794
重　庆	Chongqing	53383	6833	30099	16451
四　川	Sichuan	94938	13003	44648	37287
贵　州	Guizhou	15931	2641	8994	4296
云　南	Yunnan	17483	4107	9232	4144
西　藏	Tibet	462	136	93	233
陕　西	Shaanxi	41447	11316	25249	4882
甘　肃	Gansu	9260	2109	5785	1366
青　海	Qinghai	1502	293	577	632
宁　夏	Ningxia	2493	450	1578	465
新　疆	Xinjiang	10571	1306	7456	1809
香　港	Hongkong	11326	2061	3441	5824
澳　门	Macao	104	26	55	23
台　湾	Taiwan	94470	35949	49687	8834

7-10　按国别(地区)分国外三种专利申请受理(2012年)

Three Kinds of Foregin Patent Applications Accepted by Country (Area) (2012)

单位：件　　(piece)

国　家 (地区)	Country (Area)	合　计 Total	发　明 Invention	实用新型 Utility Model	外观设计 Design
总　计	**Total**	**138498**	**117464**	**5853**	**15181**
阿根廷	Argentina	11	11		
奥地利	Austria	759	664	33	62
澳大利亚	Australia	957	657	51	249
巴哈马	Bahamas	13	13		
巴巴多斯	Barbados	99	93		6
比利时	Belgium	693	595	11	87
伯利兹	Belize	4		3	1
百慕大群岛	Bermuda	129	59	31	39
巴　西	Brazil	159	107	4	48
保加利亚	Bulgaria	4	3		1
加拿大	Canada	1352	1111	54	187
开曼群岛	Cayman Islands	805	712	40	53
智　利	Chile	21	21		
哥伦比亚	Colombia	10	9	1	
克罗地亚	Croatia	5	4	1	
古　巴	Cuba	8	8		
塞浦路斯	Cyprus	36	27	1	8
捷　克	Czech Republic	154	26	15	113
丹　麦	Denmark	884	732	16	136
埃　及	Egypt	15	1		14
爱沙尼亚	Estonia	11	8		3
芬　兰	Finland	1255	1069	71	115
法　国	France	5128	4315	246	567
德　国	Germany	14552	12659	521	1372
希　腊	Greece	26	19		7
匈牙利	Hungary	36	33	1	2
冰　岛	Iceland	8	8		
印　度	India	264	248	1	15
印度尼西亚	Indonesia	16	6	2	8
伊　朗	Iran, Islamic Republic of				
爱尔兰	Ireland	213	208	1	4
以色列	Israel	686	532	67	87
意大利	Italy	2020	1288	46	686
日　本	Japan	49678	42278	2595	4805
约　旦	Jordan	2		1	1
哈萨克斯坦	Kazakhstan	2	2		
拉托维亚	Latvia	5	4		1

7-10 续表 continued

单位：件 (piece)

国 家(地区)	Country (Area)	合 计 Total	发 明 Invention	实用新型 Utility Model	外观设计 Design
列支敦士登	Liechtenstein	135	110		25
卢森堡	Luxembourg	187	140	3	44
马来西亚	Malaysia	135	75	9	51
马耳他	Malta	7	7		
毛里求斯	Mauritius	4	4		
墨西哥	Mexico	51	45	1	5
摩纳哥	Monaco	7	7		
荷 兰	Netherlands	3035	2629	61	345
荷属安的列斯群岛	Netherlands Antilles	8	7		1
新西兰	New Zealand	132	94	4	34
挪 威	Norway	262	234		28
巴基斯坦	Pakistan	1	1		
巴拿马	Panama	8	1		7
菲律宾	Philippines	5	5		
波 兰	Poland	72	50	3	19
葡萄牙	Portugal	22	16		6
韩 国	South Korea	10793	8985	241	1567
罗马尼亚	Romania	4	4		
俄罗斯联邦	Russian Federation	183	139	23	21
圣马力诺	San Marino	1	1		
萨摩亚	Samoa	24	15	9	
沙特阿拉伯	Saudi Arabia	39	38		1
塞舌尔	Seychelles	43	34	6	3
新加坡	Singapore	651	497	64	90
斯洛伐克	Slovakia	9	5	1	3
斯洛文尼亚	Slovenia	19	18		1
南 非	South Africa	94	75	1	18
西班牙	Spain	548	410	13	125
瑞 典	Sweden	1988	1663	71	254
瑞 士	Switzerland	3545	2924	115	506
泰 国	Thailand	32	18	3	11
突尼斯	Tunis	1	1		
土耳其	Turkey	101	66	15	20
乌克兰	Ukraine	11	8	2	1
委内瑞拉	Venezuela	6	4		2
越 南	Viet Nam	18	4		14
阿拉伯联合酋长国	United Arab Emirates	11	5		6
英 国	United Kingdom	2273	1874	66	333
美 国	United States of America	33556	29510	1261	2785
维尔京群岛	Virgin Islands, British	386	168	55	163
其 他	Others	71	43	13	15

7-11 按国别(地区)分国外三种专利授权(2012年)

Three Kinds of Foregin Patents Granted by Country (Area)(2012)

单位：件 (piece)

国 家(地区)	Country (Area)	合 计 Total	发 明 Invention	实用新型 Utility Model	外观设计 Design
合 计	**Total**	**91912**	**73258**	**4425**	**14229**
阿根廷	Argentina	5	4		1
奥地利	Austria	381	308	14	59
澳大利亚	Australia	670	353	49	268
巴哈马	Bahamas	9	6	2	1
巴巴多斯	Barbados	67	59	2	6
比利时	Belgium	537	461	15	61
伯利兹	Belize	2		1	1
百慕大群岛	Bermuda	112	64	22	26
巴 西	Brazil	114	55	8	51
保加利亚	Bulgaria	4	2		2
加拿大	Canada	812	605	32	175
开曼群岛	Cayman Islands	223	154	16	53
智 利	Chile	2	2		
哥伦比亚	Colombia	1			1
克罗地亚	Croatia	4	4		
古 巴	Cuba	11	11		
塞浦路斯	Cyprus	27	12		15
捷 克	Czech Republic	110	23	4	83
朝 鲜	North Korea	1	1		
韩 国	South Korea	6941	5320	176	1445
丹 麦	Denmark	574	449	10	115
埃 及	Egypt	14			14
芬 兰	Finland	939	783	36	120
法 国	France	3345	2632	200	513
德 国	Germany	8702	7058	393	1251
直布罗陀	Gibraltar				
希 腊	Greece	15	8		7
匈牙利	Hungary	24	15	4	5
印度尼西亚	Indonesia	12	1	2	9
伊 朗	Iran	1	1		
爱尔兰	Ireland	134	127	3	4
以色列	Israel	345	197	64	84
印 度	India	113	95	3	15
冰 岛	Iceland	16	16		

7-11 续表 continued

单位：件 (piece)

国 家（地区）	Country (Area)	合 计 Total	发 明 Invention	实用新型 Utility Model	外观设计 Design
意大利	Italy	1542	898	37	607
日 本	Japan	35403	28847	1808	4748
拉托维亚	Latvia	5	5		
列支敦士登	Liechtenstein	79	52	1	26
卢森堡	Luxembourg	175	104	17	54
马来西亚	Malaysia	96	34	16	46
马耳他	Malta	11	11		
毛里求斯	Mauritius	20	20		
墨西哥	Mexico	49	40	1	8
摩纳哥	Monaco	5	4		1
荷 兰	Netherlands	2440	2091	36	313
荷属安的列斯群岛	Netherlands Antilles	10	9		1
新西兰	New Zealand	79	60	2	17
挪 威	Norway	177	151	3	23
巴拿马	Panama	26	18	1	7
菲律宾	Philippines	1	1		
波 兰	Poland	43	6		37
葡萄牙	Portugal	19	11		8
俄罗斯联邦	Russian Federation	113	59	15	39
萨摩亚	Samoa	18	6	8	4
沙特阿拉伯	Saudi Arabia	26	24	2	
塞舍尔	Seychelles	7	3	1	3
新加坡	Singapore	403	237	52	114
斯洛伐克	Slovakia	8	3	2	3
斯洛文尼亚	Slovenia	18	16	1	1
南 非	South Africa	84	72	1	11
西班牙	Spain	288	152	11	125
瑞 典	Sweden	1689	1397	71	221
瑞 士	Switzerland	2539	1898	133	508
泰 国	Thailand	16	6		10
土耳其	Turkey	75	31	8	36
乌克兰	Ukraine	4	3	1	
阿拉伯联合酋长国	United Arab Emirates	10	2		8
英 国	United Kingdom	1571	1226	58	287
美 国	United States of America	20160	16776	1020	2364
维尔京群岛	Virgin Islands, British	366	131	51	184
其 他	Others	70	28	12	30

7-12 按国别(地区)分国外三种专利有效数(2012年)

Three Kinds of Foregin Patents in Force by Country (Area)(2012)

单位：件 (piece)

国家(地区)	Country (Area)	合计 Total	发明 Invention	实用新型 Utility Model	外观设计 Design
合计	**Total**	**503538**	**402198**	**14205**	**87135**
安道尔	Andorra	6	5		1
阿根廷	Argentina	24	15	4	5
奥地利	Austria	2156	1731	72	353
澳大利亚	Australia	3513	2159	143	1211
巴哈马	Bahamas	83	49	8	26
巴巴多斯	Barbados	233	210	2	21
比利时	Belgium	2218	1922	30	266
伯利兹	Belize	19	6	11	2
百慕大群岛	Bermuda	348	242	56	50
巴　西	Brazil	501	279	34	188
文　莱	Brunei Darussalam	66	23	21	22
保加利亚	Bulgaria	14	12		2
加拿大	Canada	4031	3115	156	760
开曼群岛	Cayman Islands	1517	935	219	363
智　利	Chile	21	15	3	3
哥伦比亚	Colombia	18	9		9
克罗地亚	Croatia	15	13		2
古　巴	Cuba	60	60		
塞浦路斯	Cyprus	65	45	1	19
捷　克	Czech Republic	432	84	27	321
朝　鲜	North Korea	5	4	1	
韩　国	South Korea	41009	33559	824	6626
丹　麦	Denmark	3015	2164	71	780
埃　及	Egypt	24	2	2	20
芬　兰	Finland	5030	4120	113	797
法　国	France	18164	14229	416	3519
德　国	Germany	44682	34833	1247	8602
直布罗陀	Gibraltar	12	11		1
希　腊	Greece	78	52	1	25
匈牙利	Hungary	148	119	12	17
印度尼西亚	Indonesia	59	10	5	44
伊　朗	Iran	6	2	3	1
爱尔兰	Ireland	481	383	14	84
以色列	Israel	1252	937	86	229
印　度	India	570	462	12	96
冰　岛	Iceland	65	65		
意大利	Italy	8004	4788	205	3011
日　本	Japan	213307	175903	4228	33176
哈萨克斯坦	Kazakhstan	15	9	6	
吉尔吉斯斯坦	Kirghizia	2	2		
拉托维亚	Latvia	20	12	2	6

7-12 续表 continued

单位：件 (piece)

国 家（地区）	Country (Area)	合 计 Total	发 明 Invention	实用新型 Utility Model	外观设计 Design
黎巴嫩	Lebanon	8		5	3
列支敦士登	Liechtenstein	553	327	1	225
卢森堡	Luxembourg	714	532	57	125
马来西亚	Malaysia	499	162	61	276
马耳他	Malta	28	28		
毛里求斯	Mauritius	72	46	12	14
墨西哥	Mexico	211	126	5	80
摩纳哥	Monaco	50	36		14
摩洛哥	Morocco	7	5		2
荷 兰	Netherlands	13090	11062	137	1891
荷属安的列斯群岛	Netherlands Antilles	87	84		3
新西兰	New Zealand	395	273	14	108
挪 威	Norway	921	762	7	152
巴拿马	Panama	184	164	4	16
菲律宾	Philippines	24	8	3	13
波 兰	Poland	137	47	4	86
葡萄牙	Portugal	73	49	1	23
罗马尼亚	Romania	12	5	1	6
俄罗斯联邦	Russian Federation	451	287	84	80
萨摩亚	Samoa	118	29	64	25
沙特阿拉伯	Saudi Arabia	270	83	3	184
塞舍尔	Seychelles	33	23	3	7
新加坡	Singapore	1947	1205	145	597
斯里兰卡	Sri Lanka	2	1	1	
斯洛伐克	Slovakia	40	12	3	25
斯洛文尼亚	Slovenia	86	69	1	16
南 非	South Africa	365	324	14	27
西班牙	Spain	1514	694	76	744
瑞 典	Sweden	8745	7354	169	1222
瑞 士	Switzerland	13468	10167	409	2892
泰 国	Thailand	144	40	21	83
英属库克群岛	The Cook Islands	27	6		21
突尼斯	Tunis	1	1		
土耳其	Turkey	355	123	27	205
乌克兰	Ukraine	24	18	5	1
阿拉伯联合酋长国	United Arab Emirates	42	19	3	20
英 国	United Kingdom	8005	5888	228	1889
美 国	United States of America	97921	78902	4329	14690
乌拉圭	Uruguay	5	4		1
瓦努阿图	Vanuatu	1	1		
越 南	Viet Nam	17	2	3	12
维尔京群岛	Virgin Islands, British	1483	571	263	649
南斯拉夫	Yugoslavia	2	2		
其 他	Others	119	62	7	50

7-13 按国际专利标准分类的专利申请受理、授权和有效数(2012年)
Patent Applications Accepted, Granted and in Force by International Patent Classification (2012)

单位：件 (piece)

项　目	Item	申 请 Application	授 权 Granted	有 效 in Force
合　计	**Total**	**1469014**	**788280**	**2376427**
A部(人类生活需要)	**Section A: Human Necessities**	**268150**	**133827**	**348593**
农、林、牧、渔	Agriculture, Forestry, Animal Husbandry and Fishery	38268	17079	42528
烘烤、食用面团	Baking and Edible Doughs	2154	863	2406
屠宰、加工	Butchering and Meat Treatment	847	434	1084
食品、食物及处理	Foods and Foodstuffs and their Treatment	26144	8962	21268
烟类及用品	Tobacco, Cigars and Cigarettes	2987	1664	5046
服　装	Clothing	10155	4542	11008
帽类制品	Headwear	1253	674	1620
鞋　类	Footwear	6265	3333	8213
男用服饰用品、珠宝	Haberdashery and Jewelry	1899	1098	3470
手携及旅行用品	Hand or Traveling Articles	12421	6862	14682
刷类用品	Brushware	2481	1195	2773
家具、家庭日用品或设备	Furniture, Domestic Articles, and Appliance	62093	33682	81142
医学、兽医学、卫生学	Medical or Veterinary Science and Hygiene	85737	44655	129370
救生、消防	Life-saving and Fire-fighting	3134	1989	5409
运动、游戏、娱乐活动	Sports, Games and Recreation	11363	6792	18569
本部其他类目中不包括的技术主题	Subject Matter not Otherwise Provided for in this Section	949	3	5
B部(作业、运输)	**Section B: Industrial and Transportation**	**336615**	**190835**	**521682**
物理或化学的方法功能装置	Physical or Chemical Processes or Apparatus	35359	20246	55554
破碎、研磨、粉碎	Crushing,Pulverizing or Disintegrating	5012	3183	8523
分选、分离	Separation of Solid Materials, Electrostatic Separation	2336	1399	3582
离心装置、离心机	Centrifugal Apparatus or Machines	1098	719	1959
喷射、雾化	Spraying or Atomizing in General	6488	4083	12196
机械振动的产生和传递	Generating or transmission of Mechanical Vibrations	300	125	468
固体分离、分选	Separating Solids from Solids Wastes	3242	1936	4968
清　洁	Cleaning	4998	3017	7142
固体废料的处理	Disposal of Solid Waste	1381	657	1689
金属加工、冲裁	Mechanical Metal-working and Stamping	19842	11649	29622
铸造、粉末冶金	Casting and Powder Metallurgy	7763	4577	13642
机床、其他金属加工	Machine Tools	37365	21828	56050
磨削、抛光	Grinding and Polishing	7749	4778	12880
简单工具	Hand tools, Portable Power Tools and Workshop Equipment	12152	7049	18254
手工切割工具、切断	Hand Cutting Tools, Cutting and Servering	5617	3241	8460
木材加工、保存、钉钉机	Wood Preservation and Nailing or Stapling Machines	3185	1514	5016
加工水泥、粘土和石料	Cement, Clay or Stone	5518	3302	9070
塑料制品的加工	Working of Plastics	15492	8697	24948
压力机	Presses	2302	1453	4359
纸品制作、纸的加工	Paper Making and Processing Paper	1644	945	2664
叠层产品	Layered Products	8230	3564	9249
印刷、打字机、印刷机	Pringting, Lining Machines, and Typewriters	7427	4059	16057
装订、图册、文件夹	Bookbinding, Albums, and Files	2700	1537	3844
绘图具、办公附属用品	Writing or Drawing Appliances	9078	4800	9297
装饰艺术	Decorative Arts	2784	1438	3811

注：本表只包含发明和实用新型专利。
Note: Invention and Utility Model only.

7-13 续表 1 continued

单位：件 (piece)

项 目	Item	申 请 Application	授 权 Granted	有 效 in Force
一般车辆	Vehicles in General	32392	17482	51724
铁 路	Railways	3720	2212	7101
无轨陆用车牌	Land Vehicles other than Rails	15517	8723	27422
船舶、船只，有关的设备	Ships and Related Equipment	4037	2177	5930
飞行器、航空、宇宙航行	Aircraft and Aviation	2830	986	2562
输送、包装、存储、搬运	Conveying aand Packing Inflammatory Material	51431	28954	74511
卷扬、提升、牵引	Hoistng, Lifting, and Hauling	14444	8662	24407
液体的储运	Opening or Closing Bottles, Jars or Similar Containers	2459	1526	3730
鞍具、室内装璜	Saddlery and Upholstery	107	58	189
微观结构技术	Micro-Structural Technology	535	143	490
超微技术	Nano-Technology	81	116	312
C部(化学、冶金)	**Section C: Chemistry and Metallurgy**	**142587**	**61378**	**205162**
无机化学	Inorganic Chemistry	9112	3801	13194
水、废污水、泥浆的处理	Treatment of Water, Waste Water, Sewage or Sludge	13873	6918	20492
玻璃、矿棉和渣棉	Glass, Mineral or Slag Wool	4721	2269	7378
水泥、陶瓷等、隔音材料	Cements, Concrete, Artificial Stone,Ceramics, Refractories	7991	2550	7626
肥料及制造	Fertilizers and Related Products	4474	1054	2756
炸药、火柴	Explosives and Matches	427	235	657
有机化学	Organic Chemistry	19971	8505	33464
有机高分子化合物	Organic Macromolecular Compounds	19743	8517	30733
杂料、涂料、抛光剂等	Dyes, Paints, Polishes, Resins, and Adhesives	11926	3649	12920
石油、煤气及炼焦工业	Petroleum, Gas or Coke Industries,Inert Gases	7121	3033	10238
动植物油、脂类	Animal or Vegetable Oils, Fats	2789	910	2908
生化、酒、醋、酶、遗传工程	Biochemistry, Beer, Spirits, Wine, Microbiology	17014	7905	22153
糖或淀粉工业	Sugar Industry	158	69	221
大小原皮、毛皮、皮革	Skins, Hides, Pelts, Leather	455	244	559
黑色冶金	Metallurgy of Iron	5123	2959	9930
冶金学、合金或有色合金	Metallurgy, Ferrous or Non-ferrous Alloys	6337	2650	10038
金属加工涂料、防腐防绣	Coating Metallic Materials	5673	2845	9589
电解电泳方法及设备	Electrolytic or Electrophoretic Processes	3623	2019	7149
晶体生长	Crystal Growth	1992	1237	3133
组合技术	Combinatorial Technology	64	9	24
D部(纺织、造纸)	**Section D: Textiles and Papers Making**	**26752**	**14687**	**45372**
线、纤维、纺纱	Natural or Artificial Threads or Fibres, Spinning	5113	2675	9108
纺纱、整经或络经	Yarn, Mechanical Finishing of Yarns or Ropes	1085	455	1606
织 造	Weaving	3008	1427	4316
编带、花边、针织、整理	Braiding, Lacce-making, Knitting	3151	1852	5348
缝纫、绣花、簇绒	Sewing, Embroidering, Tufting	2263	1680	4775
织物等的处理、洗涤	Treatment of Textiles, Laundering	8630	4601	13686
绳、除电缆外的缆绳	Ropes, Cables other than Electric	453	311	1062
造纸、纤维素的生产	Paper-making, Production of Cellulose	3049	1686	5471
E部(固定建筑物)	**Section E: Fixed Constructions**	**88635**	**51493**	**144844**
道路、铁路和桥梁的建筑	Construction od Roads, Railways and Bridges	9816	5434	15019
水利工程、基础、运土	Hydraulic Engineering, Foundations, Soil-shifting	10174	5697	15375

7-13 续表 2 continued

单位：件 (piece)

项　　目	Item	申 请 Application	授 权 Granted	有 效 in Force
给水、排水	Water Supply, Sewerage	6414	3673	9895
建筑物	Building	27736	15902	45680
锁、钥匙、门窗、保险箱	Locks, Keys, Windows or Door Fittings,Safes	8507	5226	15648
一般门、窗、百叶窗、梯子	Doors, Windows, Shutters, or Roller Blinds in General,Ladders	8799	5396	13821
钻进、采矿	Well Drilling, Mining	17189	10165	29406
F部(机械工程)	**Section F: Mechanical Engineering**	**184576**	**105279**	**313385**
一般机器、发动机、蒸汽机	Machines or Engines in General,Engines Plants in General, Steam Engines	6626	3701	11936
内燃机等	Combustion Engines	9798	5225	18701
液力机械和其他发动机	Machines or Engines for Liquids	5920	2800	7828
液体变容机械、泵	Prositive-displacement Machines for Liquids	15828	9192	28730
液压调节器、液压技术	Fluid-pressure Ajustors,Hydraulic or Pneumatics in General	3910	2310	6267
工程元件或部件	Engineering Elements of Units	56665	32785	93915
气体或液体的储藏或分配	Storing or Distributing of Gases or Liquids	2065	1369	4033
照　明	Lighting	26979	15462	41176
蒸汽的产生	Steam Generation	1647	968	2928
燃烧设备、燃烧技术	Combustion Apparatus,Combustion Processes	6235	3789	12076
采暖、炉灶、通风	Heating, Ranges, Ventilation	24589	13576	42724
制冷气体的液化和固化	Refrigeration or Cooling, Heat Pump System	7623	4361	14951
干　燥	Drying	3757	2215	5630
炉、窑、灶、罐	Furnaces, Kins, Ovens	5164	2981	8486
一般热交换	Heat Exchanges in General	5336	3209	10054
武　器	Weapons	1187	623	1838
弹药、爆破	Ammunition, Blasting Caps	1247	713	2112
G部(物理)	**Section G: Physics**	**204154**	**106123**	**352226**
测量、测试	Measurements,Testing	82830	44294	125800
光学技术	Optics	14274	8774	38373
照相术、电影术、电刻术	Photograpphy,Cinematography, Electrography	5732	4083	19414
测时技术	Horology	1735	997	3097
控制、调节技术	Controlling, Regulating	13800	6865	18487
计算、推算、计数技术	Computing, Calculating, Counting	49678	19807	72725
核算装置	Checking Devices	5700	2822	8556
信号装置	Signaling	9039	4518	12497
教育、密码、显示、广告等	Education, Cryptography, Advertising, Seals	13812	8450	26357
乐器、声学	Musical Instruments, Acoustics	2409	1791	6098
信息的储存	Information Storage	4008	2990	17986
仪器的零部件	Instrument Details	204	159	1137
核物理、核工程	Nuclear Physics, Nuclear Engineering	933	573	1699
H部(电学)	**Section H: Electricity**	**217545**	**124658**	**445163**
基本电器元件	Basic Electric Elements	85265	49263	180819
电力的发电、变电或配电	Generation, Conversion, or Distribution of Electric Power	45120	26405	77258
基本电子电路	Basic Electronic Circuitry	5767	3394	13200
电信技术	Telecommunication Technique	63407	35057	140176
其他类不包括的电技术	Electric Technique not Otherwise Provided for	17986	10539	33710

7-14 国外主要检索工具收录我国论文总数及在世界上的位置
Number of Chinese Paper Taken by Major Foreign Referencing Systems and Precedence in the World

项 目 Item	1995	2000	2005	2006	2007	2008	2009	2010	2011
收录论文数(篇)									
Number of Papers Taken(piece)									
《Science Citation Index》	13134	30499	68226	71184	89147	116677	127532	143769	165818
《Engineering Index》	8109	13163	54362	65041	75587	89377	97877	119374	127420
《Conference Proceedings Citation Index-Science》	5152	6016	30786	35653	43131	64824	54749	37780	52757
位 次 Precedence									
《Science Citation Index》	15	8	5	5	3	2	2	2	2
《Engineering Index》	7	3	2	2	1	1	1	1	1
《Conference Proceedings Citation Index-Science》	10	8	5	2	2	2	2	2	2

注：为便于国际比较，本表数据统一使用各检索系统直接检索结果，未经逐一核对。
Note: For international comparison,data in this table refer to retrieval results using the retrieval systems without ticking off.

7-15 国外主要检索工具收录的我国科技人员在国内外期刊上发表论文数
Number of Papers by Chinese Scientists and Technicians Published in Domestic and Foreign Periodicals and Taken by Major Foreign Referencing System

单位：篇 (piece)

项 目	Item	1995	2000	2005	2006	2007	2008	2009	2010	2011
《Science Citation Index》收录合计	**Taken by SCI**	**7980**	**22608**	**63150**	**71184**	**79669**	**95506**	**108806**	**121026**	**136445**
国内发表	Published in Domestic Periodicals	1087	9208	16669	16856	18410	20804	22229	25934	22988
比重(%)	As % of Total	14	41	26.4	23.7	23.1	21.8	20.4	21.4	16.8
国外发表	Published in Foreign Periodicals	6893	13400	46481	54328	61259	74702	86577	95092	113457
比重(%)	As % of Total	86	59	73.6	76.3	76.9	78.2	79.6	78.6	83.2
《Engineering Index》收录合计	**Taken by《Engineering Index》**	**6791**	**13991**	**60301**	**65041**	**75568**	**85381**	**98115**	**119374**	**116343**
国内发表	Published in Domestic Periodicals	3038	8293	35262	33454	40656	45686	46415	56578	54602
比重(%)	As % of Total	45	59	58.5	51.4	53.8	53.5	47.3	47.4	46.9
国外发表	Published in Foreign Periodicals	3753	5698	25039	31587	34912	39695	51700	62796	61741
比重(%)	As % of Total	55	41	41.5	48.6	46.2	46.5	52.7	52.6	53.1

注：表7-15至表7-19数据为逐一核对的第一作者单位在中国的论文数。
Note: Data from table 7-15 to 7-19 is the checked number of papers whose frist author belong to China.

7-16 国外主要检索工具收录我国科技论文按学科分布(2011年)

Chinese Scientific Papers Taken by Major Foreign Referencing System by Discipline (2011)

学 科	Discipline	篇数(篇) Pieces(piece)			位 次 Precedence		
		SCI	EI	CPCI-S	SCI	EI	CPCI-S
合 计	**Total**	**136445**	**116343**	**50458**			
数 学	Mathematics	6583	10374	117	6	3	25
力 学	Mechanics	1170	8095	383	20	7	14
信息、系统科学	Information, Systems Science	1039	1705	40	21	17	32
物理学	Physics	16677	12036	3545	2	2	4
化 学	Chemistry	26628	8881	858	1	6	10
天文学	Astronomy	1003	131	133	22	30	23
地 学	Earth Science	3641	2736	281	11	13	16
生物学	Biology	14320	4821	658	3	11	13
预防医学与卫生学	Protective Medicine	925		92	23	33	26
基础医学	Basic Medicine	5947	95	1574	7	31	6
药 学	Pharmacy	4167		226	9	33	17
临床医学	Clinic Medicine	10591		715	5	33	11
中医学	Traditional Chinese Medicine	355		18	29	33	34
军事医学与特种医学	Special Medicine	117			35	33	40
农 学	Agriculture	2819	403	122	14	25	24
林 学	Forestry	188		7	34	33	36
畜牧、兽医科学	Livestock, Veterinary Medicine	384		1	28	33	38
水产学	Aquatic	720		1	24	33	38
测绘科学技术	Surveying & Mapping	3	579	2	39	23	37
材料科学	Material Science	12512	12596	14391	4	1	1
工程与技术基础学科	Engineering & Basic Technology Science	2141	3465	197	16	12	19
矿山工程技术	Mining	99	230	305	36	28	15
能源科学技术	Energy	2079	2133	1550	17	15	7
冶金、金属学	Metallurgy, Metallography	3665	2058	210	10	16	18
机械、仪表	Machinery, Instrument	1668	5241	901	18	9	9
动力与电气	Power & Electrical Engineering	343	4949	62	30	10	29
核科学技术	Nuclear Technology	238	153	71	31	29	27
电子、通讯与自动控制	Electronics,Communication & Automation	3383	9276	12070	12	5	2
计算技术	Computer	3236	7354	6316	13	8	3
化 工	Chemical Engineering	2292	2365	57	15	14	30
轻工、纺织	Light Industry & Textile Industry	2	45	13	40	32	35
食 品	Food	1306	265	50	19	27	31
土木建筑	Civil Construction	500	9407	3005	26	4	5
水 利	Water Conservancy	588	739	65	25	22	28
交通运输	Transportaiton	206	1643	680	33	19	12
航空航天	Aviation and Aerospace	226	805	171	32	21	22
环 境	Environment	4178	1326	193	8	20	20
安全科学技术	Security	34	287	178	38	26	21
管 理	Management Science	431	1673	27	27	18	33
其 他	Others	41	477	1173	37	24	8

7-17 国外主要检索工具收录我国科技论文按地区分布(2011年)
Chinese Scientific Papers Taken by Major Foreign Referencing System by Region (2011)

地　区	Region	篇　数(篇) Pieces(piece)			位　次 Precedence		
		SCI	EI	CPCI-S	SCI	EI	CPCI-S
全　国	**National Total**	**136445**	**116343**	**50458**			
北　京	Beijing	25630	23337	8041	1	1	1
天　津	Tianjin	3634	3286	1525	15	14	14
河　北	Hebei	1541	1431	1727	20	20	13
山　西	Shanxi	1146	1007	556	22	21	22
内蒙古	Inner Mongolia	295	255	266	27	26	25
辽　宁	Liaoning	5320	5552	3064	10	8	5
吉　林	Jilin	4026	3577	872	12	13	19
黑龙江	Heilongjiang	3648	5081	2412	14	9	9
上　海	Shanghai	14350	9851	3471	2	3	3
江　苏	Jiangsu	12913	11316	3717	3	2	2
浙　江	Zhejiang	7713	5642	2794	5	7	6
安　徽	Anhui	3731	2981	908	13	15	18
福　建	Fujian	2682	1779	617	17	18	20
江　西	Jiangxi	1058	861	980	23	22	17
山　东	Shandong	6493	4214	2784	8	12	7
河　南	Henan	2567	1805	2149	18	17	11
湖　北	Hubei	6779	5740	2662	6	6	8
湖　南	Hunan	4405	5772	1522	11	5	15
广　东	Guangdong	7743	4424	2164	4	11	10
广　西	Guangxi	870	601	561	24	24	21
海　南	Hainan	199	56	113	28	29	28
重　庆	Chongqing	2688	2683	1154	16	16	16
四　川	Sichuan	5517	4827	1775	9	10	12
贵　州	Guizhou	405	223	139	26	27	27
云　南	Yunnan	1344	615	466	21	23	24
西　藏	Tibet	3		8	31	31	31
陕　西	Shaanxi	6584	7481	3255	7	4	4
甘　肃	Gansu	2440	1592	505	19	19	23
青　海	Qinghai	77	36	15	30	30	30
宁　夏	Ningxia	81	57	46	29	28	29
新　疆	Xinjiang	509	261	162	25	25	26
其　他	Others	54		28			

7-18 1995-2010年《SCI》收录的我国科技论文的5年滚动被引用情况
Citation Impact of Chinese Scientific Papers in 5 Year over Lapping Taken in SCI

单位：篇 (piece)

项 目	Item	1995-1999	1996-2000	1997-2001	1998-2002	1999-2003	2000-2004	2001-2005	2002-2006	2003-2007	2004-2008	2005-2009	2006-2010	2007-2011
收录论文数 (A)	Number of Papers Taken by SCI	89787	101613	116079	131933	152946	175913	210099	249582	349560	414391	472766	548309	633056
被引用次数 (B)	Citations times	142026	170984	212161	259772	332297	412145	549879	692283	936676	1206096	1796896	2362146	3923960
论文影响 (B/A)	Impact	1.58	1.68	1.83	1.97	2.17	2.34	2.62	2.77	2.68	2.91	3.80	4.31	6.20

7-19 中文科技期刊刊登的科技论文篇数按机构类型分类(2011年)
Scientific Papers Published in Chinese Science and Technology Periodicals by Type of Institutions (2011)

单位：篇 (piece)

项 目	Item	总 计 Total	高等院校 Universities	研究机构 Research Institutes	企 业 Enterprises	医 院 Hospital	其 他 Others
合 计	**Total**	**530087**	**335907**	**58160**	**21164**	**91793**	**23063**
基础学科	Basic Disciplines	59045	43732	10626	921	412	3354
数 学	Mathematics	7354	7093	160	20	4	77
力 学	Mechanics	2297	1995	236	29		37
信息、系统	Information, System Science	2450	2274	133	14		29
物 理	Physics	6686	5516	1062	27	3	78
化 学	Chemistry	12088	9504	1700	264	30	590
天 文	Astronomy	365	190	159	3		13
地 学	Earth Sciences	12879	6099	4217	437	13	2113
生 物	Biological Sciences	14926	11061	2959	127	362	417
医药卫生	Medical Care	235699	123988	12010	1040	90252	8409
农林牧渔	Agriculture, Forestry, Animal Husbandry and Fishery	34609	20352	10442	714	50	3051
工业技术	Manufacturing Technology	180592	132250	23139	17621	587	6995
其 他	Others	20142	15585	1943	868	492	1254

7-20 重大科技成果
Major Research Results of Science and Technology

单位：项 (item)

项目	Item	2000	2005	2006	2007	2008	2009	2010	2011	2012
合计	**Total**	**32858**	**32359**	**33644**	**34170**	**35971**	**38688**	**42108**	**44208**	**51723**
基础理论	Elementary Theory	2368	2129	2107	2509	3227	2997	3288	3083	5995
应用技术	Applied Technology	28843	28559	30103	29956	30847	33905	37029	39218	43234
软科学	Soft Science	1647	1671	1434	1705	1897	1786	1791	1907	2494
按完成单位类型分	**by Type of Performing Institutes**									
研究机构	Research Institutions	7859	6140	6495	6263	6047	6826	7141	6998	8244
高等院校	Universities	6508	7469	7064	7592	7700	8498	8536	8288	9837
企业	Enterprises	10586	11525	11918	12220	13301	14345	16704	18064	20904
其他	Others	7905	7225	8167	8095	8923	9019	9727	10858	12738
应用技术成果按行业分	**by Industries**									
农林牧渔业	Farming, Forestry, Animal Husbandry and Fishery	4147	5123	5216	5148	5006	5169	5868	6170	7354
采掘业	Mining and Quarrying	600	1004	1022	1243	1845	1225	1568	1594	1728
制造业	Manufacturing	5334	5054	6164	5338	5836	6824	7526	8107	9683
电力、煤气及水的生产和供应业	Production and Supply of Electricity, Gas and Water	1279	1274	1297	1414	1397	1522	2647	2635	2629
建筑业	Construction	1189	1334	1358	1201	1296	1251	1376	1583	1760
交通运输仓储及邮电通信业	Transportation, Storage, Postal and Telecommunications Services	1963	1641	1671	1477	1499	1548	1704	1645	2154
批发、零售和餐饮业	Wholesale and Retail Trade and Catering Services	152	109	111	105	93	48	146	115	139
金融业	Finance	244	175	178	105	62	96	82	98	210
房地产业	Real Estate Management	176	72	73	57	43	30	52	36	65
科学研究和技术服务业	Scientific Research and Technical Service			4311	4284	4022	3968	4571	4783	2660
地质勘查和水利管理业	Geological Prospecting and Water Conservancy	580	655	667	1010	1027	987	1077	1192	1467
社会服务业	Social Services	404	407	414	162	167	296	187	187	275
卫生体育和社会福利业	Health Care, Sports, and Social Welfare	6009	5834	5940	6821	6894	7155	7622	8369	9802
教育文化艺术和广播电影电视业	Education, Culture, and Arts, Radio, Film and Television	456	253	263	318	241	304	342	309	498
公共管理和社会组织	Public Management and Social Organization	501	649	661	207	327	375	423	561	618
其他	Others	3655	741	757	1066	1092	3107	1838	1834	2192

7-21 国家级科技奖励
National S&T Awards

单位：项 (item)

项目	Item	2000	2005	2006	2007	2008	2009	2010	2011	2012
合计	**Total**	**292**	**321**	**329**	**352**	**348**	**374**	**356**	**384**	**337**
一、获国家最高科学技术奖	**National Supreme Award of Science and Technology**	**2**	**2**	**1**	**2**	**2**	**2**	**2**	**2**	**2**
二、获国家科学技术进步奖	**National S&T Advancement Award**	**250**	**236**	**241**	**255**	**254**	**282**	**273**	**283**	**212**
特等	Special Grade			1	1	3	3	3	1	3
一等	1st Class	22	18	20	19	26	17	31	20	22
二等	2nd Class	228	218	220	235	225	262	239	262	187
三、获国家技术发明奖	**National Invention Award**	**23**	**40**	**56**	**51**	**55**	**55**	**46**	**55**	**77**
一等	1st Class		1	1	1	3	2	2	2	3
二等	2nd Class	23	39	55	50	52	53	44	53	74
四、获国家自然科学奖	**National Natural Science Award**	**15**	**38**	**29**	**39**	**34**	**28**	**30**	**36**	**41**
一等	1st Class			2			1			
二等	2nd Class	15	38	27	39	34	27	30	36	41
五、获国际科学技术合作奖	**International Science and Technology Co-operation Award**	**2**	**5**	**2**	**5**	**3**	**7**	**5**	**8**	**5**

7-22 国家级科技奖励分布
Distribution of National S&T Awards

单位：项 (item)

项 目	Item	2000	2005	2006	2007	2008	2009	2010	2011	2012
一、国家科技进步奖	**National S&T Advancement Award**	**250**	**236**	**241**	**255**	**254**	**282**	**273**	**283**	**212**
按行业分	**by Industries**									
工业交通	Manufacturing and Transportation	79	113	92	88	77	93	91	98	69
农林牧渔	Agriculture, Forestry, Animal Husbandry and Fishery	24	27	30	26	35	38	41	27	56
文教卫生	Education, Culture and Health Care	35	35	35	36	31	42	38	47	27
国防公安	National Defense and Public Security	71	61	57	63	72	60	59	65	50
其 他	Others	41		27	42	39	49	44	46	10
按隶属分	**by Subordination**									
部 委	Ministries and Commissions	123	62	57	53	58	73	82	63	68
省市自治区	Province	51	79	84	88	85	106	98	102	54
其它单位	Others		31	43	51	39	43	58	53	40
军 口	Military System	76	64	57	63	72	60	35	65	50
二、国家发明奖	**National Invention Award**	**23**	**40**	**56**	**51**	**55**	**55**	**46**	**55**	**77**
按行业分	**by Industries**									
工业交通	Manufacturing and Transportation	16	28	29	26	28	27	21	29	45
农林牧渔	Agriculture, Forestry, Animal Husbandry and Fishery	1	5	5	5	3	4	4	5	11
文教卫生	Education, Culture and Health Care	3	1	3	4	2	3	3	4	7
国防公安	National Defense and Public Security	2	6	15	12	18	16	13	14	14
其 他	Others	1		4	4	4	5	5	3	
按隶属分	**by Subordination**									
部 委	Ministries and Commissions	12	12	16	5	10	12	17	14	21
省市自治区	Province	9	15	15	21	15	15	15	21	24
其它单位	Others		6	10	13	12	12	9	6	18
军 口	Military System	2	7	15	12	18	16	5	14	14
三、获国家自然科学奖	**National Natural Sciences Award**	**15**	**38**	**29**	**39**	**34**	**28**	**30**	**36**	**41**
按学科分	**by Disciplines**									
数 理	Maths & Physics	3	7	4	8	7	7	8	5	10
化 学	Chemistry	3	6	5	6	4	5	6	6	7
生物医学	Biol-medical	3	10	6	9	8	4	6	7	9
地 球	Earth Sciences	5	6	5	5	5	3	4	6	4
材料工程	Material Engineering	1	7	7	2	5	5	4	8	6
信 息	Information		2	2	4	5	4	2	4	5
其 他	Others				5					
按隶属分	**by Subordination**									
部 委	Ministries and Commissions	11	17	14	22	22	12	10	22	27
省市自治区	Province	4	20	15	14	11	12	14	11	12
其它单位	Others								3	1
专家推荐	Expertise		1		3	1	4	6		1

7-23 商标注册申请及核准注册商标

Registration Application and Approved of Trademark

单位：件 (piece)

年份	注册申请 Registration Application				核准注册 Registration Approved			
	国内 Domestic	国际 International	马德里 Madrid	合计 Total	国内 Domestic	国际 International	马德里 Madrid	合计 Total
1979					27459	5130		32589
1980				26177	15348	1297		16645
1981				23004	15707	2049		17756
1982	17000	1565		18565	12385	4672		17057
1983	19120	1687		20807	4293	2278		6571
1984	26487	3077		29564	13252	1518		14770
1985	43445	5798		49243	19584	2084		21668
1986	45031	5939		50970	26993	5126		32119
1987	40014	4055		44069	27687	4454		32141
1988	41683	5866		47549	25448	3604		29052
1989	43202	5209		48411	31810	4625		36435
1990	50853	4371	2048	57272	25966	4036	1269	31271
1991	59124	5885	2595	67604	34501	3523	2306	40330
1992	79837	8367	2591	90795	42710	4198	1180	48088
1993	107758	21014	3551	132323	42668	3999	2059	48726
1994	117186	20238	5193	142617	47482	7803	3016	58301
1995	144610	21442	6094	172146	59895	12591	19380	91866
1996	122057	22615	7132	151804	101178	15843	11407	128428
1997	118577	21676	8502	148755	188047	24958	10033	223038
1998	129394	18252	10037	157683	80095	14137	13478	107710
1999	140620	18883	11212	170715	96139	13896	12366	122401
2000	181717	24623	16837	223177	129441	16327	12807	158575
2001	229775	23234	17408	270417	167563	19017	16259	202839
2002	321034	37221	13681	371936	169904	23364	19265	212533
2003	405620	33912	12563	452095	206070	21188	15253	242511
2004	527591	44938	15396	587925	225394	25069	16156	266619
2005	593382	52166	18469	664017	218731	23792	16009	258532
2006	669276	56840	40203	766319	228814	25254	21573	275641
2007	604952	59714	43282	707948	215161	19159	29158	263478
2008	590525	60704	46890	698119	342498	31870	29101	403469
2009	741763	51966	36748	830477	737228	68471	31944	837643
2010	973460	67838	30889	1072187	1211428	108510	29299	1349237
2011	1273827	95831	47127	1416785	926330	66074	30294	1022698
2012	1502540	97190	48586	1648316	919951	58656	26290	1004897
累计	**9961460**	**902116**	**447034**	**11359791**	**6637160**	**648572**	**369902**	**7655634**

7-24 各地区商标注册申请与注册(2012年)
Registration Application and Approved of Trademark by Region (2012)

单位：件 (piece)

地 区	Region	申请数 Applications	核准注册 Registrations Approved	1991-2012年核准注册商标 1991-2012 Registrations Approved	截至2012年底有效注册量 Registrations Effected by the end of 2011
全 国	**National Total**	**1502540**	**919951**	**6391228**	**5584788**
东部地区	Eastern Region	966075	609857	4307730	3773826
中部地区	Middle Region	182654	108217	717386	627833
西部地区	Western Region	227835	128012	770862	676266
东北地区	Northeast Region	55613	33790	309697	255770
北 京	Beijing	115952	66917	469754	410298
天 津	Tianjin	21952	11168	85812	66345
河 北	Hebei	35346	22391	183329	149943
山 西	Shanxi	11982	6637	55564	47310
内蒙古	Inner Mongolia	11056	8754	58504	51387
辽 宁	Liaoning	27718	16308	150821	121818
吉 林	Jilin	12198	7886	67082	57051
黑龙江	Heilongjiang	15697	9596	91794	76901
上 海	Shanghai	91867	59679	355871	316442
江 苏	Jiangsu	98704	62328	478376	410472
浙 江	Zhejiang	161835	117201	857158	773912
安 徽	Anhui	33692	19977	118789	106685
福 建	Fujian	84475	55599	358559	324435
江 西	Jiangxi	22055	13699	84429	76682
山 东	Shandong	77267	47409	353720	304480
河 南	Henan	48823	29416	181714	159024
湖 北	Hubei	30313	19434	138715	117131
湖 南	Hunan	35789	19054	138175	121001
广 东	Guangdong	272505	162766	1134304	992334
广 西	Guangxi	14454	8612	60842	50505
海 南	Hainan	6172	4399	30847	25165
重 庆	Chongqing	40725	23257	107070	92341
四 川	Sichuan	56467	30548	205267	193832
贵 州	Guizhou	19981	7335	46355	32753
云 南	Yunnan	24762	16788	68602	74208
西 藏	Tibet	960	612	22184	3282
陕 西	Shaanxi	34031	17696	81630	86277
甘 肃	Gansu	5154	2948	24133	21475
青 海	Qinghai	2599	1588	10514	8873
宁 夏	Ningxia	3439	2166	17617	11216
新 疆	Xinjiang	14207	7708	68144	50117
香 港	Hongkong	53039	28680	158466	150091
澳 门	Macao	528	240	2248	2488
台 湾	Taiwan	16796	11155	124839	98514

7-25 集成电路布图设计登记申请和登记发证(2012年)
Registration Application and Registration Certification of Integrated Circuit Layout-design (2012)

单位：件 (piece)

地 区	Region	申请数 Application	发证数 Certification
合 计	**Total**	**1731**	**1624**
国 内	**Domestic**	**1552**	**1467**
东部地区	Eastern Region	1246	1192
中部地区	Middle Region	112	98
西部地区	Western Region	130	113
东北地区	Northeast Region	64	64
北 京	Beijing	135	128
天 津	Tianjin	43	24
河 北	Hebei	7	7
山 西	Shanxi		
内蒙古	Inner Mongolia		
辽 宁	Liaoning	64	64
吉 林	Jilin		
黑龙江	Heilongjiang		
上 海	Shanghai	385	365
江 苏	Jiangsu	223	206
浙 江	Zhejiang	151	160
安 徽	Anhui	108	87
福 建	Fujian	67	67
江 西	Jiangxi		
山 东	Shandong	10	13
河 南	Henan	1	1
湖 北	Hubei	2	9
湖 南	Hunan	1	1
广 东	Guangdong	225	222
广 西	Guangxi	1	1
海 南	Hainan		
重 庆	Chongqing	21	25
四 川	Sichuan	69	50
贵 州	Guizhou	2	
云 南	Yunnan		
西 藏	Tibet		
陕 西	Shanxi	37	37
甘 肃	Gansu		
青 海	Qinghai		
宁 夏	Ningxia		
新 疆	Xinjiang		
香 港	Hongkong		
台 湾	Taiwan	34	33
国 外	**Abroad**	**145**	**124**
美 国	USA	145	124
韩 国	South Korea		
开曼群岛	Cayman Islands		
日 本	Japan		

7-26 农业植物新品种权申请和授权
Application and Granted of New Variety Rights of Agriculture Plants

单位：件 (piece)

项　目	Item	1999-2012年累计 Grand Total from 1999 to 2012		2012年申请 Application in 2012
		申 请 Application	授 权 Granted	
合　计	**Total**	**10377**	**3880**	**1361**
一、按单位性质分	**by Units**			
国内科研	Domestic Research	4786	2087	538
国内企业	Domestic Enterprises	3595	1214	579
国内教学	Domestic Education	791	325	90
国内个人	Domestic Individuals	555	165	59
国外企业	Foreign Enterprises	587	86	89
国外个人	Foreign Individuals	38	1	5
国外教学	Foreign Education	21	2	1
国外科研	Foreign Research	4		
二、按植物种类划分	**by Plant Species**			
大田作物	Field Crops	8732	3574	1093
蔬　菜	Vegetables	584	139	95
花　卉	Flowers	717	99	105
果　树	Fruit Tree	306	68	63
牧　草	Pasture	11		
其　他	Others	27		5

7-27 农业植物新品种权申请和授权
Application and Granted of New Variety Rights of Agriculture Plants

单位：件 (piece)

地区	Region	1999-2012年累计 Grand Total from 1999 to 2012 申请 Application	授权 Granted	2012年申请 Application in 2012
合计	**Total**	**10377**	**3880**	**1361**
国内	**Domestic**	**9725**	**3791**	**1264**
东部地区	Eastern Region	3801	1345	570
中部地区	Middle Region	2090	796	268
西部地区	Western Region	2142	893	243
东北地区	Northeast Region	1687	757	178
北京	Beijing	800	181	136
天津	Tianjin	90	18	28
河北	Hebei	490	211	74
山西	Shanxi	112	52	6
内蒙古	Inner Mongolia	156	68	17
辽宁	Liaoning	474	262	30
吉林	Jilin	617	295	55
黑龙江	Heilongjiang	596	200	93
上海	Shanghai	182	39	37
江苏	Jiangsu	734	299	97
浙江	Zhejiang	227	82	38
安徽	Anhui	428	108	95
福建	Fujian	206	93	22
江西	Jiangxi	98	47	10
山东	Shandong	818	335	102
河南	Henan	826	312	91
湖北	Hubei	240	92	27
湖南	Hunan	386	185	39
广东	Guangdong	220	65	32
广西	Guangxi	171	92	17
海南	Hainan	34	22	4
重庆	Chongqing	106	43	20
四川	Sichuan	780	431	61
贵州	Guizhou	149	43	14
云南	Yunnan	441	98	68
西藏	Tibet			
陕西	Shaanxi	131	52	21
甘肃	Gansu	67	16	16
青海	Qinghai	9	2	
宁夏	Ningxia	21	8	4
新疆	Xinjiang	111	40	5
台湾	Taiwan	5		5
国外	**Abroad**	**652**	**89**	**97**
荷兰	Netherlands	256	50	40
美国	USA	167	7	31
韩国	Korea	82	5	8
日本	Japan	49	19	4
德国	Germany	28	3	8
比利时	Belgium	14		
法国	France	7		
意大利	Italy	10		1
西班牙	Spain	13	2	
以色列	Israel	6		
澳大利亚	Australia	5	2	1
新西兰	New Zealand	10	1	2
南非	South Africa	1		
英国	England	1		
希腊	Greece	1		
爱尔兰	Ireland	1		1
瑞士	Switzerland	1		1

7-28 按技术合同类别分全国技术市场成交合同数

Contract Deals in Domestic Technical Markets by Type of Contracts

单位：项 (item)

项　目	Item	2006	2007	2008	2009	2010	2011	2012
合　计	**Total**	**205845**	**220868**	**226343**	**213752**	**229601**	**256428**	**282242**
一、按技术性收入的类型分	**by Type of Technical Income**							
技术开发	Technology Development	64595	73319	80191	88025	105627	126420	150178
委托开发	Commissioned Development	61261	69372	76044	83416	100093	120086	143302
合作开发	Cooperated Development	3334	3947	4147	4609	5534	6334	6876
技术转让	Technology Transfer	11614	11474	11932	13282	12377	11067	11858
技术秘密转让	Technical Secrets Transfer	9225	9369	8723	9590	8529	6949	7364
专利实施许可转让	Patent License Transfer	1142	1012	1918	2122	2004	2079	2175
专利权转让	Patent Right Transfer	298	359	450	553	669	878	1007
专利申请权转让	Patent Application Right Transfer	47	41	80	75	90	162	120
计算机软件著作权转让	Computer Software Copyright Transfer	290	237	309	384	437	488	818
集成电路布图设计专有权转让	Integrated Circuit Layout Design Exclusive Right Transfer	52	26	18	18	28	37	24
动、植物新品种权转让	New Species of Animals and Plants Patent Right Transfer	113	143	157	195	344	220	179
生物、医药新品种权转让	New Species of Biology and Medicine Patent Right Transfer	447	287	277	345	276	254	171
技术咨询	Technology Consultation	35814	37820	39344	29203	27714	31581	32582
技术服务	Technology Service	93822	98255	94876	83242	83883	87360	87624
一般性技术服务	Normal Technology Service	91280	96111	93404	82215	82972	86383	86640
技术中介	Technology Intermediary	576	697	184	229	120	167	305
技术培训	Technology Training	1966	1447	1288	798	791	810	679
二、按知识产权构成分	**by Intellectural Right**							
技术秘密	Technology Secrets	75873	76261	75353	71460	75362	84845	89506
专利	Patent	5211	2685	4353	5331	4259	5565	6531
发明专利	Invention	3279	1343	2333	3281	2565	3339	3997
实用新型专利	Utility Model	1782	1185	1832	1784	1448	2104	2378
外观设计专利	Design	150	157	188	266	246	122	156
计算机软件	Computer Software	23736	27617	32487	36744	42379	48226	55834
动、植物新品种	New Species of Animals and Plants	326	471	454	607	1076	799	779
集成电路布图设计	IC Layout Design	431	509	615	605	573	1359	849
生物、医药新品种	New Species of Biology and Medicine	1822	2197	2150	2661	2619	2575	2626
未涉及知识产权	Others	98446	111128	110931	96344	103333	113059	126117

7-28 续表 continued

单位：项 (item)

项 目	Item	2006	2007	2008	2009	2010	2011	2012
三、按技术领域分	**by Technical Field**							
电子信息技术	IT Technology	63155	70047	75415	81129	88538	99241	118800
航空航天技术	Aviation and Aerospace Technology	2899	3106	3299	3494	4168	4726	5500
先进制造技术	Advanced Manufacture Technology	19222	21098	22658	19975	21135	20105	24753
生物、医药和医疗器械技术	Biology,Medicine and Medical Machine Technology	13563	12838	13589	14684	15290	18635	19120
新材料及其应用	Advanced Material and Aplication	7476	8713	8945	7937	9360	10872	12415
新能源与高效节能	New Energy and Power Saving	19405	22675	20697	18961	22357	23071	21268
环境保护与资源综合利用技术	Environment and Source Application Technology	21550	24656	26669	21407	20236	20880	21300
核应用技术	Nuclear Application Technology	587	506	813	1023	885	913	1108
农业技术	Agriculture Technology	5962	6442	5981	5669	6091	6699	9188
现代交通	Modern Traffic	10774	9979	10614	9568	9118	10307	10147
城市建设与社会发展	Urban Construction and Social Development	41252	40808	37663	29905	32423	40979	38643
四、按社会经济目标分	**by Socail and Economic Objectives**							
农业、林业和渔业的发展	Farming,Forestry and Fishery	6663	6926	6964	6686	6917	7611	10405
促进工业的发展	Industry	42157	42521	43283	37674	39285	43193	47393
能源的生产和合理利用	Energy Production and Application	17328	19195	18143	16279	19351	19823	17916
基础设施的发展	Infrastructure	17298	15402	17419	14581	14559	19723	22254
环境治理与保护	Environmental Harness and Protection	16030	16614	19217	15136	14892	15127	14631
卫生(不包括污染)	Sanitation (Excluding Pollution)	9560	7919	8518	8153	7827	9623	8732
社会发展和社会服务	Social Development and Social Service	51229	57233	57324	54530	59128	68879	85012
地球和大气层的探索与利用	Earth and Atmosphere Exploration and Utility	513	552	832	569	661	638	798
知识的发展	Science Development	4160	4195	4976	5233	5510	7007	7402
民用空间	Civil Aerospace	3402	5356	4524	4920	7311	5899	4905
国防	Defense	3601	3742	3810	4028	4213	5146	7171
其他	Others	33904	41213	41333	45963	49947	53759	55623

7-29 按技术合同类别分全国技术市场成交合同金额

Value of Contract Deals in Domestic Technical Markets by Type of Contracts

单位：万元 (10 000 yuan)

项 目	Item	2006	2007	2008	2009	2010	2011	2012
合 计	**Total**	**18181813**	**22265261**	**26652288**	**30390024**	**39065753**	**47635589**	**64370683**
一、按技术性收入的类型分	**by Type of Technical Income**							
技术开发	Technology Development	7170650	8755349	10754595	12641654	16342394	21698091	26359452
委托开发	Commissioned Development	6438640	7904997	9900437	11656596	14017686	19910409	24574266
合作开发	Cooperated Development	732011	850351	854158	985058	2324708	1787682	1785186
技术转让	Technology Transfer	3213269	4203561	5325907	5385174	6100996	5233881	10208414
技术秘密转让	Technical Secrets Transfer	1858657	2603677	3352574	3326299	4428966	3460013	6880739
专利实施许可转让	Patent License Transfer	434503	492555	1061457	1216253	632842	894818	2467125
专利权转让	Patent Right Transfer	434749	522086	596053	411595	433217	587601	431609
专利申请权转让	Patent Application Right Transfer	12021	12498	40256	44461	64039	41309	42417
计算机软件著作权转让	Computer Software Copyright Transfer	173705	146338	155600	195925	104044	125142	252776
集成电路布图设计专有权转让	Integrated Circuit Layout Design Exclusive Right Transfer	179249	289931	24529	10169	17971	17477	1954
动、植物新品种权转让	New Species of Animals and Plants Patent Right Transfer	25236	23601	51533	62488	249444	39587	37224
生物、医药新品种权转让	New Species of Biology and Medicine Patent Right Transfer	95149	112874	43904	117984	170472	67933	94570
技术咨询	Technology Consultation	847216	902429	1016044	941397	1166376	1662229	1502163
技术服务	Technology Service	6950678	8403923	9555743	11421800	15455987	19041389	26300654
一般性技术服务	Normal Technology Service	6848446	8316904	9445585	10613836	15072444	17783327	26217001
技术中介	Technology Intermediary	8607	17014	12586	6696	17747	14515	34963
技术培训	Technology Training	93625	70005	97572	801268	365796	1243546	48690
二、按知识产权构成分	**by Intellectural Right**							
技术秘密	Technology Secrets	7802051	10080513	10460581	10504799	14880803	19520420	20170028
专利	Patent	1350753	1222117	2439722	3092963	2840886	3570578	6708450
发明专利	Invention	930691	730376	1526277	1419974	1493441	2202460	4639600
实用新型专利	Utility Model	362975	418991	769909	1538284	1177995	1337863	2039812
外观设计专利	Design	57087	72750	143536	134705	169450	30255	29038
计算机软件	Computer Software	2206046	2551104	3297910	3975918	4273564	5009198	8020308
动、植物新品种	New Species of Animals and Plants	41152	66149	121628	91672	93159	120913	235667
集成电路布图设计	IC Layout Design	361727	520802	250329	150023	240257	513976	502547
生物、医药新品种	New Species of Biology and Medicine	201965	336462	396145	441878	867857	558746	573211
未涉及知识产权	Others	6218119	7488114	9685973	12132771	15869228	18341757	28160474

7-29 续表 continued

单位：万元 (10 000 yuan)

项 目	Item	2006	2007	2008	2009	2010	2011	2012
三、按技术领域分	**by Technical Field**							
电子信息技术	IT Technology	6623100	7573136	8983692	9502024	11722362	12222954	19301188
航空航天技术	Aviation and Aerospace Technology	280423	287248	441161	952786	490609	665563	1359669
先进制造技术	Advanced Manufacture Technology	2971142	3861983	4747810	4504461	5681014	7164822	9855280
生物、医药和医疗器械技术	Biology,Medicine and Medical Machine Technology	961386	1085956	1596286	2030655	2459065	2582860	2820063
新材料及其应用	Advanced Material and Aplication	1088033	1416489	1480557	1287683	1899588	2039037	3324911
新能源与高效节能	New Energy and Power Saving	1622242	2531953	3209816	4012739	5446969	6118954	6482515
环境保护与资源综合利用技术	Environment and Source Application Technology	977825	1767623	1893241	1686890	2582589	3265839	4543668
核应用技术	Nuclear Application Technology	206218	52308	74630	728732	331258	1579650	3836376
农业技术	Agriculture Technology	457905	604884	535215	981695	855798	2020474	1809170
现代交通	Modern Traffic	1552692	1752632	2248518	2872302	5283271	5009228	6491072
城市建设与社会发展	Urban Construction and Social Development	1440848	1331051	1441361	1830058	2313230	4966209	4546772
四、按社会经济目标分	**by Socail and Economic Objectives**							
农业、林业和渔业的发展	Farming,Forestry and Fishery	506906	624555	538905	1030531	912955	2010948	1939458
促进工业的发展	Industry	4836405	7078829	7481514	7237172	8687805	10034739	13557607
能源的生产和合理利用	Energy Production and Application	1625061	2491707	3265455	4149927	3454779	7443996	9230784
基础设施的发展	Infrastructure	2746293	1667646	2384287	3255132	7276996	6940250	8548898
环境治理与保护	Environmental Harness and Protection	735274	998557	1120036	1015722	1441520	1034613	2820672
卫生(不包括污染)	Sanitation (Excluding Pollution)	669004	590995	597665	663049	1146284	1287883	1417140
社会发展和社会服务	Social Development and Social Service	3590306	3503331	4695240	5047874	6738125	8710450	12943981
地球和大气层的探索与利用	Earth and Atmosphere Exploration and Utility	26250	60675	101621	53947	50114	57469	69984
知识的发展	Science Development	156312	392638	353464	398448	401228	674594	914437
民用空间	Civil Aerospace	605360	658603	949874	551124	619649	636313	666968
国防	Defense	422150	384386	441414	625646	528007	703014	1211581
其他	Others	2262492	3813339	4722813	6361450	7808293	8101320	11049173

7-30 按买卖方类别分全国技术市场成交合同数
Contract Deals in Domestic Technical Markets by Category of Technology Seller and Buyer

单位：项 (item)

项　目	Item	2006	2007	2008	2009	2010	2011	2012
合　计	**Total**	**205845**	**220868**	**226343**	**213752**	**229601**	**256428**	**282242**
一、卖方类别	**Category of Technology Seller**							
机关法人	Governments	685	917	585	496	692	1220	2089
事业法人	Public Organizations	68876	78456	83591	70922	79012	88959	101485
科研机构	Research Institutes	39249	42695	44477	30858	29673	31833	36140
高等院校	Higher Education	22228	27551	30115	32786	42251	49782	57966
医疗、卫生	Medical and Sanitation	493	776	772	1391	1575	2182	2347
其它	Others	6906	7434	8227	5887	5513	5162	5032
社团法人	Social Organization	3125	2925	2845	2599	1677	2902	3887
企业法人	Enterprises	130113	135859	136737	137752	146526	161292	172249
内资企业	Domestic Funded Enterprises	122636	126495	125142	125286	132253	145622	155705
港澳台商投资企业	Enterprises with Funds from Hongkong, Macao and Taiwan	785	1282	1703	1729	2454	3189	2958
外商投资企业	Foreign Funded Enterprises	5680	7156	8958	9561	10245	10537	10793
个体经营	Private Enterprises	855	732	663	677	556	496	797
境外企业	Oversea Enterprises	157	194	271	499	1018	1448	1996
自然人	Natural Person	297	677	644	580	631	576	2259
其他组织	Other Organizations	2749	2034	1941	1403	1063	1479	273
二、买方类别	**Category of Technology Buyer**							
机关法人	Governments	15188	16526	17349	17961	19515	22266	29351
事业法人	Public Organizations	24641	27502	29340	29021	31925	36168	41275
科研机构	Research Institutes	11412	10913	11704	11060	12754	14222	16806
高等院校	Higher Education	4069	4579	5018	4985	5654	7116	7975
医疗、卫生	Medical and Sanitation	2217	2532	2943	2883	3190	3438	3309
其它	Others	6943	9478	9675	10093	10327	11392	13185
社团法人	Social Organization	711	588	692	619	796	934	841
企业法人	Enterprises	159470	169289	173591	159991	171734	190364	204971
内资企业	Domestic Funded Enterprises	148749	155537	157743	143752	154913	172106	186191
港澳台商投资企业	Enterprises with Funds from Hongkong, Macao and Taiwan	821	1282	1316	1306	1297	1624	1677
外商投资企业	Foreign Funded Enterprises	5612	6747	7878	7781	8985	10530	11142
个体经营	Private Enterprises	1214	1495	1572	1768	1370	1744	2132
境外企业	Oversea Enterprises	3074	4228	5082	5384	5169	4360	3829
自然人	Natural Person	2475	2949	2442	3001	2286	2443	3838
其他组织	Other Organizations	3360	4014	2929	3159	3345	4253	1966

7-31 按买卖方类别分全国技术市场成交合同金额
Value of Contract Deals in Domestic Technical Markets by Category of Technology Seller and Buyer

单位：万元 (10 000 yuan)

项 目	Item	2006	2007	2008	2009	2010	2011	2012
合 计	**Total**	**18181813**	**22265261**	**26652288**	**30390024**	**39065753**	**47635589**	**64370683**
一、卖方类别	**Category of Technology Seller**							
机关法人	Governments	140896	194446	203829	173582	354124	402310	760260
事业法人	Public Organizations	2263012	2600319	2853546	3473955	4206292	5326454	7309135
科研机构	Research Institutes	1276619	1313030	1472110	1913980	1990272	2614299	4029582
高等院校	Higher Education	759528	1030362	1182834	1350607	1966902	2488100	2939628
医疗、卫生	Medical and Sanitation	7359	17583	12330	20629	21401	30289	29023
其它	Others	219506	239345	186272	188739	227718	193766	310902
社团法人	Social Organization	71082	45066	36289	103277	136802	79150	75724
企业法人	Enterprises	15533151	19197882	23321388	26262465	33417389	41192914	55705534
内资企业	Domestic Funded Enterprises	11984414	14249608	16784091	19108269	25227028	32305402	41990722
港澳台商投资企业	Enterprises with Funds from Hongkong, Macao and Taiwan	178715	323897	417022	919212	952014	711747	1139036
外商投资企业	Foreign Funded Enterprises	2667295	3606156	4446876	4865777	5120826	5684605	8351388
个体经营	Private Enterprises	38453	42522	32286	67417	54492	41075	97205
境外企业	Oversea Enterprises	664275	975700	1641113	1301791	2063028	2450085	4127184
自然人	Natural Person	47258	93930	66666	72416	50294	155122	317254
其他组织	Other Organizations	126414	133618	170570	304330	900852	479639	202775
二、买方类别	**Category of Technology Buyer**							
机关法人	Governments	1128181	1543662	1532405	1901885	3831667	3999873	7567657
事业法人	Public Organizations	1178495	1714926	2085725	2342184	2528836	3936159	3638716
科研机构	Research Institutes	601920	633958	742114	942536	951608	967275	1581736
高等院校	Higher Education	145285	115229	183216	218242	260229	376156	565864
医疗、卫生	Medical and Sanitation	34567	50559	61880	66588	88983	152082	233823
其它	Others	396723	915181	1098515	1114819	1228015	2440646	1257294
社团法人	Social Organization	14717	34569	32998	31716	32466	61520	49854
企业法人	Enterprises	15248273	18288326	21635085	23490165	31559809	37324295	50437022
内资企业	Domestic Funded Enterprises	11799166	12855523	14699140	16320850	20552884	26642653	38787057
港澳台商投资企业	Enterprises with Funds from Hongkong, Macao and Taiwan	113982	163598	417575	526850	530051	432933	806204
外商投资企业	Foreign Funded Enterprises	1376517	2010886	2674023	2432090	3845372	2784045	4293477
个体经营	Private Enterprises	73243	46137	40768	65076	90347	121943	164263
境外企业	Oversea Enterprises	1885365	3212182	3803579	4145299	6541156	7342721	6386022
自然人	Natural Person	203425	259721	336830	818942	549862	71015	470076
其他组织	Other Organizations	408722	424057	1029245	1805132	563112	2242728	2207358

7-32 各地区技术市场成交合同数

Contract Deals in Domestic Technical Markets by Region

单位：项 (item)

地 区	Region	2000	2005	2006	2007	2008	2009	2010	2011	2012
全 国	**National Total**	**241008**	**265010**	**205845**	**220868**	**226343**	**213752**	**229601**	**256428**	**282242**
东部地区	Eastern Region	153858	182325	148148	151596	154365	144775	154181	170859	184037
中部地区	Middle Region	40957	43328	21618	25983	25900	23847	24302	27297	33105
西部地区	Western Region	19469	19611	17354	22769	22472	23549	29024	34757	42818
东北地区	Northeast Region	26724	19746	18497	20254	23091	21019	20996	21786	20194
北 京	Beijing	21270	37625	51570	50972	52742	49938	50847	53552	59969
天 津	Tianjin	6415	11295	10181	8380	9312	9842	9540	11699	13381
河 北	Hebei	3340	3338	3719	3448	4100	4392	4517	4400	4512
山 西	Shanxi	290	556	506	469	831	826	835	830	796
内蒙古	Inner Mongolia	3075	1160	1112	943	1068	865	1231	1386	1232
辽 宁	Liaoning	11455	13826	12546	15105	17738	15729	15589	16796	14676
吉 林	Jilin	5386	3879	4196	3542	3647	3222	3424	3072	2730
黑龙江	Heilongjiang	9883	2041	1755	1607	1706	2068	1983	1918	2788
上 海	Shanghai	20974	30290	28102	27667	28593	26952	25945	29005	27649
江 苏	Jiangsu	28618	26178	10844	14366	14089	13938	19815	24526	28921
浙 江	Zhejiang	31218	20628	17734	16398	17391	12786	12826	13858	13551
安 徽	Anhui	3184	5113	4792	4648	5667	5888	4831	5795	6806
福 建	Fujian	5597	6510	5671	5044	5188	4785	5120	4749	5324
江 西	Jiangxi	5068	3321	2530	2809	2266	2273	2250	2261	2184
山 东	Shandong	30962	31908	5331	7027	6908	7672	7865	9037	11114
河 南	Henan	4097	3770	2831	3773	4478	3913	4611	5010	4191
湖 北	Hubei	7203	11131	5309	8297	7147	5689	6638	7747	12757
湖 南	Hunan	21115	19437	5650	5987	5511	5258	5137	5654	6371
广 东	Guangdong	5464	14432	14866	18175	15945	14408	17493	19637	19576
广 西	Guangxi	912	558	247	319	437	290	258	778	423
海 南	Hainan		121	130	119	97	62	213	396	40
重 庆	Chongqing	1610	2730	2662	3769	2332	2465	2201	3270	3538
四 川	Sichuan	3441	4933	4242	5723	6473	7632	9003	9919	11657
贵 州	Guizhou	43	466	263	457	713	988	650	736	509
云 南	Yunnan	2054	1853	920	859	889	1028	1047	1241	2246
西 藏	Tibet									
陕 西	Shaanxi	4023	3392	3542	4856	4846	6243	9470	11125	17596
甘 肃	Gansu	2960	1877	1995	1908	2306	2680	2503	3754	2883
青 海	Qinghai		318	271	486	424	429	460	523	639
宁 夏	Ningxia	233	323	336	400	448	450	501	552	564
新 疆	Xinjiang	1118	2001	1764	3049	2536	479	1700	1473	1531
港澳台	Hongkong,Macao & Taiwan			9	10	31	52	123	220	239
国 外	Abroad			219	256	484	510	975	1509	1849

7-33 各地区技术市场成交合同金额
Value of Contract Deals in Domestic Technical Markets by Region

单位：万元 (10 000 yuan)

地区	Region	2000	2005	2006	2007	2008	2009	2010	2011	2012
全国	**National Total**	**6507519**	**15513694**	**18181813**	**22265261**	**26652288**	**30390024**	**39065753**	**47635589**	**64370683**
东部地区	Eastern Region	4167230	11509739	13324975	16431440	19587068	22257438	28347883	34114537	42852302
中部地区	Middle Region	910023	1484714	1474265	1691594	1891350	2089941	2457020	3215401	4351253
西部地区	Western Region	858677	1389229	1517580	1618597	2145274	2375111	3464842	4828229	7645096
东北地区	Northeast Region	571589	1130012	1117094	1454344	1605921	1883244	2024024	2479930	3562301
北京	Beijing	1402871	4895922	6973256	8825603	10272173	12362450	15795367	18902752	24585034
天津	Tianjin	262581	507093	588624	723356	866122	1054611	1193390	1693819	2323275
河北	Hebei	94143	103827	156099	164329	165906	172112	192931	262471	378178
山西	Shanxi	5258	47980	59213	82677	128425	162068	184911	224825	306088
内蒙古	Inner Mongolia	60287	109939	107127	109835	94423	147651	271464	226719	1060962
辽宁	Liaoning	347817	865167	806494	929290	997290	1197095	1306811	1596633	2306648
吉林	Jilin	71390	122261	153666	174845	196066	197598	188090	262614	251180
黑龙江	Heilongjiang	152382	142585	156934	350209	412565	488550	529123	620682	1004473
上海	Shanghai	738952	2317328	3095095	3548877	3861695	4354108	4314374	4807491	5187473
江苏	Jiangsu	449568	1008296	688297	784173	940246	1082184	2493406	3334316	4009141
浙江	Zhejiang	276275	386954	399618	453474	589189	564581	603478	718968	813079
安徽	Anhui	61012	142553	184921	264515	324865	356174	461470	650337	861592
福建	Fujian	172601	171959	113187	145579	179690	232594	356569	345712	500920
江西	Jiangxi	69299	111227	93135	99533	77641	97893	230479	341861	397796
山东	Shandong	288135	983614	232005	450275	660126	719391	1006769	1263778	1400153
河南	Henan	211621	263737	237288	261907	254425	263046	272002	387602	399435
湖北	Hubei	276000	501823	444427	522146	628971	770329	907218	1256876	1963922
湖南	Hunan	286833	417394	455281	460816	477024	440432	400940	353901	422420
广东	Guangdong	482104	1124740	1070257	1328448	2016319	1709850	2358949	2750647	3649384
广西	Guangxi	17741	94059	9423	9970	26996	17662	41362	56377	25238
海南	Hainan		10007	8535	7327	35602	5556	32651	34584	5666
重庆	Chongqing	296594	357059	553479	395658	621884	383158	794410	681453	540188
四川	Sichuan	104150	190823	259323	303878	435313	545977	547393	678330	1112438
贵州	Guizhou	620	10488	5361	6560	20356	17806	77191	136483	96743
云南	Yunnan	187742	159175	82747	97496	50547	102469	108827	117144	454779
西藏	Tibet									
陕西	Shaanxi	92560	188977	179485	301710	438300	698074	1024140	2153664	3348153
甘肃	Gansu	26413	172736	214534	262107	297560	356287	430845	526386	730619
青海	Qinghai		11812	24665	53017	77033	84967	114051	168443	192989
宁夏	Ningxia	6402	14131	5349	6641	8898	8982	9972	39447	29135
新疆	Xinjiang	66168	80029	76084	71724	73963	12078	45188	43783	53853
港澳台	Hongkong, Macao & Taiwan			15557	24308	49309	124063	126750	249756	353197
国外	Abroad			732342	1044979	1373366	1660227	2645234	2747738	5606534

7-34 技术市场技术流向地域(合同数)

Contract Inflows to Domestic Technical Markets by Region

单位：项 (item)

地 区	Region	2000	2005	2006	2007	2008	2009	2010	2011	2012
全 国	**National Total**	**241008**	**265010**	**205845**	**220868**	**226343**	**213752**	**229601**	**256428**	**282242**
东部地区	Eastern Region	151815	173205	134370	139293	140503	131410	141227	157529	173601
中部地区	Middle Region	41206	42698	25185	28209	28491	26975	27844	31362	35249
西部地区	Western Region	23905	26203	24072	28046	28978	28971	34011	40509	47414
东北地区	Northeast Region	23279	19647	17549	18550	20766	18839	19044	20758	20605
北 京	Beijing	16998	24206	30782	31728	32583	32341	33370	36021	43513
天 津	Tianjin	6297	8719	8105	6811	7285	7246	7291	8750	9084
河 北	Hebei	5230	5719	5495	5222	5683	5420	5664	5871	6071
山 西	Shanxi	1693	2112	2220	2208	2493	2372	2627	3222	3225
内 蒙 古	Inner Mongolia	3907	2426	2317	2240	2565	2398	2901	3399	3428
辽 宁	Liaoning	9631	12677	10927	12462	14242	12576	12691	14573	13769
吉 林	Jilin	5257	3655	3946	3595	3859	3419	3529	3200	3226
黑 龙 江	Heilongjiang	8391	3315	2676	2493	2665	2844	2824	2985	3610
上 海	Shanghai	21036	28606	24998	24740	25735	24180	24162	27158	27857
江 苏	Jiangsu	25957	22675	12696	16024	15556	14771	19463	23772	27594
浙 江	Zhejiang	29197	23639	19853	18770	19765	15204	15313	16220	16726
安 徽	Anhui	3276	5299	5226	5052	6078	6389	5318	6073	7393
福 建	Fujian	6532	7729	6566	5893	6087	5454	5305	5379	6356
江 西	Jiangxi	5772	4014	3025	3367	2774	2648	2774	2716	2916
山 东	Shandong	30909	34362	8136	9513	9237	9551	9993	11391	13216
河 南	Henan	5312	5382	4439	5009	5560	5070	5410	6298	5680
湖 北	Hubei	6166	8419	4898	6609	6256	5415	6591	7289	9616
湖 南	Hunan	18987	17472	5377	5964	5330	5081	5124	5764	6419
广 东	Guangdong	9277	16930	17142	19979	17995	16595	19910	21845	22213
广 西	Guangxi	1566	1382	1118	1196	1327	1192	1351	1784	1979
海 南	Hainan	382	620	597	613	577	648	756	1122	971
重 庆	Chongqing	1639	2416	2229	2815	1930	2205	2310	2854	2988
四 川	Sichuan	4330	5483	4940	5784	6665	7226	8331	9281	10631
贵 州	Guizhou	806	1294	1067	1313	1627	2028	1849	2131	2306
云 南	Yunnan	2754	3493	2204	2099	2219	2366	2824	3043	3907
西 藏	Tibet	41	87	126	108	173	236	211	269	271
陕 西	Shaanxi	2582	3427	3679	4533	4630	5293	6775	8370	12448
甘 肃	Gansu	3590	2106	2368	2193	2534	2707	2462	4032	3362
青 海	Qinghai	280	606	594	765	762	813	882	1140	1367
宁 夏	Ningxia	488	603	674	797	786	854	1012	1200	1313
新 疆	Xinjiang	1922	2880	2756	4203	3760	1653	3103	3006	3414
港 澳 台	Hongkong, Macao & Taiwan	203	383	695	712	1015	977	1106	1179	1084
其 它	Others	600	2874	3974	6058	6590	6580	6369	5091	4289

7-35 技术市场技术流向地域(合同金额)

Value of Contract Inflows to Domestic Technical Markets by Region

单位：万元 (10 000 yuan)

地　区	Region	2000	2005	2006	2007	2008	2009	2010	2011	2012
全　国	**National Total**	**6507519**	**15513694**	**18181813**	**22265261**	**26652288**	**30390024**	**39065753**	**47635589**	**64370683**
东部地区	Eastern Region	4000110	9042086	10163888	11749888	13565353	15488372	19282530	22183631	34348252
中部地区	Middle Region	790834	1661532	1826837	2155842	2430125	2693098	3534114	3498201	5649679
西部地区	Western Region	898411	1912047	2386566	2497525	3357871	3426466	4799891	5477800	11135307
东北地区	Northeast Region	560979	1144779	906473	1077787	1937263	1638186	2816954	4948851	5177322
北　京	Beijing	1031906	2468704	3800294	3414186	3951167	4824978	4979527	6793373	9743475
天　津	Tianjin	231158	381307	462407	662662	876416	1381934	1038486	1739671	2047915
河　北	Hebei	163950	301803	425110	855847	801095	490164	1291728	690142	1152465
山　西	Shanxi	49350	215430	315866	460273	546856	601473	509161	707459	1112606
内蒙古	Inner Mongolia	79600	301516	296279	342845	910604	655260	862605	721485	2176971
辽　宁	Liaoning	326885	855864	572430	681914	1434258	977954	1840608	3966798	3978888
吉　林	Jilin	78926	134995	169763	171439	288587	271104	413970	337303	462966
黑龙江	Heilongjiang	155168	153920	164280	224434	214417	389128	562376	644749	735468
上　海	Shanghai	633736	1746358	2206069	2793779	3086825	2727538	3291200	3403479	4085673
江　苏	Jiangsu	411821	849194	694186	974909	1036150	1105730	3277882	3754843	5149287
浙　江	Zhejiang	303584	589430	605586	681058	736267	806561	1064031	953168	2933985
安　徽	Anhui	66604	204344	196148	287299	358785	525582	516323	496209	858507
福　建	Fujian	193767	250239	221723	304796	322565	555523	442214	590676	1897947
江　西	Jiangxi	66104	132315	108484	255224	133240	240457	315103	420569	575279
山　东	Shandong	345610	1143692	499470	863275	844896	1034863	1269040	1877483	1825538
河　南	Henan	190434	358430	383382	369616	445256	366858	440535	622590	620636
湖　北	Hubei	190942	393847	458187	503683	530303	618523	1370448	863390	1914445
湖　南	Hunan	227400	357167	364770	279746	415685	340204	382544	387986	568206
广　东	Guangdong	669783	1217999	1146341	1124658	1759485	2476809	2435401	2249581	4215379
广　西	Guangxi	38736	116309	176237	98048	121540	107819	148141	185302	329823
海　南	Hainan	14795	93360	102701	74717	150486	84272	193023	131215	1296589
重　庆	Chongqing	164500	322759	454611	274851	261018	310811	884903	842699	2264447
四　川	Sichuan	128590	231663	338133	394221	579322	602196	723340	809442	1406276
贵　州	Guizhou	16522	53871	61389	145966	152744	283737	218775	319684	445839
云　南	Yunnan	228497	294254	295978	306882	223981	268621	377203	346495	805864
西　藏	Tibet	2994	7989	15279	15701	13218	19295	32390	32012	37319
陕　西	Shaanxi	84188	189469	286874	324701	362321	469572	597518	1005119	1725711
甘　肃	Gansu	54557	173761	186482	247342	288985	228703	307727	394750	590801
青　海	Qinghai	7628	29174	49162	77657	114843	233476	245232	283464	436531
宁　夏	Ningxia	9752	35262	35994	69383	78513	65651	126095	166053	314191
新　疆	Xinjiang	82847	156021	190148	199928	250781	181325	275961	371294	601534
港澳台	Hongkong, Macao & Taiwan	47241	142287	267900	332406	344019	389146	319517	338794	621777
其　它	Others	209944	1610964	2630150	4451813	5017657	6754756	8312746	11188312	7438346

7-36 按合同类别分技术市场技术流向地域(合同数)(2012年)
Contract Inflows to Domestic Technical Markets by Region (2012)

单位：项 (item)

地 区	Region	合 计 Total	技术开发 Technology Development	技术转让 Technology Transfer	技术咨询 Technology Consultation	技术服务 Technology Service
全 国	**National Total**	**282242**	**150178**	**11858**	**32582**	**87624**
东部地区	Eastern Region	173601	96056	6700	18722	52123
中部地区	Middle Region	35249	17212	2067	4188	11782
西部地区	Western Region	47414	23631	1691	5094	16998
东北地区	Northeast Region	20605	8985	1009	4535	6076
北 京	Beijing	43513	24370	767	2446	15930
天 津	Tianjin	9084	4230	216	1064	3574
河 北	Hebei	6071	3180	414	399	2078
山 西	Shanxi	3225	1669	324	220	1012
内蒙古	Inner Mongolia	3428	1232	180	816	1200
辽 宁	Liaoning	13769	5682	604	3706	3777
吉 林	Jilin	3226	1675	129	373	1049
黑龙江	Heilongjiang	3610	1628	276	456	1250
上 海	Shanghai	27857	11408	870	2959	12620
江 苏	Jiangsu	27594	14994	1953	6490	4157
浙 江	Zhejiang	16726	10628	514	1979	3605
安 徽	Anhui	7393	3870	346	1038	2139
福 建	Fujian	6356	3614	254	1103	1385
江 西	Jiangxi	2916	1429	268	438	781
山 东	Shandong	13216	7803	913	838	3662
河 南	Henan	5680	2604	430	612	2034
湖 北	Hubei	9616	5143	439	1315	2719
湖 南	Hunan	6419	2497	260	565	3097
广 东	Guangdong	22213	15276	744	1366	4827
广 西	Guangxi	1979	1027	98	183	671
海 南	Hainan	971	553	55	78	285
重 庆	Chongqing	2988	1622	190	333	843
四 川	Sichuan	10631	6067	389	852	3323
贵 州	Guizhou	2306	1428	57	269	552
云 南	Yunnan	3907	2632	117	246	912
西 藏	Tibet	271	148	8	29	86
陕 西	Shaanxi	12448	6098	275	773	5302
甘 肃	Gansu	3362	937	106	585	1734
青 海	Qinghai	1367	444	109	225	589
宁 夏	Ningxia	1313	819	37	129	328
新 疆	Xinjiang	3414	1177	125	654	1458
港澳台	Hongkong, Macao & Taiwan	1084	786	148	9	141
其 它	Others	4289	3508	243	34	504

7-37 按合同类别分技术市场技术流向地域(合同金额)(2012年)

Value of Contract Inflows to Domestic Technical Markets by Region (2012)

单位: 万元 (10 000 yuan)

地区	Region	合计 Total	技术开发 Technology Development	技术转让 Technology Transfer	技术咨询 Technology Consultation	技术服务 Technology Service
全国	**National Total**	**64370683**	**26359452**	**10208414**	**1502163**	**26300654**
东部地区	Eastern Region	34348252	13211733	6374542	764286	13997691
中部地区	Middle Region	5649679	2074604	819941	165545	2589589
西部地区	Western Region	11135307	4175184	1195981	311386	5452756
东北地区	Northeast Region	5177322	1513816	1407277	250561	2005668
北京	Beijing	9743475	4168675	919515	155893	4499392
天津	Tianjin	2047915	486853	277480	214538	1069043
河北	Hebei	1152465	387479	168069	34787	562130
山西	Shanxi	1112606	293012	69673	28315	721604
内蒙古	Inner Mongolia	2176971	1089782	365649	41546	679993
辽宁	Liaoning	3978888	858815	1198016	222023	1700034
吉林	Jilin	462966	242950	30487	14377	175153
黑龙江	Heilongjiang	735468	412051	178775	14160	130482
上海	Shanghai	4085673	1600727	1926298	45331	513316
江苏	Jiangsu	5149287	2657916	1697773	113020	680579
浙江	Zhejiang	2933985	811904	183362	44562	1894157
安徽	Anhui	858507	324187	137870	30462	365988
福建	Fujian	1897947	335792	222852	27850	1311452
江西	Jiangxi	575279	316446	93113	11190	154529
山东	Shandong	1825538	988989	265607	55902	515040
河南	Henan	620636	302787	32970	33534	251344
湖北	Hubei	1914445	622362	441135	38882	812065
湖南	Hunan	568206	215808	45179	23161	284057
广东	Guangdong	4215379	1713523	675435	67080	1759341
广西	Guangxi	329823	150935	16476	20587	141824
海南	Hainan	1296589	59874	38151	5323	1193241
重庆	Chongqing	2264447	237507	121499	20760	1884680
四川	Sichuan	1406276	592366	204876	36805	572229
贵州	Guizhou	445839	125401	34850	12836	272753
云南	Yunnan	805864	549816	17085	13881	225082
西藏	Tibet	37319	19502	2668	2235	12914
陕西	Shaanxi	1725711	719580	170823	71781	763526
甘肃	Gansu	590801	196671	23824	30604	339701
青海	Qinghai	436531	226603	41847	11666	156414
宁夏	Ningxia	314191	77029	122736	14768	99658
新疆	Xinjiang	601534	189991	73646	33915	303982
港澳台	Hongkong, Macao & Taiwan	621777	450781	132869	393	37734
其它	Others	7438346	4933335	277803	9993	2217215

7-38 按地区分的国外技术引进合同(2012年)
Foreign Technology Contracts Imported by Region(2012)

地　区	Region	合同数(项) Number of Contracts (item)	合同金额(万美元) Value of Contracts (USD 10 000)	技术费 for Technology
全　国	**National Total**	**12988**	**4427370**	**4169095**
东部地区	Eastern Region	9639	3023155	2897902
中部地区	Middle Region	734	203813	134610
西部地区	Western Region	1103	1022125	962523
东北地区	Northeast Region	1512	178277	174060
北　京	Beijing	1343	328752	300529
天　津	Tianjin	512	241714	215965
河　北	Hebei	62	14246	14246
山　西	Shanxi	17	10100	5750
内蒙古	Inner Mongolia	19	13573	13473
辽　宁	Liaoning	434	56858	55466
大连市	Dalian	424	33084	33064
吉　林	Jilin	627	75337	75336
黑龙江	Heilongjiang	27	12998	10193
上　海	Shanghai	3081	490685	443065
江　苏	Jiangsu	1127	971292	970044
浙　江	Zhejiang	610	68991	68833
宁　波	Ningbo	418	20766	16775
安　徽	Anhui	272	36900	30720
福　建	Fujian	117	36652	23260
厦　门	Xiamen	128	49827	49697
江　西	Jiangxi	133	6721	6700
山　东	Shandong	142	43799	41404
青　岛	Qindao	798	36139	36139
河　南	Henan	70	21449	10477
湖　北	Hubei	173	105579	71771
湖　南	Hunan	69	23063	9191
广　东	Guangdong	198	303675	301729
广州市	Guangzhou	205	141638	141533
深圳市	Shenzhen	760	248405	248110
珠海市	Zhuhai	46	16925	16925
汕头市	Shantou	27	3042	3042
广　西	Guangxi	102	15069	7293
海　南	Hainan	65	6606	6606
重　庆	Chongqing	326	823295	808985
四　川	Sichuan	475	76387	50202
贵　州	Guizhou	9	4300	1714
云　南	Yunnan	63	5236	5195
西　藏	Tibet			
陕　西	Shaanxi	38	14155	14155
甘　肃	Gansu	8	2840	2448
青　海	Qinghai	4	291	291
宁　夏	Ningxia	26	14247	6735
新　疆	Xinjiang	31	52664	51965
新疆建设兵团	The Xinjiang Production and Construction Corps	2	66	66

注：国外技术引进合同有一部分无法按地区分类，所以分地区之和不等于全国总计。
Note: Some foreign technology contracts imported can't be classified by region, so the subtotal of all regions is not equal to the national total.

7-39 按行业分的国外技术引进合同(2012年)
Technology Contracts Imported by Industry (2012)

行 业	Industry	合同数 (项) Number of Contracts (item)	合同金额 (万美元) Value of Contracts (USD 10 000)	技术费 for Technology
总 计	**Total**	**12988**	**4427370**	**4169095**
农、林、牧、渔业	Farming, Forestry, Animal Husbandry and Fishery	82	11007	10928
采矿业	Mining and Quarrying	185	40640	29591
制造业	Manufacturing	8195	3727996	3535366
电力、煤气及水的生产和供应业	Production and Supply of Electricity, Gas and Water	119	115709	77122
建筑业	Construction	231	23986	23035
交通运输、仓储及邮电通信业	Transport, Storage, Post and Telecommunications	93	34133	31363
信息传输、计算机服务和软件业	Information Transfer, Computer Services and Software	617	181153	180996
批发和零售业	Wholesale and Retail Trade	288	18377	18375
住宿和餐饮业	Accommodation and Restaurants	103	20664	20664
金融业	Finance	66	16305	16305
房地产业	Real Estate	1601	107677	107466
租赁和商务服务业	Tenancy and Business Services	231	16111	16102
科学研究、技术服务和地质	Scientific Research, Technical Service	456	43923	43529
勘查业	and Geologic Perambulation	3	11	11
水利、环境和公共设施管理业	Management of Water Conservancy, Environment and Public Establishment	20	6667	1533
居民服务和其他服务业	Resident Services and Other Services	518	36333	35711
教育	Education	7	75	75
卫生、社会保障和社会福利业	Sanitation, Social Security and Welfare	8	1053	1053
文化、体育和娱乐业	Culture, Sports and Entertainment	28	4328	4328
公共管理与社会组织	Public Management and Social Organization	1	5	5

7-40 国外技术引进合同按引进方式分(2012年)

Technology Contracts Imported by Type of Import (2012)

项　目	Item	合同数 (项) Number of Contracts (item)	合同金额 (万美元) Value of Contracts (USD 10 000)	技术费 for Technology
总　计	**Total**	**12988**	**4427370**	**4169095**
专利技术的许可或转让（包括专利申请权的转让）	Patent Technology License and Transfer	618	677786	667989
专有技术的许可或转让	Technology License and Transfer	2753	1610356	1583187
技术咨询、技术服务	Technology Consultation and Service	8264	1426071	1329127
计算机软件的进口	Import of Computer Software	658	269335	268689
商标许可	Trade Mark License	120	54552	54552
合资生产、合作生产等	Joint-venture Production and Cooperative Production	181	136557	136556
为实施以上内容而进口的成套设备、关键设备、生产线等	Comolete Set of Equipment, Key Equipment and Production Line	126	147058	24386
其它方式的技术进口	Others	268	105655	104609

7-41 按引进国别或地区分的国外技术引进合同(2012年)

Technology Contracts Imported by Country or Area (2012)

国别或地区	Country or Area	合同数(项) Number of Contracts (item)	合同金额(万美元) Value of Contracts (USD 10 000)	技术费 for Technology
总　计	**Total**	**12988**	**4427370**	**4169095**
中国澳门	Macao, China	3	217	217
阿拉伯联合酋长国	UAE	8	4854	4854
塞浦路斯	Cyprus		22	22
韩国	South Korea	835	366912	365804
泰国	Thailand	58	5060	5060
文莱	Brunei	4	216	216
印度尼西亚	Indonesia	8	78	78
中国台湾	Taiwan, China	456	496723	495694
马来西亚	Malaysia	37	7391	1184
越南	Vietnam	4	23	23
以色列	Israel	42	26088	3026
日本	Japan	2834	1093669	1042872
新加坡	Singapore	322	31234	31128
土耳其	Turkey	6	1220	1220
伊朗	Iran			
中国香港	Hongkong, China	1345	141949	140179
柬埔寨	Cambodia			
沙特阿拉伯	Saudi Arabia	2	22222	22222
巴基斯坦	Pakistan	2	230	230
印度	India	88	3206	3206
埃及	Egypt	1	44	44
南非	South Africa	7	42	42
毛里求斯	Mauritius	1	293	293
塞舌尔	Seychelles	4	129	129
匈牙利	Hungary	2	1115	1115
英国	United Kingdom	427	76473	76348
俄罗斯	Russia	43	13885	11085
卢森堡	Luxemburg	16	12673	12673
捷克共和国	Czech Republic	31	16750	15740
荷兰	Netherlands	189	53938	53082
老挝	Laos	3	765	765
菲律宾	Philippines	3	173	173
黎巴嫩	Lebanon	1	3	3
蒙古	Mongolia	2	7	7
突尼斯	Tunisia	1	1	1
阿尔巴尼亚	Albania	1	4	4
摩尔多瓦	Moldova	1	2	2
斯洛文尼亚共和国	The Republic of Slovenia	4	140	140
哈萨克	Kazakhstan	1	10	10
克罗地亚共和国	Republika Hrvatska	2	18	18
保加利亚	Bulgaria	2	26	26
斯洛伐克共和国	The Republic of Slovakia	1	164	164
白俄罗斯	Belarus	1	3	3
乌拉圭	Uruguay	1	46	46
巴哈马	Bahamas	4	370	370
巴巴多斯	Barbados	4	2111	2111
委内瑞拉	Venezuela	3	135	135
墨西哥	Mexico	1	600	600
古巴	Cuba	1	300	300

7-41 续表 continued

国别或地区	Country or Area	合同数(项) Number of Contracts (item)	合同金额(万美元) Value of Contracts (USD 10 000)	技术费 for Technology
瑞士	Switzerland	161	62118	54560
法国	France	336	89633	69940
德国	Germany	1676	460712	370929
意大利	Italy	304	238998	228325
丹麦	Danmark	68	24158	22201
瑞典	Sweden	127	124810	122687
比利时	Belgium	62	17995	13342
葡萄牙	Portugal	3	435	435
波兰	Poland	8	487	487
西班牙	Spain	58	11389	10159
乌克兰	Ukraine	15	759	754
罗马尼亚	Romania	5	1889	135
爱尔兰	Ireland	96	11849	11849
奥地利	Austria	125	47570	29226
芬兰	Finland	51	48428	48299
挪威	Norway	36	12393	12393
列支敦士登	Liechtenstein	11	1165	1165
英属维尔京	British Virgin	77	22267	22267
开曼群岛	Cayman Islands	101	13045	13045
伯利兹	Belize	3	659	659
阿根廷	Argentina	4	448	448
智利	Chile	2	33	33
巴西	Brazil	7	669	669
巴拿马	Panama			
加拿大	Canada	266	23741	20785
百慕大	Bermuda	2	600	600
美国	United States	2366	814409	806613
澳大利亚	Australia	169	13045	12295
萨摩亚	Samoa	26	1730	1730
新西兰	New Zealand	11	398	398

八、科技服务

Scientific and Technologic Services

8-1 全国非油气地质勘查分地区情况(2012年)
Basic Statistics on Geological Work by Region (2012)

地区	Region	年末从业人员(人) Year-end Employed Persons (person)	#技术人员 Technical Personnel	地质勘查工作费用(万元) Expenditure on Geological Work (10 000 yuan)
全　国	**National Total**	**248147**	**166941**	**4141043**
北　京	Beijing	9408	7903	10345
天　津	Tianjin	2044	1592	3295
河　北	Hebei	19611	11539	162250
山　西	Shanxi	8646	6391	139200
内蒙古	Inner Mongolia	9890	4686	461264
辽　宁	Liaoning	9896	6975	63838
吉　林	Jilin	7940	4856	73474
黑龙江	Heilongjiang	12147	6395	113159
上　海	Shanghai	1875	1035	
江　苏	Jiangsu	6503	4713	19269
浙　江	Zhejiang	2784	2249	26147
安　徽	Anhui	10983	6498	145573
福　建	Fujian	5474	3926	57356
江　西	Jiangxi	11577	8123	106057
山　东	Shandong	13666	7802	136093
河　南	Henan	16503	11424	178204
湖　北	Hubei	7618	5641	40975
湖　南	Hunan	10658	7716	84850
广　东	Guangdong	8469	6911	37937
广　西	Guangxi	6724	4480	76880
海　南	Hainan	1449	1319	30605
重　庆	Chongqing	3734	2603	28013
四　川	Sichuan	16533	10448	136939
贵　州	Guizhou	4675	3844	143515
云　南	Yunnan	6640	5099	205054
西　藏	Tibet	963	757	52317
陕　西	Shaanxi	13122	8911	206898
甘　肃	Gansu	5732	3888	342827
青　海	Qinghai	3772	2696	293454
宁　夏	Ningxia	1840	1332	27424
新　疆	Xinjiang	7271	5189	638560
其　他	Others			99271

注：1.统计范围为具有地质勘查资质的中央管理的地勘单位、属地化管理的地勘单位(包含各局级地勘单位局机关)和其他地勘单位(含拥有地质勘查资质的矿业公司、科研院所、高等院校、勘查公司和勘查技术服务公司)。

2.2012年地质勘查工作费用不包括石油、天然气、煤层气和页岩气等方面的支出，从业人员不包括各油气公司的从业人员。

Note: a) The statistical range is central geological prospecting units with geological survey qualifications, geological prospecting units of territorial management and other geological prospecting units.

b) The expenditure of geological work exclude expenditure the costs of oil, natural gas, coalbed methane and shale gas, and year-end employed persons exclude employees of all oil and gas companies.

8-2 全国气象部门基本情况
Basic Statistics on Meteorological Units

项 目	Item	2000	2005	2006	2007	2008	2009	2010	2011	2012
一、气象观测业务台站(个)	**Operating Station (Unit)**									
1. 地面观测	Surface Observation Stations	2819	2405	2418	2431	2438	2416	2418	2419	2423
2. 高空探测	Upper-air Observation Stations	156	120	122	123	121	118	120	120	120
3. 自动气象站	Automatic Weather Stations	550	7813	16775	23130	28235	31553	30693	33259	45926
4. 天气雷达观测	Weather Radar Observation Stations	238	253	252	304	313	330	342	259	230
5. 大气成分观测	Atmospheric Composition Observation Stations		21	73	31	35	35	28	28	28
6. 太阳辐射观测	Solar Radiation Observation Stations	99	105	110	103	142	157	100	100	100
7. 农业气象观测	Agro-Meteorological Observation Stations	1125	769	771	739	635	653	653	653	653
8. 生态与农业气象观测试验	Ecological & Agro-Meteorological Observation Stations	68	67	68	69	67	68	68	68	68
9. 卫星云图接收	Satellite Cloud Images Receiving Stations	319	435	384	496	621	311	361	363	363
10.大气本底站	Atmospheric Background Stations	4	6	7	7	7	7	7	7	7
11.闪电定位监测	Lightning Location Monitoring Stations		234	292	354	387	417	425	319	334
12.沙尘暴监测	Sand and Dust Storm Monitoring		85	86	31	194	182	29	29	29
13.紫外线观测	UV Observation		178	178	174	203	149	164	160	153
14.酸雨观测	Acid Rain Observation	82	299	513	334	330	337	342	342	365
15.臭氧观测	Ozone Observation	3	14	18	4	20	17	22	36	36
16.海洋气象台站	Ocean Meteorological Stations	140	125	100	105	102	102	109	90	95
二、气象科学数据共享服务数据量(GB)	**Quantity of Meteorological Data (GB)**		**2089**	**218784**	**112506**	**51985**	**245740**	**358319**	**398134**	**440988**
三、装备	**Equipment**									
1. 拥有计算机数(台)	Number of Computers (unit)	27724	50683	57007	63350	72137	79349	90040	98101	108370
高性能计算机	High-powered Computers		62	53	65	61	72	106	108	143
服务器及工作站(套)	Servers and Workstations (set)		768	941	1046	1196	1751	2428	3124	4249
PC服务器	PC Servers		1903	2142	2629	3021	3776	4762	5339	6728
PC机(含PC工作站)	Personal Computers		47950	53871	59610	67859	73750	82744	89530	97250
2. 云图接收机数(台)	Number of Cloud Images Receiving Stations (unit)	354	506	423	438	453	407	421	453	453
3. 电视会商系统设备(套)	TV Conference Facilities (set)		729	877	1041	1296	1805	1895	2071	2208
4. 人工影响天气作业	Facilities for Conducting Weather Modification Operations									
设备高炮(门)	Cloud Seeding Guns (unit)		6393	6800	6969	6311	6973	6902	6636	6654
火箭发射系统(部)	Cloud Seeding Rocket Launchers (unit)		4129	4936	5039	4862	6355	7034	7109	7213
四、人员(人)	**Number of Personnel (Person)**									
全国气象部门职工总数	Total Staff and Workers	59113	53214	53137	53321	53265	53180	53606	53665	53956

注：从2006年开始气象科学数据共享服务数据量是全国气象部门利用网络向社会提供气象资料的数据量，2005年及以前是国家气象信息中心气象科学数据共享服务网的数据量。

Note: Data from the year 2006 are provided by national meteorological units using network and data before 2006 are provided by data sharing serrice network of national meteorological information center.

8-3 地震台、网基本情况(2011年)
Statistics of Earthquake Monitoring Stations and Networks (2011)

单位: 个 (unit)

地　区	Region	国家地震观测台、网 National Seismic Observation Stations, Networks			国家地震遥测台、网 National Seismic Telemetric Stations, Networks		市、县地震台 Municipality/County-level Seismic Stations		
		国家级台 Number of National Stations	省级台 Number of Provincial Stations	强震观测点 Number of Strong Motion Observation Spots	台　网 Number of Seismic Networks	子　台 Sub-seismic Stations	市、县级台 Municipality/ County-level Seismic Stations	企业台 Number of Enterprise Stations	宏观观测点 Macro-Observation Spots
全　国	**National Total**	**187**	**211**	**2209**	**135**	**977**	**1033**	**186**	**37518**
北　京	Beijing	10	2	243	3	27	86	1	242
天　津	Tianjin	5	5	110	1	33			1769
河　北	Hebei	8	21	65	4	53	45	12	2755
山　西	Shanxi	6	4	40	6	37	64	25	6044
内蒙古	Inner Mongolia	6	17	32	1	39	35		540
辽　宁	Liaoning	7	11	70	3	37	28	5	936
吉　林	Jilin	5	6	10	2	37	21		386
黑龙江	Heilongjiang	9	2	106	7	35	49	1	4515
上　海	Shanghai	2		63	1	33	7		10
江　苏	Jiangsu	9	6	85	12	15	78	2	1211
浙　江	Zhejiang	5	1	16	4	24	32		24
安　徽	Anhui	3	9	13	4	10	15	1	645
福　建	Fujian	4	10	40	6	33	28	8	339
江　西	Jiangxi	2	4	6	1	24			475
山　东	Shandong	6	20	146	16	66	41	7	3436
河　南	Henan	3	7	20	12	9	31	4	879
湖　北	Hubei	5	8	2	2	13	27		157
湖　南	Hunan	4	3	2	1	21	25	2	236
广　东	Guangdong	6	7	112	8	51	32	5	148
广　西	Guangxi	1	7	21	6	22	34	3	895
海　南	Hainan	2	4	14	1	25	14		2715
重　庆	Chongqing	1			1	23	24		17
四　川	Sichuan	12	13	219	12	60	78	36	2505
贵　州	Guizhou								
云　南	Yunnan	16	15	315	5	55	110	33	1659
西　藏	Tibet	10	1	2	1	19			
陕　西	Shaanxi	6	9	30	3	30	34	9	3831
甘　肃	Gansu	9	10	166	5	44	44	10	267
青　海	Qinghai	5	2	40	3	30	10	20	87
宁　夏	Ningxia	4	3	51	1	13	11		266
新　疆	Xinjiang	16	4	170	3	59	30	2	529

8-4 海洋观测预报单位机构、人员情况

Institutions and Personnel in Ocean Observation and Forecasting

项 目 Item	中心站 Central Station	观测站 Observing Station	监测监视中心 Monitoring Center	预报区台 Forecast Station	预报中心 Forecast Center
一、机构数（个） Institutions (unit)					
1994	7	56	4	3	1
1995	9	57	4	3	1
1996	10	56	4	3	1
1997	10	60	4	3	1
1998	10	56	4	3	1
1999	12	60	4	3	1
2000	12	60	4	3	1
2001	12	60	4	3	1
2002	12	63	4	3	1
2003	12	63	4	3	1
2004	12	63	4	3	1
2005	12	63	4	3	1
2006	12	63	4	3	1
2007	12	63	4	3	1
2008	12	67	4	3	1
2009	14	73	4	3	1
2010	14	73	4	3	1
2011	15	73	4	3	1
2012	16	74	4	3	1
二、人员数（人） Personnel (person)					
1994	267	558	819	292	360
1995	348	580	697	300	358
1996	379	557	690	289	360
1997	531	592	624	574	358
1998	395	525	777	304	313
1999	362	468	809	352	269
2000	362	468	809	352	269
2001	362	468	809	352	269
2002	530	427	739	421	313
2003	530	427	739	421	313
2004	530	427	739	421	313
2005	530	427	739	421	313
2006	696	469	601	342	313
2007	696	469	601	342	315
2008	696	523	601	342	315
2009	948	444	659	299	302
2010	932	446	659	289	298
2011	968	431	655	286	302
2012	978	436	679	285	289

8-5 海洋监测调查情况(2012年)

Basic Statistics on Ocean Observation (2012)

项目 Item	合计 Total	船舶监测 Shipping Monitoring	台站监测 Station Observation	浮标监测 Buoy Monitoring
站点(个) Stations(unit)	8889	8794	88	7
数据(万组) Data(10000 groups)	168.8	32.8	131.6	4.4

8-6 国家标准、
Basic Statistics on National

项　目	Item	1994	1995	1996	1997	1998	1999
本年度制、修订 标准合计(个)	**Number of Standards on Formulation and Redaction (unit)**	**1304**	**1319**	**1387**	**1162**	**990**	**900**
制　定	Formulation	883	899	818	658	587	477
修　订	Redaction	421	420	569	504	403	423
国标标准采用程度合计(个)	**Number of International Standards Used on Diffirent Levels (unit)**	**438**	**505**	**560**	**688**	**600**	**526**
等　同	Same	59	96	203	281	249	194
修　改	Modified	140	185	186	267	235	194
非等效	Non-equivalent	239	224	171	140	116	138
计量基准、标准建立情况	**Establsihed on Standards and Measurement**						
类　别	Categories	10	10	10	10	10	10
项　别	Items	87	86	83	87	88	133
种　别	Sorts	147	147	143	141	140	190
计量仪器检定按类别分(台、件)	**Measuring Instrument Examined on Diffirent Category (set)**						
合　计	**Total**	**25735737**	**26344211**	**27611905**	**29374465**	**27597670**	**31004284**
长　度	Length	2419281	2441130	2584605	2358173	2086995	2283278
温　度	Temperature	630550	534085	670683	689446	669758	745406
力　学	Mechanics	18638860	8845119	19252999	20153072	17955936	18393406
#衡　器	Weighing Apparatus	10728650	10442331	10229244	9751864	8971949	9470396
电　磁	Electromagnetism	3373039	3688655	4012280	4997291	5231026	7569615
光　学	Optics	117165	113448	157343	173046	254095	322881
声　学	Acoustics	11518	15262	19272	24641	25778	32937
化　学	Chemistry	168165	151530	228704	221255	210298	224892
放射性	Radioactivity	12637	18485	32522	28914	40257	43377
无线电	Radio	70586	94819	86536	97672	107467	156113
时间频率	Time Frequency	45841	32525	77136	84747	145744	252201
其　他	Others	248095	409153	489825	546208	870316	980178

8-7 地方标准、质量
Basic Statistics on Local

项　目	Item	1994	1995	1996	1997	1998	1999
本年末标准累计(个)	Number of Standards (unit)	11473	8553	10216	10793	10965	12156
本年度制、修订标准合计(个)	Number of Standards for Formulation or Redaction (unit)	1030	985	801	738	678	1151
制　定	Formulation	1017	930	787	637	644	1021
修　订	Redaction	13	55	14	101	34	130
产品质量监督检验企业数(家)	Number of Enterprises Supervised and Checked for Product Quality (unit)	265975	260490	301839	422153	395015	401089
检验批次数(批次)	Inspection Batch-time (batch-time)	439125	435900	476885	633563	508191	501121
批次合格率(%)	Rate of Batch-time Qualified (%)	77.38	77.00	78.00	80.00	79.40	79.92

计量基本情况
Standards and Measurement

2000	2001	2002	2003	2004	2005	2006	2007	2008	2009	2010	2011	2012
1087	**1045**	**1049**	**1653**	**893**	**1320**	**1909**	**1410**	**6373**	**3158**	**2860**	**1993**	**1986**
605	497	514	734	458	690	1080	745	2714	2102	2123	1559	1375
482	548	535	919	435	630	829	665	3659	1056	737	434	611
538	**492**	**608**	**661**	**365**	**711**	**955**	**651**				**622**	**605**
230	213	222	361	151	417	518	360				265	301
220	167	269	192	147	220	327	200				263	242
88	112	117	108	67	74	110	91				94	62
10	10	10	10	10	10	10	10	10	10	10	10	10
133	133	133	130	130	130	130	130	130	130	130	130	130
191	190	190	177	177	177	178	178	178	178	179	180	183
40058507	**38935133**	**44993208**	**41587596**	**40006798**	**36210234**	**39050639**	**34777777**	**36954296**	**37999532**	**43437070**	**51151024**	**55001642**
2990725	3033660	3475520	3476880	2885297	2632844	2700486	3078905	3337733	3572267	3296362	3406829	3857597
5019420	1294382	1881378	1421727	1182162	1385405	1558850	1520869	1674392	1845849	2062803	5366533	5125507
20325728	20623794	23679332	21153580	19729179	18116433	20427899	18600652	19963861	20605492	22257869	26036802	29638182
8197099	8375575	8051990	7937044	6331145	6138724	5916416	5223488	5004744	5449181	5028831	5206448	6241973
8565969	10885992	11827159	11610007	13204391	10797067	10263954	6735195	6964295	6001671	9327164	10296959	9730208
336359	397073	410101	381681	418509	449592	421163	382068	410157	419131	320365	413121	420977
46625	43058	67133	52472	48714	69376	82233	96329	131987	107800	105781	152308	167696
294201	317330	484879	477352	406095	479283	515981	573885	759964	868235	879199	1038417	1108692
49763	53111	115578	65886	80627	101392	102664	157063	126900	162839	149528	185267	212194
688232	731195	813242	832157	191300	224285	283346	256213	251293	312823	343661	293743	326525
401238	407959	380299	396674	313220	475873	466726	454633	486494	406320	363550	318013	277787
1340247	1156036	1858587	1719179	1547304	1478684	2227337	2921963	2847020	3698772	4330788	3659126	4136277

监督基本情况
Standards and Measurements

2000	2001	2002	2003	2004	2005	2006	2007	2008	2009	2010	2011	2012
11464	11914	12269	12877	13166	16005	18128	20263	22396	25054	28147	32642	36307
921	722	1388	2109	2134	2679	2377	2805	2809	3110	3192	3718	3728
873	689	1255	1976	1992	2532	2198	2639	2594	2988	2993	3490	3564
48	33	133	133	142	147	179	166	215	122	199	228	164
389675	355119	351882	319492	181820	218612	188093	337613	175980	234724	202095	229912	205491
484581	445044	448718	392712	226334	295663	246007	503758	212153	275688	294678	317559	297578
81.00	81.07	83.59	86.07	83.62	84.59	81.74	86.20	86.91	87.64	88.32	91.42	92.46

8-8 各地区测绘地理信息部门生产完成情况（2012年）
Statistics on Projects Completed by Geographic Information Department of Surveying and Mapping by Region (2012)

地区	Region	大地测量 Geodesy		地理信息数据生产	地图编制 Cartography		
		GPS测量（点） Global Positioning System Survey (point)	水准测量（公里） Leveling (kilometer)	（幅） Geographic Information Data Production (unit)	地形图（幅） Topographic Map (unit)	专题地图（种） Thematic Map (category)	地图集（种） Atlas (category)
全国	**National Total**	**9192**	**130983**	**930509**	**185039**	**4025**	**482**
北京	Beijing	1878	4031	16814	788	58	8
天津	Tianjin		5309	25755			
河北	Hebei		2903	40541		12	
山西	Shanxi		2003	83632	9283	85	3
内蒙古	Inner Mongolia		1856	11368		18	1
辽宁	Liaoning	743	2780	9942	3314	88	
吉林	Jilin		790	4789		36	
黑龙江	Heilongjiang	334	13361	27645	6122	70	
上海	Shanghai			50357	30451	18	1
江苏	Jiangsu		1811	84362		8	2
浙江	Zhejiang	3916	5657	23522	4491	38	4
安徽	Anhui	1148	3300	31845	358	99	4
福建	Fujian		9412	591	302	112	3
江西	Jiangxi			26942	7	238	1
山东	Shandong	122	240	43196		155	43
河南	Henan		295	22295	4483	41	2
湖北	Hubei		1200	51781		41	2
湖南	Hunan	437	1823	49233	10120	143	6
广东	Guangdong		252	67545	47299	52	3
广西	Guangxi		896	7413	2521	56	1
海南	Hainan	175	2049	29475	1452	39	4
重庆	Chongqing		625	6664	967	174	13
四川	Sichuan	61	7350	78201	10318	61	21
贵州	Guizhou			6575	2628	12	1
云南	Yunnan		3935	8860	5118	99	1
西藏	Tibet		740		312	14	
陕西	Shaanxi		31010	29072	2858	53	5
甘肃	Gansu			14791	291	13	1
青海	Qinghai		759	9570	11789	50	2
宁夏	Ningxia			600	1360		3
新疆	Xinjiang	271	711	11400	3896	23	1
青岛	Qingdao			5172			
大连	Dalian	37	1830				
宁波	Ningbo		1075	2670		8	1
深圳	Shenzhen			1107			
厦门	Xiamen	70	1120	3302		6	
重庆测绘院	Chongqing Institute of Surveying and Mapping		2332	8113	3543		
中国地图出版集团	China Map Publishing Group				14	691	341
中国测绘科学研究院	Chinese Academy of Surveying and Mapping			35369	3304	5	4
国家基础地理信息中心	National Geomatics Center of China		19527		17650	1409	
卫星测绘应用中心	Satellite Surveying and Mapping Application Center						

8-9 各地区测绘地理信息部门资料提供情况(2012年)

Statistics on Geographic Information Department of Surveying and Mapping Materials by Region (2012)

地区	Region	地形图合计(张) Topographic Map (piece)	1:10000	1:50000	测绘基准成果(点) Surveying and Mapping Datum Product (point)	航摄成果(片) Aerial Photograph (piece)	专题地图(张) Thematic Map (piece)	地图集(册) Atlas (volume)
全国	**National Total**	**342550**	**92086**	**51180**	**260513**	**3727403**	**171252**	**18291**
北京	Beijing	13105	202		13277		58	8
天津	Tianjin	8			101			
河北	Hebei	1714	1446	213	910	21150		
山西	Shanxi	2939	2423	490	1384		27745	5445
内蒙古	Inner Mongolia	8247	2082	5127	24396	370813	1400	4320
辽宁	Liaoning	4060	3247	711	31172	8750	665	
吉林	Jilin	3789	2165	1577	7255	180403	3791	1701
黑龙江	Heilongjiang	4289	1489	2075	41998	7690		
上海	Shanghai	150142	507	34	14852	8010		
江苏	Jiangsu	1612	1199	325	1280			4
浙江	Zhejiang	1864	1126	734	1939	22141		
安徽	Anhui	5196	4792	397	4763	644052		
福建	Fujian	6256	5778	448	2448	23155	118	
江西	Jiangxi	10541	9146	1282	8992	200505		
山东	Shandong	2919	2389	346	2347	25560		
河南	Henan	1198	1052	131	543	684506	6766	1394
湖北	Hubei	1818	1678	91	1554	366100	4	
湖南	Hunan	3209	2895	281	5388	54921		
广东	Guangdong	2869	2646	223	973	59303		
广西	Guangxi	3068	2561	502	3194	20198	495	6
海南	Hainan	30			549	27640	71096	1
重庆	Chongqing	4389	3525	768	813	9625	155	755
四川	Sichuan	9477	3168	5669	4047	7197		
贵州	Guizhou	9295	7583	1452	11845	55525		
云南	Yunnan	6246	4789	891	18126	537566		
西藏	Tibet	2070	141	873	204		55943	1583
陕西	Shaanxi	10641	8186	2134	6469	21444		
甘肃	Gansu	8651	4456	3677	7348	133484	647	2
青海	Qinghai	5124	928	3613	3389	45907	388	189
宁夏	Ningxia	945	820	125	386	400		1
新疆	Xinjiang	22711	9667	10498	16156	77005	1513	2714
青岛	Qingdao	995			30			
大连	Dalian	14916						
宁波	Ningbo	8190			126			
深圳	Shenzhen	167			33			
厦门	Xiamen	661					468	168
国家基础地理信息中心	National Geomatics Center of China	9199		6493	22226	114352		

8-10 软科学基本情况

Basic Statistics on Soft Sciences

项　目	Item	1993-1994	1995-1996	1997-1998	1999-2000	2001-2002	2003-2004	2005-2006	2009-2010
软科学机构数(个)	Number of Institutes (unit)	1076	1241	1224	1323	1634	1079	1333	2408
从事科学活动人员数(人)	S&T Personnel (person)	29529	44300	36230	37347	48589	31214	35276	83768
#科学家工程师	Scientists and Engineers	22404	27898	24308	27548	35840			
#高级职称	Senior Title	9107	10841	12172	14207	19207	14615	16417	34257
中级职称	Middle Title	12452	16107	12070	13314	16514	10417	13079	32806
完成软科学课题(项)	Finished Projects (item)	6047	5761	7672	7147	9213	9133	7601	20708
正在进行的软科学课题(项)	Ongoing Projects (item)	2361	2367	3262	3020	5139	5336	2644	14334
投入软科学研究经费(万元)	Research Funds (10 000 yuan)	23600	48400	62400	58500	88649	125798	56040	417978
投入软科学研究人力(人年)	Research Personnel (man-year)	23500	22400	33700	26011	37647	39058	8169	83326
发表科学论文(篇)	Scientific Papers (piece)	34464	44230	45862	42934	64671	63313	73482	154876
#国外发表	Published abroad	2552	2154	2658	1895	2391	3984	2783	6596
获奖成果(项)	Achievements Awarded (item)	1542	1411	1976	1642	2027	1549	456	4831
开展国际合作项目(项)	International Cooperative Projects (item)	808	592	1222	995	1022	741	136	1782
参加人数(人)	Personnel Participated (person)	5602	2307	3154	3476	4753			9445
出席国际会议或出国考察(项)	Participated Int'l Conference or Field Trip abroad (item)	1242	2714	3338	3616	4370			10347
参加人数(人)	Personnel Participated (person)	3795	5736	7480	7208	10172	5139		19742

注：因未进行调查，故缺少2007-2008年数据。

Note: Due to the absence of investigation, this table lack the data of 2007-2008.

8-11 国际科技合作项目
International Cooperation Exchange for Science and Technology

单位：项 (item)

项 目	Item	1995	2005	2006	2007	2008	2009	2010	2011	2012
按出国项目分	**by Type of Project Going Abroad**									
合 计	**Total**	**18845**	**19132**	**23913**	**27509**	**34408**	**44531**	**40572**	**48965**	**53928**
考察访问	Field Trip	6133	6218	6603	7598	6977	8506	8316	8654	11395
国际会议	International Conference	5170	6565	8400	10562	14910	19102	17549	21077	23368
合作研究	Cooperative Research	3052	2341	2799	3677	5270	6346	5575	6854	7753
培 训	Training	2687	1593	1945	2094	1750	1928	2635	2771	2943
展览会	Exhibition	496	577	571	483	411	375	487	610	651
其 他	Others	1307	1838	3595	3095	5090	8274	6010	8999	7818
按来华项目分	**by Type of Project Coming to China**									
合 计	**Total**	**8940**	**15829**	**16692**	**17509**	**24897**	**26539**	**26065**	**27414**	**26735**
考察访问	Field Trip	5050	6081	7129	7683	8817	11791	10382	11113	11359
国际会议	International Conference	1212	3729	2967	4008	8007	5019	5342	4564	4076
合作研究	Cooperative Research	1522	3470	3293	3786	5044	6592	6655	7842	7547
培 训	Training	363	695	1043	552	988	1174	1425	1069	1154
展览会	Exhibition	149	447	490	127	373	116	116	100	255
其 他	Others	644	1407	1770	1353	1668	1847	2145	2726	2344

8-12 国际科技合作项目参加人数
Personnel Participated in International Cooperation Exchange for Science and Technology

单位：人次 (person-time)

项 目	Item	1995	2005	2006	2007	2008	2009	2010	2011	2012
按出国项目分	**by Type of Project Going Abroad**									
合 计	**Total**	**58883**	**54347**	**64238**	**81916**	**69125**	**103744**	**103972**	**124142**	**139701**
考察访问	Field Trip	21578	23335	27300	30160	18543	23220	24891	29111	33026
国际会议	International Conference	10937	10476	14562	20639	21848	34730	36047	39578	50561
合作研究	Cooperative Research	6873	4884	6011	8019	8053	12385	10617	12464	16429
培 训	Training	12127	7520	2300	8182	6056	7818	10151	10179	11577
展览会	Exhibition	3729	3086	3754	3342	2330	2701	3080	3467	9932
其 他	Others	3639	5046	10311	11574	12295	22890	19186	29343	18176
按来华项目分	**by Type of Project Coming to China**									
合 计	**Total**	**35098**	**70900**	**85774**	**86354**	**99955**	**130019**	**118747**	**133278**	**117221**
考察访问	Field Trip	15587	21192	26697	35891	35201	63086	52259	54247	44129
国际会议	International Conference	9101	28765	29663	31707	29507	36460	35798	43820	39622
合作研究	Cooperative Research	4029	8470	8170	7270	10583	14911	13139	18882	15751
培 训	Training	1376	2506	4219	2920	4865	4097	5857	6560	7306
展览会	Exhibition	3271	6822	10387	5707	14332	5211	3477	1979	2929
其 他	Others	1734	3145	6638	2859	5467	6254	8217	7790	7484

8-13 中国科协系统
Basic Statistics on Scientific and Technological Activities

指　标	Item	总计 Total
机构和人员	**Associations or Academic Societies and Personnel**	
机构数(个)	Number of Associations or Academic Societies(unit)	3181
从业人员(人)	Number of Persons Engaged (person)	38780
学会数(个)	Number of Academic Societies(unit)	
学会个人会员(万人)	Number of Individual Members of Academic Societies(10000 persons)	
学会从业人员(人)	Number of Persons Engaged of Academic Societies(person)	
#社会聘用人员(人)	Number of Temperany Staff for Community	
企业科协(个)	Number of Enterprises Association for Science and Technology(unit)	20968
个人会员(万人)	Number of Individual Members (10000 persons)	345
高等院校科协(个)	Number of Institutions of Higher Learning for Science and Technology(unit)	574
个人会员(万人)	Number of Individual Members (10000 persons)	41
街道科普协会(个)	Number of Street Science Association(unit)	8235
个人会员(万人)	Number of Individual Members (10000 persons)	57
乡镇科普协会(个)	Number of Science Associations in Towns (unit)	31227
个人会员(万人)	Number of Individual Members (10000 persons)	211
农技协(个)	Number of Rural Professional and Technical Associations (unit)	113068
个人会员(万人)	Number of Individual Members (10000 persons)	1468
学术交流活动	**Academic Exchange**	
学术交流活动(次)	Number of Academic Exchanges(time)	29586
参加人数(万人次)	Number of Participants(10000 person-time)	441
#企业科技工作者(万人次)	Number of Enterprise Technology Workers	86
科学技术普及活动	**S&T Popularization Activities**	
举办科普宣讲活动(次)	Number of S&T Popularization Propaganda Activity (time)	252886
宣讲活动受众人数(万人次)	Number of Participants(10000 person-time)	17210
实用技术培训人数(万人次)	Number of People Receiving Applied Technology Training(10000 person-time)	3640
推广新技术、新品种(项)	Number of New Technologies and New Products Promoted(item)	52678
参加活动科技人员(万人次)	Number of Scientific and Technical Personnel Participating in Activities(10000 person-time)	373
青少年科技教育	**Activities for Educationi in Popular S&T among Adolescent**	
举办青少年科普宣讲活动(次)	Number of S&T Popularization Propaganda Activity for Adolescent(time)	22609
受众人数(万人次)	Number of Participants(10000 person-time)	2290
举办青少年科技竞赛(次)	Number of S&T Competitions for Adolescent(time)	11097
参加人数(万人次)	Number of Participants(10000 person-time)	4048
举办青少年科学营(次)	Number of Science Camp for Adolescent(time)	1882
参加人数(万人次)	Number of Participants(10000 person-time)	34

科技活动情况(2012年)
of China Associations for Science and Technology (2012)

科协小计 Total Number of Associations	学会小计 Total Number of Academic Societies	全国学会 National Learned Societies	省级学会 Provincial Learned Societies
3181			
38780			
		181	3828
		433	644
		3219	16029
		1086	3810
20968			
345			
574			
41			
8235			
57			
31227			
211			
113068			
1468			
7021	22565	4834	17731
102	339	117	222
30	56	16	40
171354	81532	6465	75067
12784	4426	1242	3184
3212	427	174	253
41052	11626	618	11008
282	91	13	78
15341	7268	1409	5859
1953	337	146	191
10152	945	138	807
3263	785	411	374
1475	407	73	334
29	5	1	4

8-13 续表

指　标	Item	总计 Total
科技开放与交流	**Openness and Communication Technology**	
参加国外科技活动人数(人次)	Number of Participanting Foreign Scientific and Technological Activities(person-time)	16811
接待国外专家学者(人次)	Number of Reception Foreign Experts and Scholars(person-time)	19337
科技服务	**S&T Service**	
提供决策咨询报告(篇)	Number of Provided Policy Decision Consultation Report(piece)	12597
科技评价(项)	Number of Technology Evaluation(item)	6798
科普惠农兴村奖补资金(万元)	Total Popular Science Reward and Subsidized Funds for Village(10000 yuan)	48306
科普惠农兴村表彰的先进单位和个人(个／人)	Number of Praised Advanced Units and Individuals(unit/person)	12176
开展“讲、比”活动企业数(个)	Number of Carrying out "Ideal and Contribution" Competition Enterprises(unit)	29210
参与“讲、比”活动的科技人员(万人次)	Number of "Ideal and Contribution" Competition S&T Staffs (10000 person-time)	187
为科技工作者服务	**Services for the Scientific and Technological Workers**	
反映科技工作者建议(条)	Number of S&T Workers Proposals(item)	32637
走访看望(慰问)科技工作者(人次)	Number of Visiting (Condolence)S&T Workers(person-time)	54391
表彰奖励科技工作者(人次)	Number of Recognition and Award S&T Workers(person-time)	126152
#女性科技工作者(人次)	Number of Recognition and Award Female S&T Workers	36220
科技期刊与科技传播	**Scientific Journals and Science and Technology Communication**	
主办科技期刊(种)	Number of Scientific & Technological Journals(kind)	2755
总印数(万册)	Printed Copies(10000 copies)	13853
主办科技报纸(种)	Number of Scientific & Technological Newspapers(kind)	204
总印数(万份)	Printed Copies(10000 copies)	12553
编著科技图书(种)	Number of Scientific & Technological Books(kind)	3108
总印数(万册)	Printed Copies(10000 copies)	2060
主办科技网站(个)	Number of Science and Technology Sites(unit)	2182
浏览人数(万人次)	Number of Visitors(10000 person-time)	113526
科普基础设施建设	**S&T Popularization Infrastrcture Construction**	
科技馆(个)	Number of Science and Technology Museum(unit)	419
#建筑面积8000平方米以上(个)	Number of More than 8000 Square Metres Construction Areas	59
全年参观人数(万人次)	Number of Participants(10000 person-time)	3031
#少儿参观人数(万人次)	Number of Participants for Children	1908
农村科普示范基地(个)	Number of Countryside Model Bases for S&T Popularization(unit)	27652
科普画廊建筑面积(宣传栏、橱窗)(平方米)	Building Area of Popular Science Galleries(Boards、Showcase)(meters)	2067188
科普画廊展示面积(平方米)	Display Area of Popular Science Galleries(meters)	3764026
科普大篷车行驶里程(公里)	Mileage of Travelling about Science Caravans(km)	3646396

continued

科协小计 Total Number of Associations	学会小计 Total Number of Academic Societies	全国学会 National Learned Societies	省级学会 Provincial Learned Societies
2113	14698	7034	7664
3935	15402	7326	8076
8621	3976	542	3434
846	5952	2968	2984
48306			
12176			
29210			
187			
24796	7841	484	7357
35523	18868	1796	17072
72206	53946	18893	35053
21795	14425	4303	10122
587	2168	1034	1134
4629	9224	5833	3391
105	99	6	93
10482	2070	174	1896
1640	1468	350	1118
1388	672	136	536
1257	925	307	618
28785	84741	74350	10391
419			
59			
3031			
1908			
27652			
2067188			
3764026			
3646396			

8-14 各地区科学普及
Main Indicators of Science and Technology

地 区	Region	科普专职人员 Full Time S&T Popularization Personnel	科普兼职人员 Part Time S&T Popularization Personnel	科技馆数量 (个) S&T Museums (unit)	科技馆建筑面积 (万平方米) Construction Area (10 000 m²)	科技馆展厅面积 (万平方米) Exhibition Area (10 000 m²)
全 国	**National Total**	**224162**	**1718676**	**357**	**234**	**102**
东部地区	Eastern Region	63756	619566	162	126	59
中部地区	Middle Region	72977	443932	100	40	17
西部地区	Western Region	70782	521864	57	47	18
东北地区	Northeast Region	16647	133314	38	22	8
北 京	Beijing	6147	32196	19	17	8
天 津	Tianjin	3095	38009	1	2	1
河 北	Hebei	5689	39367	11	7	4
山 西	Shanxi	11532	61738	4	2	0
内蒙古	Inner Mongolia	9221	58005	8	4	1
辽 宁	Liaoning	6461	75682	17	13	4
吉 林	Jilin	6652	30453	13	3	1
黑龙江	Heilongjiang	3534	27179	8	5	3
上 海	Shanghai	5958	36684	26	18	10
江 苏	Jiangsu	11735	124679	9	13	6
浙 江	Zhejiang	7035	110296	20	10	3
安 徽	Anhui	12108	79538	13	7	4
福 建	Fujian	3040	93027	13	8	4
江 西	Jiangxi	6287	48081	6	4	2
山 东	Shandong	8589	63690	26	15	8
河 南	Henan	15828	104064	9	5	2
湖 北	Hubei	14818	72393	61	18	6
湖 南	Hunan	12404	78118	7	5	2
广 东	Guangdong	10134	71789	27	31	12
广 西	Guangxi	5304	40135	3	5	2
海 南	Hainan	2334	9829	10	5	3
重 庆	Chongqing	3033	29748	4	7	3
四 川	Sichuan	13091	94018	8	5	3
贵 州	Guizhou	3092	44916	3	2	1
云 南	Yunnan	9912	85231	5	2	1
西 藏	Tibet	1566	4298			
陕 西	Shaanxi	13625	74896	5	4	1
甘 肃	Gansu	3425	42835	10	2	1
青 海	Qinghai	1115	10411	2	5	2
宁 夏	Ningxia	698	8702	2	4	2
新 疆	Xinjiang	6700	28669	7	6	3

基本情况(2011年)
Popularization by Region (2011)

科技馆当年参观人数(万人次) Visitors (10 000 person-time)	年度科普经费筹集额(万元) Annual Funding for S&T Popularization (10 000 yuan)	科普图书 Popular Science Books 出版种数(种) Types of Publications (kind)	出版总册数(万册) Total Copies (10 000 copies)	科技活动周 Science & Technology Week 科普专题活动次数(次) Number of S&T Week Held (time)	参加人数(万人次) Number of Participants (10 000 person-time)
3374	**1052977**	**7695**	**5696**	**112453**	**11130**
2079	609491	5951	4203	47902	5354
524	164250	651	545	21426	1945
610	232136	845	795	35511	3207
161	47101	248	152	7614	624
415	202819	2830	1308	3871	589
41	18038	71	35	6705	282
47	18564	57	48	5011	680
24	15471	362	238	1695	129
14	16879	110	81	1904	199
57	29637	59	78	4963	381
9	7673	128	36	761	87
96	9790	61	38	1890	155
469	90395	897	702	5055	596
100	84824	527	882	8364	1661
104	63714	958	842	4555	424
134	26810	15	31	4178	253
79	29630	79	36	5486	296
40	21974	45	126	2909	203
417	30915	97	44	2598	293
51	27203	55	58	4941	482
208	42161	108	64	4736	574
66	30632	66	29	2967	304
330	63827	175	214	4871	477
85	20422	86	86	4495	450
77	6765	260	91	1386	56
114	27197	79	144	2613	192
125	34206	59	32	6922	583
30	30626	10	9	1670	117
106	42464	127	129	3997	359
	1043	27	51	131	10
29	22048	81	78	4224	435
10	4324	59	63	2314	226
7	5518	43	7	935	218
20	9229	19	27	1062	74
71	18180	145	88	5244	345

8-15 全国生产力促进中心主要经济指标

Main Economic Indicators of Productivity Promotion Centers(PPCs) in China

年 份	中心总数 (个) Number of Productivity Promotion Centers (unit)	总资产 (亿元) Total Assets (100 million yuan)	服务企业总数 (万个) Total Number of Serviced Enterprises (10 000 units)	中心年总服务收入 (亿元) Total Service Income (100 million yuan)	为企业增加销售额 (亿元) Enterprises Sales Income Increased by PPCs Service (100 million yuan)	增加利税 (亿元) Profits and Taxes Added (100 million yuan)	为社会增加就业 (万人) Employment for Society Added (10 000 persons)
1998	254	13.5	1.9	2.2	177.0	18.0	5.7
1999	491	17.6	4.9	4.5	155.0	26.7	11.3
2000	581	27.8	3.4	8.9	388.0	57.0	28.0
2001	701	31.2	5.0	11.3	407.0	69.0	34.5
2002	865	61.4	7.8	10.3	300.0	45.0	48.1
2003	1070	67.0	6.5	13.6	477.0	66.0	150.2
2004	1218	77.1	9.2	18.7	642.0	88.1	175.3
2005	1270	90.6	9.7	18.4	1078.0	112.0	86.7
2006	1331	109.9	10.3	24.8	752.0	107.0	108.9
2007	1425	116.4	15.5	40.6	1299.0	193.6	110.6
2008	1532	162.5	19.0	30.4	1202.0	175.5	134.1
2009	1808	209.2	24.5	30.8	1796.8	208.2	165.8
2010	2032	157.1	24.5	38.4	1578.6	203.9	165.6
2011	2274	260.8	30.7	62.8	1918.2	284.0	180.0
2012	2281	295.1	38.0	89.0	2535.2	341.7	186.2

九、国际比较

International Comparison

9-1 研究与试验发展(R&D)经费及占国内生产总值的比重
R&D Expenditure and as a Percentage of GDP

单位：10亿本国货币单位 (billion of national currency)

国家(地区)	Country (Area)	R&D经费 R&D Expenditure 1994	1995	1996	1997	1998	1999	2000	2001	2002	2003
中　国	China	30.6	34.9	40.4	50.9	55.1	67.9	89.6	104.3	128.8	154.0
美　国	USA	169.6	184.1	197.8	212.7	228.1	245.5	267.8	278.2	277.1	289.7
日　本	Japan	13596.0	14408.2	14155.1	14794.0	15169.2	15032.7	15304.4	15542.8	15551.5	15683.4
英　国	UK	13.7	14.0	14.3	14.7	15.5	16.9	17.7	18.3	19.2	19.9
法　国	France	26.8	27.3	27.8	27.8	28.3	29.5	31.0	32.9	34.5	34.6
德　国	Germany	38.9	40.5	41.2	42.9	44.6	48.2	50.6	52.0	53.4	54.5
澳大利亚	Australia	7.5		8.8		8.9		10.4		13.2	
加拿大	Canada	13.3	13.8	13.8	14.6	16.1	17.6	20.6	23.2	23.5	24.6
意大利	Italy	9.0	9.2	9.9	10.8	11.4	11.5	12.5	13.6	14.6	14.8
瑞　典	Sweden		59.3		66.9		75.8		97.3		97.1
瑞　士	Switzerland			10.0				10.7			
土耳其	Turkey	0.0	0.0	0.1	0.1	0.3	0.5	0.8	1.3	1.8	2.2
奥地利	Austria	2.6	2.7	2.9	3.1	3.4	3.8	4.0	4.4	4.7	5.0
比利时	Belgium	3.3	3.5	3.7	4.1	4.3	4.6	5.0	5.4	5.2	5.2
捷　克	Czech	13.0	14.0	16.3	19.5	22.9	23.6	26.5	28.3	29.6	32.3
丹　麦	Denmark		18.5	19.7	21.7	23.8	26.4		31.9	34.4	36.1
芬　兰	Finland	2.0	2.2	2.5	2.9	3.4	3.9	4.4	4.6	4.8	5.0
希　腊	Greek		0.4		0.5		0.8		0.9		1.0
冰　岛	Iceland	6.0	7.0		9.7	11.8	14.5	18.3	22.8	24.1	23.7
爱尔兰	Ireland	0.6	0.7	0.8	0.9	1.0	1.1	1.2	1.3	1.4	1.6
墨西哥	Mexico	4.2	5.7	7.8	10.9	14.5	19.7	20.5	22.9	27.3	29.9
荷　兰	Netherlands	5.7	6.0	6.3	6.8	6.9	7.6	7.6	8.1	8.0	8.4
新西兰	New Zealand		0.9		1.1		1.1		1.4		1.7
挪　威	Norway		15.9		18.2		20.3		24.4	25.4	27.3
葡萄牙	Portugal	0.4	0.5	0.5	0.6	0.7	0.8	0.9	1.0	1.0	1.0
西班牙	Spain	3.3	3.6	3.9	4.0	4.7	5.0	5.7	6.2	7.2	8.2
韩　国	South Korea	7894.7	9440.6	10878.1	12185.8	11336.6	11921.8	13848.5	16110.5	17325.1	19068.7
中国台北	Taipei		125.0	138.0	156.3	176.5	190.5	197.6	205.0	224.4	242.9
新加坡	Singapore	1.2	1.4	1.8	2.1	2.5	2.7	3.0	3.2	3.4	3.4
匈牙利	Hungary	38.9	41.2	44.9	61.7	68.6	78.2	105.4	140.6	171.5	175.8
波　兰	Poland	1.7	2.1	2.8	3.4	4.0	4.6	4.8	4.9	4.5	4.6
俄罗斯联邦	Russian Federation	5.1	12.1	19.4	24.4	25.1	48.1	76.7	105.3	135.0	169.9
巴　西	Brazil	3.2	5.6	6.0				10.9	12.2	14.6	16.3
印　度	India	66.2	74.8	89.1	106.1	129.0	150.9	176.6	180.3	170.4	180.0

9-1 续表 1 continued

单位：10亿本国货币单位、%　　　　(billion of national currency,%)

国家(地区)	Country (Area)	R&D Expenditure								R&D / GDP			
		2004	2005	2006	2007	2008	2009	2010	2011	1994	1995	1996	1997
中　国	China	196.6	245.0	300.3	371.0	461.6	580.2	706.3	868.7	0.64	0.57	0.57	0.64
美　国	USA	301.0	324.5	343.8	377.6	403.7	401.6	408.7	415.2	2.42	2.51	2.55	2.58
日　本	Japan	15782.7	16672.6	17273.5	17756.2	17377.2	15817.7	15696.5	15945.1	2.79	2.92	2.81	2.87
英　国	UK	20.3	21.7	23.2	25.0	25.6	25.9	25.8	26.9	2.00	1.94	1.86	1.80
法　国	France	35.7	36.5	37.8	39.3	41.1	42.7	43.6	44.9	2.32	2.29	2.27	2.19
德　国	Germany	55.0	55.7	58.9	61.5	66.5	67.0	69.9	74.8	2.18	2.19	2.19	2.24
澳大利亚	Australia	16.0		21.0		28.1		30.8		1.53		1.61	
加拿大	Canada	26.5	27.7	28.1	30.0	30.5	29.4	29.3	30.0	1.73	1.70	1.65	1.66
意大利	Italy	15.3	15.6	16.8	18.2	19.0	19.2	19.5	19.8	1.02	0.97	0.99	1.03
瑞　典	Sweden	95.1	103.8	108.2	106.2	118.4	111.7	113.2	118.1		3.28		3.47
瑞　士	Switzerland	13.1				16.3						2.65	
土耳其	Turkey	2.9	3.8	4.4	6.1	6.9	8.1	9.3	11.2	0.36	0.38	0.45	0.49
奥地利	Austria	5.3	5.9	6.3	6.9	7.5	7.5	7.9	8.3	1.51	1.54	1.59	1.69
比利时	Belgium	5.4	5.6	5.8	6.4	6.8	6.9	7.0	7.6	1.65	1.67	1.77	1.83
捷　克	Czech	35.1	42.2	49.9	54.3	54.1	55.3	59.0	70.7	1.03	0.95	0.97	1.08
丹　麦	Denmark	36.4	38.0	40.4	43.7	50.0	51.1	53.7	55.4		1.82	1.84	1.92
芬　兰	Finland	5.3	5.5	5.8	6.2	6.9	6.8	7.0	7.2	2.28	2.26	2.52	2.70
希　腊	Greek	1.0	1.2	1.2	1.3						0.43		0.45
冰　岛	Iceland		28.4	35.0	35.1	39.2	46.5			1.37	1.53		1.83
爱尔兰	Ireland	1.8	2.0	2.3	2.4	2.6	2.8	2.8	2.7	1.25	1.26	1.30	1.27
墨西哥	Mexico	36.4	42.2	40.1	41.9	49.5	52.1	60.3	61.8	0.29	0.31	0.31	0.34
荷　兰	Netherlands	8.8	8.8	9.3	10.3	10.5	10.4	10.9		1.95	1.97	1.98	1.99
新西兰	New Zealand		1.8		2.2		2.4		2.6		0.95		1.09
挪　威	Norway	27.8	29.6	32.8	36.8	40.5	41.9	42.8	45.5		1.69		1.63
葡萄牙	Portugal	1.1	1.2	1.6	2.0	2.6	2.8	2.7	2.6	0.56	0.54	0.57	0.59
西班牙	Spain	8.9	10.2	11.8	13.3	14.7	14.6	14.6	14.2	0.79	0.79	0.81	0.80
韩　国	South Korea	22185.3	24155.4	27345.7	31301.4	34498.1	37928.5	43854.8	49890.4	2.32	2.37	2.42	2.48
中国台北	Taipei	263.3	281.0	307.0	331.4	351.4	367.2	395.0	413.3		1.72	1.74	1.82
新加坡	Singapore	4.1	4.6	5.0	6.3	7.1	6.0	6.5	7.5	1.09	1.14	1.37	1.48
匈牙利	Hungary	181.5	207.8	238.0	245.7	266.4	299.2	310.2	336.5	0.87	0.71	0.63	0.70
波　兰	Poland	5.2	5.6	5.9	6.7	7.7	9.1	10.4	11.7	0.70	0.63	0.65	0.65
俄罗斯联邦	Russian Federation	196.0	230.8	288.8	371.1	431.1	485.8	523.4	610.4	0.84	0.85	0.97	1.04
巴　西	Brazil	17.5	20.9	23.6	28.6	32.8	37.8			0.92	0.87	0.77	
印　度	India	197.3	216.4	287.8	315.8					0.73	0.71	0.72	0.77

9-1 续表 2 continued

单位：% (%)

国家（地区）	Country (Area)	R&D / GDP													
		1998	1999	2000	2001	2002	2003	2004	2005	2006	2007	2008	2009	2010	2011
中　国	China	0.65	0.76	0.90	0.95	1.07	1.13	1.23	1.32	1.39	1.40	1.47	1.70	1.76	1.84
美　国	USA	2.62	2.66	2.74	2.76	2.66	2.66	2.59	2.62	2.64	2.70	2.84	2.90	2.83	2.77
日　本	Japan	3.00	3.02	3.04	3.12	3.17	3.20	3.17	3.32	3.41	3.46	3.47	3.36	3.26	3.39
英　国	UK	1.79	1.86	1.85	1.82	1.82	1.78	1.71	1.76	1.75	1.78	1.79	1.86	1.76	1.78
法　国	France	2.14	2.16	2.15	2.20	2.23	2.17	2.15	2.10	2.11	2.08	2.12	2.26	2.25	2.25
德　国	Germany	2.27	2.40	2.45	2.46	2.49	2.52	2.49	2.48	2.54	2.53	2.69	2.82	2.82	2.88
澳大利亚	Australia	1.47		1.51		1.69		1.78		1.99		2.24		2.20	
加拿大	Canada	1.76	1.80	1.92	2.09	2.04	2.03	2.05	2.01	2.00	1.96	1.90	1.92	1.81	1.74
意大利	Italy	1.05	1.02	1.05	1.09	1.13	1.11	1.10	1.09	1.13	1.17	1.21	1.26	1.26	1.25
瑞　典	Sweden		3.57		4.18		3.85	3.62	3.60	3.68	3.40	3.70	3.60	3.40	3.37
瑞　士	Switzerland			2.53				2.90				2.99			
土耳其	Turkey	0.50	0.63	0.64	0.72	0.66	0.48	0.52	0.59	0.58	0.72	0.73	0.85	0.84	0.86
奥地利	Austria	1.77	1.88	1.91	2.03	2.12	2.26	2.26	2.44	2.44	2.51	2.67	2.72	2.76	2.75
比利时	Belgium	1.86	1.94	1.97	2.08	1.94	1.88	1.87	1.84	1.86	1.89	1.97	2.03	1.99	2.04
捷　克	Czech	1.15	1.14	1.21	1.20	1.20	1.25	1.25	1.41	1.49	1.48	1.41	1.48	1.56	1.85
丹　麦	Denmark	2.04	2.18		2.39	2.51	2.58	2.48	2.45	2.48	2.58	2.85	3.06	3.06	3.09
芬　兰	Finland	2.86	3.16	3.34	3.30	3.36	3.43	3.45	3.48	3.48	3.47	3.70	3.93	3.88	3.78
希　腊	Greek		0.60		0.58		0.57	0.55	0.58	0.59	0.60				
冰　岛	Iceland	2.01	2.30	2.68	2.96	2.97	2.82		2.78	2.99	2.68	2.64	3.11		
爱尔兰	Ireland	1.24	1.18	1.12	1.10	1.10	1.17	1.24	1.26	1.24	1.28	1.45	1.70	1.70	1.70
墨西哥	Mexico	0.38	0.43	0.37	0.39	0.44	0.40	0.43	0.46	0.39	0.37	0.41	0.44	0.46	0.43
荷　兰	Netherlands	1.90	1.96	1.82	1.80	1.72	1.76	1.78	1.72	1.88	1.81	1.77	1.82	1.85	
新西兰	New Zealand		1.00		1.14		1.19		1.16		1.19		1.30		1.30
挪　威	Norway		1.64		1.59	1.66	1.71	1.59	1.52	1.48	1.59	1.58	1.78	1.69	1.66
葡萄牙	Portugal	0.65	0.71	0.76	0.80	0.76	0.74	0.77	0.81	0.99	1.17	1.50	1.64	1.59	1.50
西班牙	Spain	0.87	0.86	0.91	0.91	0.99	1.05	1.06	1.12	1.20	1.27	1.35	1.39	1.39	1.33
韩　国	South Korea	2.34	2.25	2.39	2.59	2.53	2.63	2.85	2.98	3.01	3.21	3.36	3.56	3.74	4.03
中国台北	Taipei	1.91	1.98	1.97	2.08	2.18	2.31	2.38	2.45	2.51	2.57	2.78	2.94	2.90	3.02
新加坡	Singapore	1.81	1.90	1.88	2.11	2.15	2.11	2.20	2.30	2.16	2.37	2.65	2.24	2.09	2.23
匈牙利	Hungary	0.66	0.67	0.78	0.92	1.00	0.93	0.88	0.94	1.01	0.98	1.00	1.17	1.16	1.21
波　兰	Poland	0.67	0.69	0.64	0.62	0.56	0.54	0.56	0.57	0.56	0.57	0.60	0.68	0.74	0.77
俄罗斯联邦	Russian Federation	0.95	1.00	1.05	1.18	1.25	1.28	1.15	1.07	1.07	1.12	1.04	1.25	1.16	1.09
巴　西	Brazil			0.99	1.02	0.95	0.88	0.83	0.97	1.02	1.07	1.09	1.18		
印　度	India	0.81	0.82	0.86	0.82	0.82	0.80	0.78	0.61	0.88	0.76				

9-2 研究与试验发展
International Comparison

项　目	Item	中 国 China	美 国 USA	日 本 Japan	英 国 UK	法 国 France	德 国 Germany
一、R&D人员	**R&D personnel**						
1.人力资源	**Human Resources**	**2012**	**2007**	**2010**	**2011**	**2010**	**2010**
从事R&D活动人员(千人)	R&D Personnel(1 000 persons)	4617.1		878.0	358.6	392.9	549.0
#研究人员	Researchers	2069.7	1412.6	656.0	262.3	239.6	327.2
每万人就业人员中从事 R&D活动人员(人)	R&D Personnel in 10 000 Labor Forces (person)	60		136	114	147	134
#研究人员	Researchers	27	91	100	83	85	79
2.从事R&D活动人员按 执行部门分(%)	**R&D Personnel by Performing Sectors (%)**						
企业部门	Business Enterprise Sector	72.9		70.0	44.1	58.7	61.4
政府部门	Government Sector	8.4		7.0	5.4	12.8	16.5
高等教育部门	Higher Education Sector	14.7		21.4	48.6	27.1	22.1
二、R&D经费	**R&D Funds**						
1.按经费来源分(%)	**By sources of Funds (%)**	**2012**	**2011**	**2011**	**2011**	**2010**	**2010**
来源于企业资金	Financed by Industry	74.0	60.0	77.0	44.6	53.5	65.6
来源于政府资金	Financed by Government	21.6	33.4	16.0	32.2	37.0	30.3
来源于其他资金	Financed by Other Sources	4.4	6.6	7.0	23.2	9.4	4.1
2.按执行部门分(%)	**By Performing Sector (%)**	**2012**	**2011**	**2011**	**2011**	**2011**	**2011**
企业部门	Business Enterprise Sector	76.2	68.3	77.0	61.5	63.4	67.3
政府部门	Government Sector	15.0	12.1	8.0	9.3	14.1	14.7
高等教育部门	Higher Education Sector	7.6	15.2	13.0	26.9	21.2	18.0
私人非营利部门	Private Non-Profit Sector	1.2	4.3	1.0	2.4	1.2	
3.按研究类型分(%)	**By types of Research (%)**	**2012**	**2009**	**2010**	**2010**	**2010**	
基础研究	Basic Research	4.8	19.0	12.7	8.9	26.3	
应用研究	Applied Research	11.3	17.8	22.3	40.7	39.5	
试验发展	Experimental Development	83.9	63.2	65.0	50.4	34.2	

(R&D)活动的国际比较
of R&D Activities

澳大利亚 Australia	加拿大 Canada	意大利 Italy	瑞　典 Sweden	瑞　士 Switzerland	土耳其 Turkey	奥地利 Austria	比利时 Belgium	捷　克 Czech	丹　麦 Denmark	韩　国 South Korea	俄罗斯联邦 Russian Federation
2008	**2010**	**2011**	**2011**	**2008**	**2010**	**2011**	**2011**	**2011**	**2011**	**2010**	**2011**
137.1	221.4	231.9	78.5	62.1	81.8	60.4	60.0	55.7	57.2	335.2	839.2
92.4	149.1	106.9	49.1	25.1	64.3	37.1	40.5	30.7	37.5	264.1	447.6
126	130	94	170	137	38	146	132	110	204	149	119
81	81	41	98	54	25	86	83	58	131	107	59
39.4	61.5	50.3	69.8	64.2	45.9	67.8	52.8	53.0	65.0	68.7	52.4
12.4	9.0	15.1	4.3	1.3	13.9	4.8	8.0	19.9	2.6	8.0	32.9
44.7	28.9	31.8	25.6	34.5	40.2	26.7	38.2	26.3	31.6	21.9	14.4
2008	**2010**	**2010**	**2011**	**2008**	**2011**	**2011**	**2009**	**2011**	**2011**	**2011**	**2011**
62.0	45.5	44.7	58.2	68.2	45.8	45.5	58.6	46.9	60.2	74.0	27.7
34.5	36.1	41.6	27.5	22.8	29.2	38.1	25.3	37.0	27.6	25.0	67.1
3.5	18.2	13.8	14.4	9.0	24.9	16.5	16.1	16.0	12.2	1.0	5.3
2010	**2011**	**2011**	**2011**	**2008**	**2011**	**2011**	**2011**	**2011**	**2011**	**2011**	**2011**
58.0	51.3	54.2	69.3	73.5	43.2	68.1	67.1	60.3	67.6	77.0	61.0
12.4	10.1	13.7	4.3	0.7	11.3	5.3	9.0	17.5	2.2	12.0	29.8
26.6	38.1	28.6	26.0	24.2	45.5	26.1	22.9	21.6	29.8	10.0	9.0
3.0	0.5	3.5	0.3	1.6		0.5	1.0	0.5	0.4	2.0	0.2
2008		**2010**		**2008**		**2009**		**2011**	**2010**	**2010**	**2010**
20.0		25.7		26.8		19.1		25.5	17.6	18.2	19.6
38.6		48.6		31.9		34.8		32.2	26.7	19.9	18.8
41.4		25.7		41.3		46.1		42.3	55.7	61.8	61.6

9-3 按ESI论文数量排序的前20个国家*

The Top 20 Most-cited Countries Sorted by Papers in ESI

国家（地区）	Country (Area)	位次 Rank	论文数量(篇) Papers(piece)	被引用次数(次) Citations(time)	论文引用率(次/篇) Citations Per Paper (time/piece)
美　国	USA	1	3049662	48862100	16.02
中　国	China	2	836255	5191358	6.21
德　国	Germany	3	784316	10518133	13.41
日　本	Japan	4	771548	8084145	10.48
英　国	UK	5	697763	10508202	15.06
法　国	France	6	557322	7007693	12.57
加拿大	Canada	7	451588	6019195	13.33
意大利	Italy	8	429301	5151675	12.00
西班牙	Spain	9	339164	3588655	10.58
澳大利亚	Australia	10	304160	3681695	12.10
印　度	India	11	293049	1727973	5.90
韩　国	South Korea	12	282328	2024609	7.17
俄罗斯	Russia	13	265721	1282281	4.83
荷　兰	Netherlands	14	252242	3974719	15.76
巴　西	Brazil	15	212243	1360097	6.41
瑞　士	Switzerland	16	181636	3070458	16.90
瑞　典	Sweden	17	179126	2686304	15.00
台　湾	Taiwan	18	177929	1273682	7.16
土耳其	Turkey	19	155276	819071	5.27
波　兰	Poland	20	154016	1036062	6.73

注：数据来源于 Essential Science Indicators（基本科学指标数据库），年限跨度从2001年1月至2011年8月31日。

Source: Essential Science Indicators covering a ten-year plus eight-month period, January 2001-August 31, 2011.

9-4　按ESI论文被引用次数排序的前20个国家*
The Top 20 Most-cited Countries Sorted by Citations in ESI

国家（地区）	Country (Area)	位 次 Rank	被引用次数(次) Citations(time)	论文数量(篇) Papers(piece)	论文引用率(次/篇) Citations Per Paper (time/piele)
美 国	USA	1	3049662	48862100	16.02
德 国	Germany	2	784316	10518133	13.41
英 国	UK	3	697763	10508202	15.06
日 本	Japan	4	771548	8084145	10.48
法 国	France	5	557322	7007693	12.57
加拿大	Canada	6	451588	6019195	13.33
中 国	China	7	836255	5191358	6.21
意大利	Italy	8	429301	5151675	12.00
荷 兰	Netherlands	9	252242	3974719	15.76
澳大利亚	Australia	10	304160	3681695	12.10
西班牙	Spain	11	339164	3588655	10.58
瑞 士	Switzerland	12	181636	3070458	16.90
瑞 典	Sweden	13	179126	2686304	15.00
韩 国	South Korea	14	282328	2024609	7.17
比利时	Belgium	15	137878	1918993	13.92
印 度	India	16	293049	1727973	5.90
苏格兰	Scotland	17	109135	1709814	15.67
丹 麦	Denmark	18	98083	1574167	16.05
以色列	Israel	19	110558	1426421	12.90
巴 西	Brazil	20	212243	1360097	6.41

注：数据来源于 Essential Science Indicators（基本科学指标数据库），年限跨度从2001年1月至2011年8月31日。
Source: Essential Science Indicators covering a ten-year plus eight-month period, January 2001-August 31, 2011.

The Top 20 Most-cited Countries Sorted by Citations in ESI

指标解释

Explanatory Notes of Indicators

指 标 解 释

研究与试验发展（R&D）：指在科学技术领域，为增加知识总量、以及运用这些知识去创造新的应用而进行的系统的、创造性的活动，包括基础研究、应用研究、试验发展三类活动。

基础研究：指为了获得关于现象和可观察事实的基本原理的新知识（揭示客观事物的本质、运动规律，获得新发展、新学说）而进行的实验性或理论性研究，它不以任何专门或特定的应用或使用为目的。

应用研究：指为获得新知识而进行的创造性研究，主要针对某一特定的目的或目标。应用研究是为了确定基础研究成果可能的用途，或是为达到预定的目标探索应采取的新方法（原理性）或新途径。

试验发展：指利用从基础研究、应用研究和实际经验所获得的现有知识，为产生新的产品、材料和装置，建立新的工艺、系统和服务，以及对已产生和建立的上述各项作实质性的改进而进行的系统性工作。

R&D 人员：指调查单位内部从事基础研究、应用研究和试验发展三类活动的人员。包括直接参加上述三类项目活动的人员以及这三类项目的管理人员和直接服务人员。为研发活动提供直接服务的人员包括直接为研发活动提供资料文献、材料供应、设备维护等服务的人员。

R&D 人员中全时人员：在报告年度实际从事R&D 活动的时间占制度工作时间 90%及以上的人员。

R&D 人员全时当量：是国际上通用的、用于比较科技人力投入的指标。指 R&D 全时人员（全年从事 R&D 活动累积工作时间占全部工作时间的 90%及以上人员）工作量与非全时人员按实际工作时间折算的工作量之和。例如：有 2 个 R&D 全时人员（工作时间分别为 0.9 年和 1 年）和 3 个 R&D 非全时人员（工作时间分别为 0.2 年、0.3 年和 0.7 年），则R&D 人员全时当量＝1+1+0.2+0.3+0.7=3.2（人年）。

研究人员：指 R&D 人员中具备中级以上职称或博士学历（学位）的人员。

R&D 经费内部支出：指调查单位在报告年度用于内部开展 R&D 活动的实际支出。包括用于 R&D 项目（课题）活动的直接支出，以及间接用于 R&D 活动的管理费、服务费、与 R&D 有关的基本建设支出以及外协加工费等。不包括生产性活动支出、归还贷款支出以及与外单位合作或委托外单位进行R&D 活动而转拨给对方的经费支出。

日常性支出：指调查单位在报告年度为开展R&D 活动而发生的人员劳务费，及其各项管理费用和购买非资产性的材料、物资费用等他日常支出。

资产性支出：指调查单位在报告年度为开展R&D 活动而进行建造、购置、安装、改建、扩建固定资产，以及进行设备技术改造和大修理等实际支出的费用。

政府资金：指调查单位 R&D 经费内部支出中来自各级政府部门的各类资金，包括财政科学技术拨款、科学基金、教育等部门事业费以及政府部门预算外资金的实际支出。

企业资金：指调查单位 R&D 经费内部支出中来自本企业的自有资金和接受其他企业委托而获得的经费，以及科研院所、高校等事业单位从企业获得的资金的实际支出。

R&D 经费外部支出合计：指报告年度调查单位

委托外单位或与外单位合作进行 R&D 活动而拨给对方的经费。

R&D 项目（课题）：指调查单位在当年立项并开展研究工作、以前年份立项仍继续进行研究的研究开发项目或课题，包括当年完成和年内研究工作已告失败的研发项目或课题。

科技进步贡献率：指广义技术进步对经济增长的贡献份额，它反映在经济增长中投资、劳动和科技三大要素作用的相对关系。其基本含义是扣除了资本和劳动后科技等因素对经济增长的贡献份额。

专业技术人员：指从事专业技术工作和专业技术管理工作的人员，即企事业单位中已经聘任专业技术职务从事专业技术工作和专业技术管理工作的人员，以及未聘任专业技术职务，现在专业技术岗位上的人员。包括工程技术人员，农业技术人员，科学研究人员，卫生技术人员，教学人员，经济人员，会计人员，统计人员，翻译人员，图书资料、档案、文博人员，新闻出版人员，律师、公证人员，广播电视播音人员，工艺美术人员，体育人员，艺术人员及企业政治思想工作人员，共十七个专业技术职务类别。

新产品：指采用新技术原理、新设计构思研制、生产的全新产品，或在结构、材质、工艺等某一方面比原有产品有明显改进，从而显著提高了产品性能或扩大了使用功能的产品。

专利：是专利权的简称，是对发明人的发明创造经审查合格后，由专利局依据专利法授予发明人和设计人对该项发明创造享有的专有权。包括发明、实用新型和外观设计。

发明专利：指对产品、方法或者其改进所提出的新的技术方案。

实用新型专利：指对产品的形状、构造或者其结合所提出的适于实用的新的技术方案。

外观设计专利：指对产品的形状、图案、色彩或者其结合所作出的富有美感并适于工业上应用的新设计。

职务发明：指执行本单位的任务或者主要是利用本单位的物质条件所完成的发明创造，申请专利的权利属于本单位。

有效发明专利数：指调查单位作为专利权人在报告年度拥有的、经国内外知识产权行政部门授权且在有效期内的发明专利件数。

专利所有权转让及许可数：指报告年度调查单位向外单位转让专利所有权或允许专利技术由被许可单位使用的件数。

专利所有权转让与许可收入：指报告年度调查单位向外单位转让专利所有权或允许专利技术由被许可单位使用而得到的收入。包括当年从被转让方或被许可方得到的一次性付款和分期付款收入，以及利润分成、股息收入等。

集成电路布图设计登记数：指报告年度调查单位向知识产权行政部门提出登记申请并被受理登记的集成电路布图设计的件数。

形成国家或行业标准数：指报告年度调查单位在自主研发或自主知识产权基础上形成的国家或行业标准。形成国家或行业标准须经有关部门批准。

发表科技论文：指在学术刊物上以书面形式发表的最初的科学研究成果。应具备以下三个条件：（1）首次发表的研究成果；（2）作者的结论和试验能被同行重复并验证；（3）发表后科技界能引用。

出版科技著作：指经过正式出版部门编印出版的论述科学技术问题的理论性论文集或专著以及大专院校教科书、科普著作。但不包括翻译国外的著作。由多人合著的科技著作，由第一作者所在单位统计。

《SCI》：美国《科学引文索引》（Science Citation Index），是由美国科学情报研究所于 1961 年创立，报道生命科学、医学、生物、物理、化学、农业、工程技术领域内的科技文献。是目前国际上最具权威性的用于基础研究和应用研究科研成果的评价体系。

《EI》： 美国《工程索引》（The Engineering

Index），创刊于1884年，由美国工程信息公司编辑出版。作为世界著名的工程技术领域的文献检索系统，其收录文献的内容包括以下工程技术领域；生物工程、土木、地质、环境、矿业、石油、冶金、机械、燃料工程、核能、汽车、宇航工程、电气、电子、控制工程、化工、食品、农业、工业管理、数学、物理、仪表等。

《CPCI-S》：（Conference Proceedings Citation Index - Science），原名ISTP。ISTP是美国科学情报研究所出版的科学技术会议录索引。该索引收录生命科学、物理与化学科学、农业、生物和环境科学、工程技术和应用科学等学科的会议文献，包括一般性会议、座谈会、研究会、讨论会、发表会等。

东部地区：包括北京，天津，河北，上海，江苏，浙江，福建，山东，广东和海南10个省市。

中部地区：包括山西，安徽，江西，河南，湖北和湖南6个省市。

西部地区：包括内蒙古，广西，重庆，四川，贵州，云南，西藏，陕西，甘肃，青海，宁夏和新疆12个省区市。

东北地区：包括辽宁，吉林和黑龙江3个省。